近代生物学史論集

中村 禎里

みすず書房

目次

I　近代生物学の成立過程

II　ウィリアム・ハーヴィ研究

I　近代生物学の成立過程

近代科学の成立過程

はじめに

近代科学の基本的性格をめぐる議論は、科学論そのものであるとさえいえる。したがって、近代科学とは何かという設問に応える回答が、容易にえられるはずはない。ここでは回答を入手するための、ひとつの近づきとして、近代科学の成立過程を考察しよう。もっとも、一六―一七世紀に誕生した当初の科学が、現在の科学と全く同じものだと見なすことはできない。その後、科学の内容も、科学を支える精神、制度、社会的背景も、それぞれ何らかの変化を経過した。とりあえず、近代科学成立の事情は、現代にいたるまでの科学の性格を多少とも照らし出すだろうと見込んで検討をすすめてゆく。

1　実験的方法と数学的方法

ガリレイの方法

まず一七世紀の前半に主として活躍した二人の代表的科学者を俎上にのせ、近代科学の成立を助けた思想についてしらべよう。

近代科学における実証手段の中核となったのは、いうまでもなく実験である。しかるにコイレ(1)によれば、実験はたんなる経験ではないのだから、常識的な言語によって実験を企画し実験結果を正確に理解することは不可能であり、数学的言語の使用が不可欠である。ところがガリレイ（一五六四―一六四二）以前の力学、すなわちアリストテレスの力学、あるいはビュリダンなどのインペトゥス力学における諸概念は、数学的概念に変換されえない。ガリレイは、自然という書物が「数学的言語で書かれている」（『黄金計量者』一六二三）ことを知っていたからこそ成功した。この点でガリレイはプラトン主義者であり、プラトン主義は近代科学の成立の思想的背景として働いた。以上のようにコイレは主張する。

ガリレイの自然観や認識論がプラトンのそれと全く同じであったわけではない(2)が、いずれにせよ数量的幾何学的自然観の持ち主であった点で、ガリレイはアリストテレス主義者ではなくプラトン主義者であった。そしてこの自然観に由来する数量的幾何学的方法が、彼の業績を可能にした事実は否定できない。ガリレイは『天文対話』（一六三二）において、彼の分身であるサルヴィアチの口をかりて言う。「プラトンその人も人間の知性……が、数の本性を理解するというだけで神的なことがらの分け前にあずかっているものとみなしたということを、ぼくもきわめてよく知っています。ぼくもそれについて大体プラトンと同様に考えます。」「幾何学以上に（アリストテレス学派の）間違いをあばくのに適したものはない。」事実たとえば、落体運動が等加速度運動であることを証明したガリレイの成功は、幾何学の論理とそれによって導きだされた命題の数量的検証にもとづく。

落体運動が等加速度運動であることじたいは、直接実証しにくい。そこで彼は、等加速度運動をする物体の通過距離が時間の二乗に比例することを「幾何学的」に証明する。『新科学対話』（一六三八）においてガリレイがこころみたこの「幾何学的方法」はつぎのようなものである。

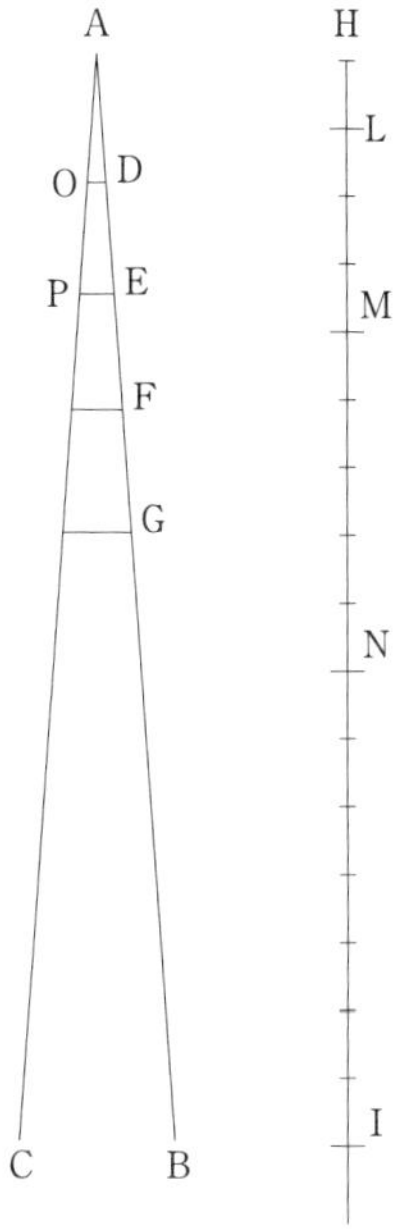

図1

等加速度運動をする物体があり、図1において、距離HL、HMを通過するのに必要な時間をそれぞれAD、AEであらわす。また時間D、Eのときの物体の速さをそれぞれOD、PEで示す。さらに、静止から発して等加速度運動をする物体が一定時間に進む距離は、その時間間隔の終わりの速さの半分の速さで同じ時間のあいだ等速度運動をする物体の通過距離に等しいことが、あらかじめやはり「幾何学的に」証明されている。そこで $HM/HL = AE \times \frac{1}{2}PE/AD \times \frac{1}{2}OD$, 一方 $PE/OD = AE/AD$ であるから、けっきょく $HM/HL = AE^2/AD^2$ となる。

かくてえられた距離と時間との関係は、直接検証可能である。そこでつぎに、じっさい落体運動において通過距離が時間の二乗に比例するかどうかを調べるために、ガリレイは真鍮の球を斜面に沿ってころがし、そのさいさまざまな落下距離についてそれぞれ時間を測定して、上記の命題が正しいことを示した。こうしてついに、彼は、落体運動が等加速度運動であるという証明を完了する(3)。

ハーヴィの方法

けれども、近代科学のあとひとりの創始者ハーヴィ（一五七八―一六五七）の思想と業績においては、事情はかなり異なっている。ハーヴィは血液循環論の証明者として著名であるが、この証明がいかにして成立したか考察してみよう。循環の道すじは、第一に静脈内の行程、第二に心臓内の行程、第三に動脈における行程、第四に動脈から静脈に移る行程の四つの部分に別たれる。これら四行程のいずれにおいても、血液が同方向に一方通行することが証明されれば、全体としての血液循環も証明されたことになろう。ハーヴィの議論（『心臓と血液の運動』一六二八）をしらべてみると、まず第一の静脈内における血流の一方通行は、静脈弁の存在と配置から明らかにされている。第二に心臓内での血流の一方通行は、心臓の弁の配置および心搏の伝達により示される。そのさいハーヴィは、心臓の運動の正確な観察に便利な材料を探すため、一〇〇種類以上におよぶ動物を調査するが、この点についてはは次節で紹介するのでここでは詳説しない。さて第三に、動脈内における血液の一方通行は、心臓の血液駆出作用に依存し、この働きは心筋の収縮運動にもとづくことが、つぎのさまざまな研究によって証明された。すなわち、心臓の組織学的研究のほか、高等動物と下等動物、成人と胎児、左心室と右心室の心筋の比較、つまりより多量の血液を駆出する心室の筋肉はより発達が著しい事実の発見、生体外に摘出され血液を抜かれた心臓またはその断片の自律的収縮、などの諸研究がそれである。最後に、動脈から静脈への血液の一方通行的移動の証明において決定的な役割をはたしたのは、動脈や静脈を縛って血流を妨げる結紮実験であったことは、ハーヴィがみずから認めている。ちなみにこの結紮は、外科職人・外科医のあいだで普及していた方法の転用であった。

以上のとおり、血液循環論のどの要素をみても、生物学・解剖学・医学におけるハーヴィの知識と熟練が、彼の成功をもたらしたことは明白であろう。ところが一方、ハーヴィが数量的力学的自然観の生物学への導入者であり、彼の研究方法は数量的力学的という意味ですぐれてガリレイ的である、とする見解がかなり広く普及している。そして、ハーヴィは、血液の数量的測定にもとづいて血液循環を証明したという論拠があげられる。たしかに、血液循環論の成立にさいして、心臓から一定時間に駆出される血液量の概算がある種の役割をはたしたことは否定できない。しかしこの概算が、落体運動論の成立の場合におけるガリレイの数量的方法と本質的に相違するものであることは、下記の諸点を勘案すれば明らかであろう。まず血液量の概算は、ほとんど現実の測定にもとづかない単なる推定であった。そのためハーヴィが採用した血液量は現在とられている値の三六分の一という、とんでもない「誤差」を示している。キルガー(4)によれば、ハーヴィはもともと正確な測定をするつもりはなかったし、そのような関心をもっていなかった。つぎに血液量の推定は、循環のみちすじにおける前述の第一・第二・第三行程における血流の一方通行の証明にかんしては、なんらの役割もはたしていない。第四行程、つまり動脈から静脈への血液の移動についても、その実証としてよりは、着想の動機として強調されている。しかもこの着想は、第一―第三行程内における血流の一方通行を前提としてのみ可能であった。いずれにせよ、血液循環の証明じたいは、全体として生物学的なレベルのものであったことに疑問の余地がない。

今まで述べてきた事実にてらしてみると、ハーヴィの方法が、彼の数量的力学的自然観のあらわれだとする根拠は薄弱だといわざるをえない。そのうえ、力学的自然観の打倒目標であったアリストテレスの思想が、ハーヴィの着想に影響したと主張する人もいる。パーゲルによれば、円環運動をもっとも完全な運動形態であるとするアリストテレスの理論が、ハーヴィの心のなかに血液循環論を胚胎させた(5)。

パーゲルをまたずとも、ハーヴィにたいするアリストテレスの圧倒的な影響は、ハーヴィの諸著、とくに『動物の場所的運動』(一六二七)や『動物の発生』(一六五一)の一ページごとに明白であり、アリストテレスへのハーヴィの共感は彼の思想の深部から発しているように思われる。ハーヴィの『一般解剖学講義』(一六一六)の扉は、アリストテレスの『動物誌』からの、つぎの引用で飾られている。「人体の内部は動物中でもっとも知られていない。したがってヒトに近い動物の体の内部をしらべなければならない。」

さきに指摘したとおり、血液循環論の成立にさいして、比較解剖学の知識が大きな役割をはたした。のみならず、生体実験や生体外摘出実験も、ことの性質上ヒト以外の動物を利用しなければ実施できない。そのためには、多様な動物にかんする広汎な具体的知識が必要となる。この点においてこそ、ハーヴィはアリストテレスの動物学に模範を見いだしたのだった。さらに一般的にいうと、ハーヴィは、素材をつうじて形相の発見にいたるアリストテレスの方法だけが、生物学の研究に適切であると考えたのであろう。

近代科学における前近代の思想的遺産

今まで論じた内容を要約しつつ結論をくだそう。ひとくちに数量的認識といっても、それが当面の立論に有効であるかぎり利用するという立場と、数量化できるもののみが自然の本質を示すとする立場とは、同一ではない。ルネサンスにおけるアリストテレス派とプラトン派の論争で、アリストテレス主義者も、測りうるものを測り、数えうるものを数える権利を否認しなかった。ガリレイは、物体の第一性質と第二性質とを区別し、大きさ、形、数、運動のような第一性質のみが実在し、色、香、味のような第二性質は幻影だとみなしたが、ハーヴィにとっては、そのような区別は存在しない。したがってハーヴィの「測定」も、アリストテレス主義者としての彼にふさわしい。

ガリレイがたずさわった力学の研究においては、論理的抽象にもとづく適切な概念、とくに数学的言語の形成が重要な役割をはたし、普遍的法則の定立が求められる。それゆえそこでは、数と形の認識のためのプラトン的な理性が相続されるべきであったろう。一方、ハーヴィの専攻であった生物学は、すぐれて即物的な科学であり、ここでは、何が存在するかを確定する作業に重きがおかれ、生物における生起の仕くみが追求される。このような分野では、アリストテレス的経験論の相続こそが効果的であった。ガリレイの場合とハーヴィの場合をひっくるめて、一七世紀の前半までは、誕生しつつあった近代科学の諸分科は、それぞれの個性に応じて、過去の遺産のなかからじぶんにふさわしい思想を選択しようとこころみた。してみると、成立期の近代科学に特徴的な思想は、プラトン主義でもアリストテレス主義でもない第三の何ものかであったにちがいない。なかんずく、その何ものかは数量的力学的自然観には帰着できない。この点での手がかりをうるために、近代科学の方法の最初の叙述を提示した一人であるベーコン（一五六一―一六二六）の科学思想に一べつを与えよう。

ベーコンの方法

数量合理主義が、近代科学の成立にとって不可欠の契機でなかっただけでなく、経験主義が近代科学を誕生せしめたと単純に主張することもできない。ベーコンも、けっして手ばなしに楽観的な経験論者ではなかった。『新機関』（一六二〇）における四つのイドラの指摘は、人間の認識能力にむけられた彼の不信が、いかに強烈であったかを示している。ベーコンは、認識能力の欠陥が、感覚の無力、知性の欠陥、および感情や偏見の影響に由来すると考えた。そして感覚は、対象が微細である場合、遠くに存在する場合、その運動が緩慢でありすぎたり急速でありすぎたりする場合無力であり、知性は、事実以上に、事物の恒久不変性と秩序を想像し、また目的因を想定しがちであると警告している。では、認識能力の欠陥は、どのような方法で是正できるのか。ここでベーコンが持ちだすのは自然誌の方法である。しかし彼にとって必要な自然誌は、アリストテレスからプリニウスにいたるまでの伝統的な自然誌と、いくつかの点で相違する。

行論に要する点だけを紹介すると、ベーコンによれば、アリストテレス以来の自然誌は、自然的な種々相だけをふくんだ事実誌にすぎない。けれども自然の秘密は、攪乱されたとき、技術によって苦しめられたときに、その本性をよくあらわすのであるから、求められる自然誌は機械的実験をも採り入れなければならない。ただし、職人が行なっている機械的実験においては真理の探究が念頭におかれているのではなく、彼らはじぶんの仕事に関係がある事物にしか注意しない。そこで自然誌には、それじたいとしては無用であるが、原因と一般的命題との発見に役だつ実験（つまり現在の意味での実験）もまた集められるべきである。

以上のように論じてベーコンは、直接の有用性をねらわない実験を「光をもたらす実験」とよび、それは絶対失敗しないし、それによってのみ感覚の欠陥は補われるという特殊な性質をもっている、と述べている。「光をもたらす実験」をこころみれば、かならず何かが明らかになる。そして結局はかくして得られた知識が、職人の機械的実験よりもひとまわり大きな有用性を示すはずだ、と彼は確信していた。これらの諸点については、のちほど改めて論じるであろう。

ベーコンは、みずから実験に手をださなかったわけではない。たとえばアルコールの気化にともなう体積の膨脹の測定を行なっている。しかし彼が示唆したが実行はしなかったと思われる幾つかの実験の価値は、いっそう重大である。ヒトの生体解剖はゆるされず、一方死体は、生きているときの構造を維持していないので、他の動物の解剖が必要である、とベーコンは『学問の進歩』(一六〇五)で主張し、実験生理学や比較解剖学の必要を指摘している。この見解は、ハーヴィの『心臓と血液の運動』に二〇年余り先んじて公表された。なかでも、動物体の一部切除にともなう効果の研究、あるいは異種間交雑による新種形成の実験の提案(『新アトランティス』一六二七)を知った人は、近代科学の予感者としてのベーコンの思想の生産性に一驚せざるをえない。

生物学をのぞく諸科学の研究に数学が必要であることも、ベーコンは知っていた。数学の仲介をうける学問として、彼は、光学、音楽、天文学、宇宙誌、建築学、機械工学の名をあげ、これらの科学においては、数学なしには、精確な発見も明晰な証明も巧妙な実用化も不可能である、と論じる。そのうえベーコンは、理解力と知的諸能力を訓練する純粋数学の効用についてふれ、また自然研究の進歩とともに応用数学の種類が増すであろうと予言する。こうしてみると、ベーコンが数学的方法を軽視したという意見が、まったく的はずれであることが理解されよう。デカルト(一五九六—一六五〇)の『方法序説』(一六三七)やガリレイの『新科学対話』は、『学問の進歩』におけるベーコンの数学論よりも三〇年ほど遅れて世に出た。

ベーコンが提案した方法は、素材の点ではガリレイの方法とハーヴィの方法の両者が占める場所をほぼ全体として覆っている。科学の諸分科は、それぞれの特質に応じた方法を採ることによって前進するであろうが、いずれにせよ人間の認識能力の欠陥は、多くの事実、とくに実験でえられた事実を蒐集し、比較、帰納することによって克服される、と彼は考えた。ベーコンの方法はふつう考えられているほど素朴な方法ではないが、それにしてもそのままの形では研究法として必ずしも有効でなく、また彼においては、仮説－演繹－検証法はかろうじて暗示されているだけである。近代科学は、ベーコンからひきついだ材料を洗練し再編成し実用化した。なかでも彼がとくに強調した実験こそ、やがてガリレイとハーヴィが、それぞれ特殊な分野で、特殊な形態で、その有力さを示してみせた方法であった。

註

(1) A・コワレ「ガリレイとプラトン」、渡辺他訳『科学革命の新研究』日新出版（一九六一）、八四－一一八ページ（本論文ではコイレとしてある）。

(2) いうまでもなくガリレイは、プラトンのような超越的観念論者ではなかった。クロムビー（A・C・クロムビー、渡辺他訳『中世から近代への科学史』下、コロナ社、一九六六、一四四ページ）はつぎのように指摘している。プラトンにとって自然は、数学的形相をもった超越的な理念の世界の不正確な写しであり、自然学は絶対的真理ではありえない。一方、ガリレイは、現実の自然が数学的世界だと考えた。

(3) 本文で述べたことから明らかなように、ガリレイの方法において、仮説－演繹－検証法が現われはじめる。落体運動が等加速度運動であるとする仮説から、その通過距離が時間の二乗に比例するという命題は直観的には出てきにくい。ここでは演繹は数学的論理のかたちをとる。ちなみに生物学においては、仮説から検証可能な命題までの論理的距離はきわめて短いし、また前者からほとんど直観的に後者がみちびきだされ、このばあい数学的論理はふつう無用である。本文において登場するハーヴィを例にあげよう。仮説－演繹－

検証法にひきつけて彼の方法を説明するとつぎのようになろう。ハーヴィは、動脈から静脈に血液が移行することを見ることはできなかった。この移行を仮説として採用すると、静脈結紮のさいその末梢部に血液がたまるという命題がえられる。この命題は検証可能である。しかしこの場合も、仮説から検証される命題への演繹過程は非数学的であり、ほとんど直観的に自明である。なお今後、本文においても註においても、物理学の方法と生物学の方法を対比することがあるが、両者の相違は相対的なもので、典型化して対比した時にのみ、いずれの議論も成りたつのであることは、いうまでもない。

（4） Kilgour, F. G.: *Yale Journal of Biology and Medicine*, Vol. 26 (1954), pp. 410–421.

（5） Pagel, W.: *William Harvey's Biological Idea*, S. Karger (1967). 少なくとも血液循環論の先駆者たちについては、パーゲルは充分説得的な文献上の証明に成功している。ついでながら、ガリレイによる地球公転自転説の着想にも、円環運動が完全な運動だとする説が影響を与えているかもわからない。アリストテレスが天上の世界においてのみ自然な運動だとした円環運動が、地球の公転と自転、血液の循環のような地上の運動においても許容されてきた、という面がたしかにある。科学上の学説について、それが主観的に着想された動機と、その実証とは区別されねばならない。着想は、いかにも非合理なヒントから得られることが少なくない。近代科学においては、学説が実証され公共化された段階では、着想の動機は消去されてしまう。

2　実験的方法の起源と性格

高級職人と学者

くりかえしになるが、ガリレイにおいてもハーヴィにおいても共通しているのは、実験を研究の基本とする態度であった。ところがコイレ(1)のように、近代科学の成立の一次的な原因が観念上の変革にあるとする立場にたつと、実験的方法の出現の意義が相対的に小さく評価されてしまう。他方、近代科学の成立にさいし実験的方法の確立が一次的意義をもつとする見解は、近代科学が、人間の物質的・技術的営みのなかから現われたと考える立場と不可分であろう。

封建制の胎内に、資本主義的生産方法がうまれ育ちはじめたのは一六世紀ごろからであった。それまで手工業者を組織していたギルドは、商業資本の支配がすすむとともに崩壊にむかう。ギルドの職人は、技術を秘儀として公開せず、また親方から徒弟への技術の伝達は伝統の保持を目的とし、その改善を排除するものであった。ところが競争の圧力のもとにおかれはじめた手工業者は、技術の改善に力をいれ、その成果を吸収せざるをえなくなる。かくて技術は、中世をつうじて長いあいだ続いた封鎖と停滞をやぶって進歩しはじめた。やがて技芸家、器具製造者、銃砲製作者、測量技術者、外科職人などの高級職人が、科学の発展のうえでも重要な役割をになうことになる。職人といえども、彼らに学問的知識や訓練がまったく欠けていたら、科学にたいする貢献はなされなかったであろうが、これら高級職人の社会的地位はしだいに向上し、彼らとアカデミックな学者との接触は日常的になってきた。そして学者のほうからも、職人の技術に関心をいだき、それを自分の研究に役だたせようと努める人たちが現われた。科学の実験はこうして、職人の技術が学者の知識と接した場所で生じた(2)。

まずツィルゼル(3)にしたがって、ギルバート（一五四〇―一六〇三）の磁石にかんする研究を例にひこう。ツィルゼルによれば、ギルバートは、実験的な研究成果を公刊した最初の学者である。ところが彼の『磁石について』（一六〇〇）のうち、純粋に実験的な研究について述べている部分は四〇パーセントであり、航海用器具・航海術に二五パーセント、鉱業・溶解術・鉄工作術に一〇パーセント、天文学の問題に一〇パーセントがさかれている。この事実は、ギルバートの実験が、航海および冶金を中心とした当時の実用的技術にむけられた彼の興味とふかく関連していることを示す。おなじことは、彼の実験の多くが、羅針盤製造職人であったノーマンに影響されているらしいことからも理解できる。それらの実験の例としてはつぎのものがあげられる。鉄片の重さを磁化の前後に計り、重さに変化がないことを確かめ、磁性は重さをもたないことが示された。また、磁針を水に浮かべると、磁針が一定の方向を指す事実が明らかにされた。

さてこんどは、話題を医学・生物学に転じよう。一六世紀における解剖学の革新者ヴェサリウス（一五一四―一六四）は、『人体の構造』（一五四三）の序文で、中世における医学の退廃について歎き、つぎの事実を指摘している。第一に、中世の医師たちは手仕事を軽蔑し、知識のない下層の人びとにそれらを委ねてしまった。第二に、健康の維持と疾病の克服のための三つの方法、つまり食餌の利用、薬剤の投与、および手術は、がんらい不可分であり、それらを全体として適用することにより有効であるはずなのだが、それら三つの方法は分断され、適切な医療はすたれてしまった。第三に具体的には、上記二つの欠陥の結果として、食餌の調理は看護婦の仕事となり、薬剤の処方は薬剤師に、手術は理髪師にひきわたされてしまい、こうして医師たちは、急速に医学の知識を失っていった。第四に、ヒトの自然誌をふくみ医学の全技術の基礎となる解剖も、手仕事にたいする軽蔑から、無学な職人にまかされた。

ヴェサリウスの試みは、このような事態の変革であった。いいかえれば、たがいに関連なく適用されていた医療の諸方法を、医師の主体において統一的に実施し、しかもそれらの医療の基礎に解剖の研究をすえつけるのが、彼の医学思想にほかならなかった。ヴェサリウスは、この思想を実現すべく、解剖の諸技術を習得するため、外科職人のもとをしばしば訪れたといわれている。

実験の特質

ベーコンにおける実験的方法の重要性の強調は、職人の機械的技術に発しながらその直接的世俗的有用性を否定する、という実験の特性の認識からきている。職人の技術は、学問つまり真理の探究の手段として変形され特殊化されることにより、実験を産みおとす。

ギルバートの場合、およびヴェサリウスの場合も併せ考え、つぎのことが指摘されよう。まず、近代科学は、知的労働が手の労働を吸収することによって成立した。そこでは、一定の限界内で、いわゆる精神労働と肉体労働との統一の機会が生まれた。一定の限界というのは、そのことが、せまい科学の世界においてのみ進行したにすぎないし、また学者たちが蔑視しえなかったのは、手仕事一般ではなく、彼らの研究に有用な高級職人の手仕事だけだったからである。この状況では、一般の下層人民からは依然として、知的営為を行なう権利は奪われたままである。

つぎに、ギルバートが緒をつけた実験的研究と、ヴェサリウスが大いに腕をふるった解剖学的研究は、実証的であるばかりでなく、分析的性格をもっている点でも共通している点に留意すべきであろう。なぜなら、実験は、所与の結果に関連している多くの要因のうち、一部を除いた諸要因を抑制除去し、分析的に因果関係を裸出させせようとする。解剖とは、文字どおり身体を解き剖《わか》ち、がんらい全体性を示すはずの身体の一部を他の一部から切りはなして研究をする方法にほかならない。ヴェサリウスが言うところによれば、解剖学は、生体の機能と諸部分の存在理由を明らかにする。

総じて、今まで使ってきた「実験」の概念には、二つの意味があわさっている。ひとつは観察にたいする実験であり、あとひとつは、世俗的実用のための手仕事に対置され、世俗的実用に拘束されない手仕事としての実験である。実験は、世俗的実用に拘束されないので、職人の手業とちがって何をやってもよい。それゆえ、独特なくふうをこらし、分析的な操作を自由にこころみることができ、たんなる観察の域をこえやすい。このような観方をすれば、解剖も、直接的な医療操作に拘束されない一種の実験であり、解剖とくに動物の生体解剖が、まもなく実験的な生理学を産みおとすのは必然であったろう。

以上みてきたように、実験的方法は、頭の論理への手の論理のくりこみであると同時に、その論理の内実は因果分析的であった。したがってまた、実験的方法は目的論的思考を排除してゆく働きをもっており、その意味では機械論的思考に親近性をもっているはずであった。この点に関連する議論は、次々節で行なう。

適切な実験の案出——ガリレイの場合

実験が職人の手仕事に起源しているとしても、前者が後者のままに留まるならば、それは事象の原因を因果分析的にさぐる方法としては成功しない。そこに独特のくふうが必要であるとさきに説明した。

ガリレイが、機械的技術にふかい関心をいだき、彼の力学研究がこれに関連している事実は、広く知られている。『新科学対話』でサルヴィアチは「あの有名な造兵廠での、日々たえまない活動は、研究者たちの頭に、思索のための広々とした働き場所を与えているように思われます。わけても機械の工作場が一番でしょう。……（職人たち）のうちには代々の経験をうけつぎ、また自分じしんでも観察して、ゆきとどいた知識をもち、おまけにそれを上手に説明する技までも心得ているものがおりますから」とのべ、ヴェネツィアの市民サグレドはこれをうけて「全くおっしゃるとおりです。……（職人たちと話していると）それまで分からなかった問題の解決の鍵を見つけることがよくあります」と答えている。

ガリレイによる落体運動の法則の研究は、砲術上の問題、つまり弾道の決定にかんする興味に関運しているが、大砲をうち、砲弾の飛行をただ観察するだけでは、永遠に放体の運動の法則は明らかにならなかったであろう。放体の運動を研究するには、そこからまず落体運動を析出させることが必要であった(4)。ところが落体運動の観察にさいしても、空気の抵抗の存在と、速すぎる落下のために困難がうまれる。

サルヴィアチは言う。「それで、できるだけ小さな速さを用い、それによって抵抗媒体のために重力の純粋な影響の上に生じる変化を小さくするように、私は物体を水平にたいしほんの僅か傾いた平面に沿って落下させようと思いつきました。……なお運動体とこの斜面の接触のために生じるかも知れない抵抗を避けたいと思いました。」

そこでガリレイは二つの方法をくふうする。ひとつは、球状の物体を糸で吊るし自由振動をさせる方法である。振動を一〇〇回もくりかえしても、重さを異にする二種類の球の周期にずれが生まれない。かくて彼は、落下速度は物体の重さに関係しない、と結論を下す。あとひとつは、斜面に沿って球をころがす方法であった。角材に溝をほり、その内側になめらかな羊皮紙を張り、溝のなかに真鍮の球をころがす。この実験を一〇〇回以上くりかえしてはじめて、ガリレイは、落下距離が落下時間の二乗に比例することを確認した。

適切な実験の案出——ハーヴィの場合

ハーヴィはいうまでもなく、解剖学者・生理学者であるとともに医師であって、実地の医療にも手をそめていた。『心臓と血液の運動』をみても、病的症状または医療効果を、血液循環や心臓運動の能動性の傍証としてあげている例は少なくない。けれども、診察と医療の経験だけからは、それらについての最終的な確証はえられなかったであろう。だいいち医療の対象はヒトである。しかしまもなく説明するように、彼はヒト以外の動物をも研究材料に使うことによってのみ成功しえた。

そこで、心臓の運動にかんしてハーヴィが行なった研究方法をみておこう。そのさい用いられたハーヴィの実験は、落体運動の法則をつきとめるためにガリレイが試みた実験を彷彿させる。次々節の論題にも役だてるため、心臓の運動にかんするハーヴィとデカルトの論争を素材にして説明をすすめたい。

ハーヴィが、心臓の運動はその筋肉の自発的な収縮であると『心臓と血液の運動』で主張したのにたいし、デカルトは『方法序説』『人体の記述』(一六四八)などで、心臓内での血液の膨脹がその運動の原因であるとした。もちろんハーヴィが正しいのであるが、両者とも自説の実証的根拠と称するものを提示している。にもかかわらず、一方が正しい結論をえ、他方が誤りを犯したのは何故であろうか。ひとつにはデカルトの自然観、全体としてぬきさしならぬ体系をもっと主張された力学的自然観が、ハーヴィの素朴な実証主義に敗れたといえよう。しかしそれだけでなく、両者の「実証」の差が問題になる。

デカルトは『人体の記述』で、じぶんの説とハーヴィの説のどちらが真実であるかを知るために、決め手となるものとして三つの実験をあげている。第一に、ハーヴィが言うように、心筋の繊維の収縮によって心臓が固くなるとしたら、そのとき心臓は小さくなるはずであり、じぶんの意見のとおり、心臓はその中にふくまれる血液の膨脹によって固くなるのだとしたら、むしろそのとき心臓は大きくなるはずである。そして医師たちの判断によれば、心臓は大きくなるとき固くなる。第二に、心尖を切ると、心臓が固くなるとき内腔がすこし広くなり血液がふきだすことも、自説の証拠であるとデカルトは主張する。第三に、血液が心臓から出るときには、そこに入ったときと異なる性質をもっており、熱せられて稀薄になり、激しく動いている、と彼は述べている。

ところが、デカルトが示したこれらの実験結果には、つぎのようないくつかの弱点が存在する。第一の実験は、他人の判断を援用しており、しかも心臓は固くなるとき大きくなるがそれは著しくはない、と告白している。第二の実験は、イヌではうまくいかないと認めている。第三の結論は、どのような実験からみちびき出されたのか明らかでない。以上のとおり、個々の議論においても難点があるが、これらの実験が、イヌやウサギのような定温動物を材料にしていることは致命的である。なぜなら、定温動物では、心臓の運動の観察はきわめて困難である。

ハーヴィはつぎのように述懐している。「私はこの仕事（心臓運動の観察）があまりにも面倒であり、また絶えず困難にみちていることをすぐ発見して……〝心臓の運動はただ神のみがこれを知る〟のではないかと考えたほどであった。……私はどのようにして収縮あるいは拡張がおこるのか、また、どこに拡張、収縮がおこっているのかを正しく弁別することができず……今ここに収縮がみえ、そこに拡張がおこっているかと思えば、たちまちその反対になり、ある時は個々に区別しうるかと思うと、またたちまち混同した運動をみる、というように私には思われた。」（『心臓と血液の運動』）

この困難を克服するため、彼は数多くの動物を解剖した。ハーヴィが検べた動物の種類は、哺乳類、鳥類、爬虫類、両生類、魚類、昆虫類、甲殻類、軟体動物、環形動物をふくめ一二八種類にたっする。こうして幾多の経験を集積した結果、心臓の観察に有利な動物を発見した。すなわち、変温動物においては心臓の運動が比較的ゆるやかであることを知り、なかでもヘビの心臓は長いから、搏動の周期も長いという性質に目をつけている。そのうえ、死につつある動物では搏動の周期が長くなることをも利用している。このような年期をいれた熟練と、それにもとづく巧妙なくふうによってこそ、心臓の運動の正確な認識が可能になった。ただしハーヴィの心臓運動論は、第一節でのべたとおり、直接観察だけでなく、生体実験をふくめ手広くすすめられた研究活動に支えられて成立した。医学・解剖学・生物学にかんする持続的な訓練と努力という背景を欠いたデカルトのくふうのない観察・実験が、ハーヴィのそれの敵ではなかったのは当然であろう。

ベーコンは人間の認識能力の欠陥について語り、その原因のひとつとして、対象の運動が速すぎるばあいの感覚の無力をあげた。彼にとって感覚の無力を征服する第一の方法は、自然誌なかでも実験誌の作成と帰納作業であるが、帰納にさいして、少数で自然の解明に役立つ事例を特権的事例とよび、その役割を強調した。特権的事例には、感覚されがたいものを感覚されるようにする召喚的事例がふくまれ、ここで彼は、速すぎる運動の測定を求めている。速すぎる落体運動にかんするガリレイの研究、速すぎる心臓の運動についてのハーヴィの研究は、いずれもベーコンの召喚的事例の特権をみごとに活かしている。そして両者の成功は、世俗的手業に基礎をおきながら、しかもそれに拘束されない、巧みに案出された実験に依存している。彼らは、たんに実験の重要性を指摘したにとどまらず、実験を有力にする手段に力をつくしたという点で、実験的方法の開拓者であった。

註

（1）コイレ、前出論文。

（2）科学の実験の由来を、高級職人の技術のほか、自然魔術の試みにも求める主張がある。たとえばベーコンの技術や実験の概念は、アグリッパの自然魔術の定義に近い。しかしロッシ（P・ロッシ、前田訳『魔術から科学へ』サイマル出版会、一九七〇、一―四七ページ）は、ベーコンが自然魔術の実践的側面をひきつぎ形而上学的側面を拒けており、共同研究、進歩および表明の明晰性の要求は、魔術からではなく技術からのみ生まれた、と主張している。次節本文でのべるデカルトが近代科学にもたらした貢献のひとつ、認識、論理および表現の明晰判明性も、けっきょくは高級職人の技術の展開に関連があると思われる。

（3）E・ツィルゼル、青木訳『科学と社会』みすず書房（一九六七）、一三八―一九〇ページ。

（4）これがまもなくデカルトにより定式化された分析‐総合法の実践である。本文で示したとおり、もともと実験的方法は分析‐総合法の思考様式のなかでのみ意味をもつ。ガリレイは放体の運動を、投げられた方向への等速度運動と、地上に垂直にむかう等加速度運動に分けて解明したが、これはより一般的には、現象をいくつかの契機に抽象的に分析し、個々の契機ごとに考察する方法の一例である。一方、解剖学から出発したハーヴィの研究は、全体的な生体の営みを空間的な部分ごとに分けて考察することによって成功した。彼は、血液循環の全行程を、静脈から心臓をへて動脈、動脈から静脈、そして静脈内という三部分に分けて考えている。

3　研究組織の試み

ベーコン対デカルト

ベーコンとデカルトの両者は、ともに近代科学思想の祖であり、二人はあい補う思想的立場から近代科学の成立に貢献した、としばしば言われている。この主張はけっして間違いではないが、場合によっては誤解を生む。ベーコンの思想とデカルトの思想は、多くの点できわめて類似している。両者において第一に、自然科学の世俗的有用性の強調がいちじるしい。第二に、科学の研究がそのように有用であるためには、自然の諸事物や諸現象の説明原理として目的因をとることを拒み、自然における法則、因果関係を追究すべきだとされる。第三にふたりは、それらの追究にさいして、人間の認識能力に強い不信を示す。ここまでベーコンとデカルトの主張はほとんど等しいが、両者の相違は、直接には、人間の認識能力の欠陥を救う方法にあった。ベーコンはすでに指摘したとおり、自然誌とくに実験誌の方法を提案するが、ここでは多数の人間の協力が要請される。一方デカルトは、個人のレベルでの、認識の明晰判明性に救いをもとめる。したがってベーコンにとっては、適切な研究制度の実現が科学の進歩の不可欠な条件であり、この問題にかんして彼がふかい関心をいだいたのは当然であろう。デカルトにおいては、そのような関心はほとんど見られない。

ベーコンとデカルトの科学思想の相違の第二点は、科学における神の位置をめぐって現われる。ベーコンの科学思想の体系内では、神は本質的な役割をはたさないが、デカルトにとっては全く事情がちがう。デカルトの学説のすべては、明晰判明な認識の真理性を前提としているが、明晰判明な認識じたいは、神の誠実性の主張、つまり神は完全であるから人間をあざむくはずがないとする主張に依存する。それゆえ科学は、神に依存してのみ可能になる。さらにデカルトが目的論的説明を拒否する根拠は、神の意志の不可知性にある。神の意図を知りうると考えるのは、人間の思いあがりであろう、と彼は論じる。そのほか、デカルトの自然学の個々の命題にも、神の完全性にもとづき直接論証されるものが少なくない。たとえば慣性の法則の証明は、「この法則の根拠となっているのは、神が物質のうちに運動を保存するところの活動の不変性と単純性である」(『哲学の原理』一六四四)という主張でつきてしまう。

やがてより詳しく論じるが、デカルトが近代科学にもたらした貢献はたしかに大きい。内容的にみても、彼の慣性の法則はニュートンに無視できない影響をあたえた。方法のうえでは、彼は、分析－総合法の提唱、普遍数学の示唆にみられるような認識と論理の明証性の強調をつうじて、近代科学に本質的な寄与をなした。

協同研究の実現

ベーコンが提案した多数の協力にもとづく実験的研究の組織化・制度化を、はじめて実現しようと試みたのは、ロンドンの王立協会のグループであった。一六四八年ごろからつぎつぎにオクスフォードに移住したウィルキンズ（一六一四―七二）、レン（一六三二―一七二三）、ボイル（一六二七―九一）らは、実験をつうじて自然の原理を明らかにするために集会をもちはじめる。このグループはやがてロンドンにうつり、一六六二年に王立の認可をえて、正式に協会が発足した。初期からの会員で、協会の歴史の著者であるスプラット（一六三五―一七一三）は、ベーコンは王立協会の「試みの全域にわたる構想をもっていた偉大な人」（『王立協会の歴史』一六六七）であったと述べているが、事実、科学の世俗的有用性の主張、そのための基礎的研究の必要性の強調、実験的研究の成果の広範囲にわたる蒐集、協同研究の重要性の指摘など、ベーコンの思想の多くが王立協会のグループによって継承されている。

スプラットによれば、協会の目的は、「自然の働きの秘密を征服すること」、およびその知識を「人間生活の利益」のために適用することにあった。この目的にそい、一六八四年には、協会でなされる実験を選択し準備するため、機械学、天文・光学、解剖学、化学、農学、技芸誌、観察実験誌、通信の八個の委員会が創設された。委員のあいだには重複があり、主要会員は数個の委員会に所属している。たとえばボイルは七個の、ウィルキンズは五個の委員を兼ね、かくて委員会間の連絡、ひいては諸科学の交流が可能であった。一例をあげると、呼吸は解剖委員会のテーマであるが、同時に、空気の性質、燃焼、熱、植物の生長に関連している。一六六〇年代に、ボイル、フック（一六三五―一七〇三）、ロウアー（一六三一―九〇）、メイヨー（一六四一―七九）などは、呼吸が燃焼と本質的に同一の現象であり、生命を維持するために動物は、空気中の有効成分を肺臓をつうじて血液にとりこまなければならない、という事実を実験的に明らかにしたが、これらの成果は、上記のような条件で、王立協会を中心としてなされた。

しかしながら、ベーコンの主張は、単純な協同研究の要請ではない。前節で示した手と頭との協力の思想が、ベーコンにおいても明らかに存在する。そして彼の思想は、歴史的にみて二重の役割を演じた。ひとつには、すでにのべたように、同一人格において手と頭が結合されることが、近代科学の成立にとって必要な条件であった。ベーコンの「よい医師とは、学者でありながら経験の慣習に心をよせ、あるいは経験医でありながら学問的方法に心をよせるものである」（『学問の進歩』）という意見は、この思想の明白な表現であろう。けれども一方彼が、頭の人と手の人のあいだでの分業をも求めていることは、『新アトランティス』にでてくるソロモン学院の制度をみれば、疑いをさしはさむ余地がない。学院の研究活動は九個のグループに分業される。そのうち、光の商人、掠奪者、神秘家、先駆者、芽つぎする人、とそれぞれよばれる五グループは、事実の蒐集または実験の施行にあたり、頭の仕事には関係しない。編集者、燈火、自然の解釈者の三グループは、実験結果を考察し手を使わない。資源賦与者と名づけられたグループは、実験結果から実用可能なものを引きだす。近代科学の誕生期に、いったん同一人格で結ばれようとした頭の仕事と手の仕事は、現代の体制化した研究制度のもとでは再び分離しはじめる傾向がいちじるしいが、その萌芽もまた、上記のようにベーコンの思想にみられる。

手と頭の分業とともに、あとひとつ現代の研究制度においてしばしば、専門領域間の分業の固定化が批判の対象になっている。草創期の王立協会の活動は、このことをも、手と頭の分業をも、ともにかなり回避できた稀な現象であった。近代科学誕生期の新しい精神が残存しており、しかもその精神が体制のもとでまだ固定化していない、という特殊な歴史的時代に、初期の王立協会は活躍した。

王立協会がこのような活動をなしえた期間は、たかだか二〇年たらずの間にすぎない。しかしその後ただちに、研究の本格的体制化がはじまったわけではない。まだ充分には明らかになっていない理由(1)で、一七世紀の終わりごろから一八世紀のなかばすぎまで、自然科学の全般的な停滞期がつづく。一八世紀後半になって、ふたたび自然科学の研究が活気をおびはじめた時には、科学は、現代にいたるまでしだいに深まってゆく体制化、制度化への道を歩きはじめることになっていた。ここではじめて、研究組織にかんするベーコンの思想は、現代資本主義に適合した面だけが選択されて、本格的に実現するはこびになる。

協同研究の外で

王立協会の中心メンバーの活動にかんして、検討すべきさらに別の問題がのこっている。すでにくりかえし、近代科学の基本的方法が実験であると強調してきたが、実験結果から自動的に一定の理論がえられるわけではないし、実験に先だって研究者の思想が白紙であるはずもない。それらの点をめぐる諸問題を、のこらず議論することはここでは不可能であり、とりあえずつぎの点を指摘しておきたい。科学とくに物理学では、実験あるいは観察によって見出された現象から、適切なそして客観的根拠をもった概念を形成し、それらのあいだに、適切で客観的な根拠をもった関連づけを行ない、体系的な理論を構築する作業が重要である。初期王立協会の中心メンバーの思想においては、この点にかんする自覚がないではなかったとしても薄弱であった。このような作業においてこそ、思惟のデカルト的明晰判明性がとくに求められるし、そのさい直接的な協同は比較的実をむすびにくい。

生命現象の基本には、たとえば自己増殖や物質交代の働きがあり、じじつ自己増殖、物質交代をなしえない生物体はひとつもない。ところが、物体の基本的な物理的ふるまいのひとつである慣性についていうと、慣性の運動を完全に実現している物体は、現実にはひとつも存在しないだろう。あきらかに慣性の概念は、客観的根拠をもってはいるが、物質交代の概念とはちがって即物的な概念ではなく、現象から離れる抽象によってのみ得られる。ガリレイは、斜面実験を基礎とし、空気の抵抗と面の摩擦を捨象した考察にもとづき、慣性の法則に近づいたけれども、重力の場という条件を捨象することに失敗した。そしてデカルトは、どのような思考過程によってかはわからないが、慣性の法則を着想し（その根拠を形式的には、すでにのべたように神の完全性においたが、じっさい彼にこの法則を思いつかせた原因は別かもわからない）、ニュートン（一六四二―一七二七）もまた、デカルトの『哲学の原理』を読んだことが、機縁の少なくとも一つになって、慣性の法則に到達する(2)。デカルトに触発されたにしろ、直接の経験からはなれてニュートンがこの法則を受けいれることができたのは、コーエン(3)によれば、彼がここで数学者として振舞ったからであった。

ニュートンはやはりおなじ態度で、惑星の楕円運動のなかに慣性の運動を見ぬいた。すなわち惑星の運動は、太陽の引力による運動と慣性運動との合成運動であると考えた。ニュートンは、彼の力学理論の大部分を、一六六五―一六六六年の二年間、ペストの流行を避けて生家にもどり、知的孤独の状態のなかで達成したが、その結果は『プリンキピア』（一六八一）ではじめて公表された。ところが一六六〇年代の後半にはニュートン以外の科学者も、惑星の運動が太陽の引力による運動と慣性運動にもとづき説明されるらしいことに気づきはじめていた。スプラットによれば一六六七年以前に王立協会の会合において、「惑星の運動の説明のために、求心引力の付随により直線運動を円運動に曲げること」についてモデル実験が行なわれている。したがってニュートンの本領発揮は、むしろその先の問題についてなされたのだといえよう。つまり第一に、惑星の運動と万有引力および慣性の運動のあいだの関連の厳密な数学的論証は、ニュートンの明晰判明な抽象的思考によってのみ可能であった。

王立協会の中心メンバーのなかでも、フックは一六六六年に、重力、より一般的には万有引力の定量的法則を見出すため、高所と深い地下における重力の測定、磁力の定量的研究および振子の運動の研究が必要であると考え、実際その年のうちにいくつかのデータを発表した。さらに一六七四年にはフックは逆二乗法則の着想を公表しているが、この着想はデータから帰納されたものでもないし、他の法則から明晰に演繹されたものでもない。したがってフックは、万有引力の法則を証明しえていない。

一方ニュートンによる逆二乗法則の証明は、二段階にわけて考察される。まず彼は、この法則を、求心力の法則とケプラーの第三法則から数学的に得たらしい。ここで、等速円運動ならともかく楕円運動における逆二乗法則の導出は、ニュートンの明晰な数学的抽象的才能なしには成功しなかったろう。つぎに、このようにして導出された逆二乗法則の検証の段階がくる。ここでもあらかじめ、球状の物体の質量がその中心に集中しているとして取扱ってよいことの数学的証明が不可欠であり、この証明によって、地上の物体と地球とのあいだの距離を地球の半径とみなすことが正当化される。かくて、地球から月までの距離が、地球から地上の物体までの距離の六〇倍であると考えられた。そこでニュートンは、地上の物体の落下加速度と月の加速度を比較し、後者は前者の三六〇〇分の一であることを見出す。

ニュートンは明らかにみずからが実験科学者であることを認めていた。彼はその『光学』(一七〇四)にたいする批判に応えて、研究にさいし最善確実な方法は「第一に、自然現象をたんねんに探究し、実験によってこれらの性質をはっきりさせる」ことである、と主張している。万有引力の証明においても彼は、この理論の証明を、最後には実験に訴えている。つまり、それじしん実証的根拠をもつケプラーの法則をもとにしてえられた逆二乗法則から、地上の物体と月との運動の加速度の比を演繹し、その値を検証するという方法をとった。この仮説‐演繹‐検証法を、ベーコンは不充分に、デカルトは歪められた形(4)で定式化し、第一節の本文と註でのべたようにガリレイもすでに使用していたが、ニュートンはこれを見事に使いこなした。

王立協会の活動の社会的基盤

ベーコンの思想の王立協会における実現が、束の間のものでしかありえなかった原因は、このグループが、体制の深部からの要求にもとづいて生まれたものではない、という点にあろう。王立協会は、最初からどこからも財政的援助をうけていなかったし、王立機関としての特権は、ロンドンまたはその近郊で会合する権利、出版認可権、死体の解剖特権、外国人との交信権など、きわめて限られたものにすぎなかった。

といっても、王立協会の研究活動に社会的基盤が存在しなかったと言うことは、とうていできない。協会の活動を刺激した世俗的要因は、鉱業、軍事および航海にかんする諸困難であった。さきにあげた呼吸の研究でさえ、地下深い坑内における労働、建造が企てられていた潜水艦内における生活の問題と関連している。ニュートンの天文学の研究についても同じことがいえる。一六六五—六年の研究活動において彼がその研究の社会的意義を自覚していなかったとしても、一六八〇年代にいたってニュートンが万有引力の研究を再開したとき、彼はそのことを明らかに意識していた。万有引力の研究をうながしてハレー（一六五六—一七四二）やフックがニュートンにあてた手紙には、その研究が、とくに月の運動の解明をつうじて航海上重大な意味をもつと記されている。総じて、王立協会の会員がえらんだ研究課題（一六六一—二、一六八六—七）を社会的必要との関連においてしらべると、マートン(5)によれば表1のとおりである。「純粋科学」の項には、さきの呼吸や万有引力の研究のように、間接に社会的必要にかかわりあう課題もふくまれている。

表1

		件数	百分比
純粋科学		333	41.3
社会的必要と関連ある科学	海上輸送	129	16.0
	鉱業	166	20.6
	軍事工学	87	10.8
	その他産業	91	11.3
	計	473	58.7

一七世紀の科学が、技術的課題にほとんど応えなかったとする説がある。この見解は正しい面をもっているが、そうだとしても、この時代に科学の研究活動を支える基盤がなかったという結論はえられない。知的な要因のほか世俗的な効用にも動機をもつ科学の研究のすべてが、その要求に応えたとは限らない。科学的にも実用的にも成果を収めた場合もあったろうが、科学的には成功したが実用上の効果を示しえなかった呼吸の研究のような場合のほか、科学的にも実用的にもたいした収穫なしに終わった研究もたしかに少なくなかった。けれどもこれらの不成功の原因は、社会的要求の闕失にあるのではなく、他の諸条件、とくに科学的知識の全般的不備にあった。

しかしいずれにせよ、これらの研究は、マートンが指摘したように、資本主義体制の最深部、工業の生産過程にほとんど結びついていなかった。したがってこの時期には、科学が体制内に永続的に固定されるにはいたらなかった。

註

(1) 通説では一六―一七世紀の初期資本主義の成立および重商主義の最盛期と、一八世紀末以後の産業革命期のあいだのはざまにおける社会的沈滞が、科学にも影響をおよぼした、とされている。さらに物理学では、ニュートンの体系により基本的な軌道が敷かれてしまい、生物学では、ニュートン学説の適用が逆効果を生んだとする説がある。また、科学の実用性についての懐疑論および認識論上の懐疑論の流行がマイナスの役割をはたしたと主張する人もいる。

(2) Herivel, J.: *The Background to Newton's Principia*, Claredon (1965), pp. 42–53.

（3）I・B・コーエン、吉本訳『近代物理学の誕生』河出書房（一九六七）、二〇六ページ。

（4）デカルトにとって第一原因は神であり、この第一原因から論理的に演繹可能ないくつかの因果関係のうち、実現されていないものを排除する役割のみを実験は受けもつ。かくして排除できないいくつかの因果関係のいずれが現実に存在したかについては、彼は関心を示さない。がんらい演繹された仮説は、全面的に採用されるか全く拒まれるかであって修正の余地はない。また検証は、仮説の一義的な正当性とは絶対に関係ない。デカルトの仮説-演繹-検証法は、神=第一原因説と、感覚に依存しない明晰判明知論によって歪められている。ちなみに、デカルトにかぎらずベーコンにおいてもガリレイにおいても、検証による部分的修正を前提とする仮説の思想は未成熟である。ただし肯定的事例の枚挙にもとづく帰納は不充分だとし、誤った説明を否定的事例により排除する操作を重要視するベーコンの立場は、この点からみて注目されるべきである。

　ついでながら、仮説-演繹-検証法は、発見法、実証方法の有力なひとつの形態であって、そのすべてでないことはいうまでもない。

（5）Merton, R. K.: *Science, Technology and Society in Seventeenth Century England*, Harper (1970), p. 204.

4　目的論から機械論へ

擬機械的自然観と因果分析的方法

機械論ということばが、きわめて多義的であることは、しばしば指摘されているとおりである。したがって、近代科学の成立と共軛《きょうやく》して、支配的自然観が目的論的自然観から機械論的自然観へと交代したという議論を検討するばあい、「機械論」の内容についての分析と限定が必要であろう。

自然全体が本質的に機械またはその集合だとする自然観が、機械論のひとつの意味であり、かりにこれを擬機械的自然観と名づけよう。古代においては、おおむね自然は、自発的なしかも規則的な運動をなす動物、とくに人間に類比されていた。自然は運動するので動物的であり、運動に規則があるからその動物は目的と知性をもっている。これに反して、近代においては機械類比的自然観が優位を占め、自然が目的と知性をもっているとは考えられない。

コリングウッド(1)によれば、古代の擬人的自然観と近代の擬機械的自然観を仲介する過渡に、汎神論的自然観が重要な役割をはたした。汎神論的自然観においては、全体としての自然=神は、個々の事物の外部には存在しない。ひとつの事物の外部に存在するのは他の事物である。それゆえ、自然における一定の事物の原因は、特定の他の事物でなければならない。この原因論は、擬機械的自然観の原因論と一致する。

以上のコリングウッドの見解は、汎神論的自然観のもとでも、近代的な因果分析的な研究方法(2)が採用されうることを示唆している。一般化していえば、自然への因果分析的な接近は、擬機械的自然観のもとにおいてのみ可能なのではない(3)。ただしこの方法も、しばしば機械論的だと称せられている。

ハーヴィを例にとり、この点について具体的にしらべてみよう。彼は、身体の部分の存在じたいについては、これを神性をもった自然の目的にもとづいて説明しようとした。彼によれば「完全で神聖な自然は……要求のないところ、どのような動物にも心臓をあたえはしないし、また心臓が果たすべき役割を持つまえに心臓を創造するようなことはしない。」(『心臓と血液の運動』)

にもかかわらずハーヴィは、すでに存在している諸部分のあいだの関連については、ほぼ完全に因果的説明をあたえている。動脈の搏動の原因は血液の血管壁への衝突であり、精神的不安がもたらす全身的憔悴の原因は循環機能の不全である。こうしてハーヴィは、近代的意味での因果性を追うことによって、擬機械的自然観・生命観への道をひらいたかもわからないが、彼じしんは決してそのような生命観をもっていなかった。たしかにハーヴィの文章には、心臓を水ふいごにたとえるなど、器官の機械類比が散見される。けれどもアリストテレスでさえ、動物の運動を操り人形の運動にたとえているし、ガレノスは心臓＝ふいご類比におけるハーヴィの先輩であった。生命現象のうち、もともと機械的である部分だけを機械にたとえる表現と、生命を全体として機械とみなす立場とは、まったく別種のものである。

力学的自然観と物理学

一七世紀当時において人びとの目にふれる機械は、ふつう力学の原理にもとづいて動くものであり、あるいは力学の原理にもとづいて動くと容易に理解されるものであった。近代力学と機械職人の手仕事との発生的関連からみても、このことは首肯されよう。したがって、当時の擬機械的自然観は力学的自然観の形をとった。力学的自然観は、機械論的という言葉でよばれる第三の意味である。

さて、力学的自然観が、力学の実証的研究と整合しやすいのは、いわば自明の理である。一面、力学的自然観が制覇しつつあった時期に、生物学の実証的研究者が、しばしばこれになじまなかったのも、当然のなりゆきであったろう。むしろ生命現象においては、全体としての合目的性がきわめて印象的であるので、この合目的性を説明すべく、自然の神性を動員したり、アリストテレスに救いを求めたりしたハーヴィの態度はよく理解できる。さきにハーヴィのアリストテレスへの傾倒の理由は後者の経験主義にあると指摘したが、それだけでなく、生命現象の合目的性の印象が両者を結んでいる。

生命現象にかぎらず力学的でない現象の説明においては、力学的発想が有効であるとは必ずしも言えない。ガリレイは『新科学対話』において、落体運動の解明にさいし成功した幾何学的方法を、物体の収縮・膨脹の説明にも用いている。次頁の図2の大円ＡＢを一回転し、その円周とおなじ長さの線分ＢＦを描かせる。このとき小円ＡＣもまた、ＢＦとおなじ長さの線分ＣＥを描く。ＢＦはあきら

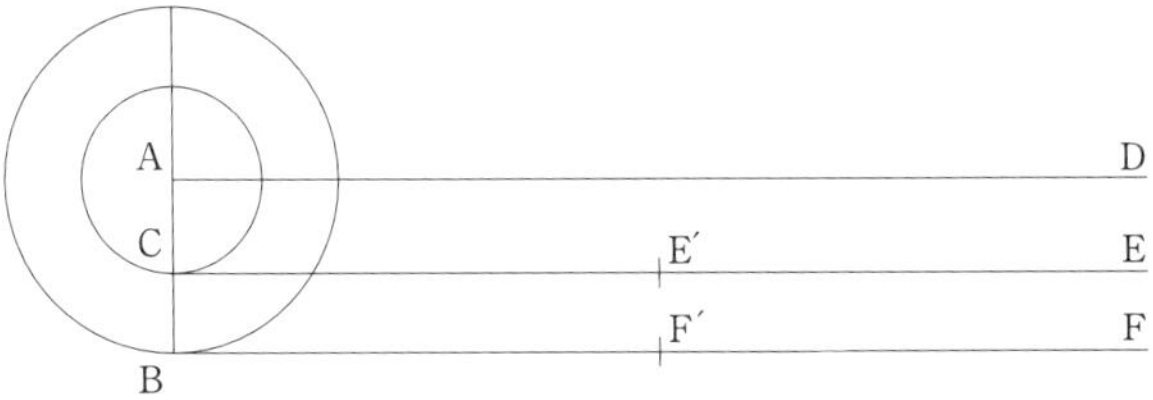

図2

かに小円の円周よりも長い。サルヴィアチによれば、ACのBFへの「膨脹」は、物体の展延性のしくみを明らかにする。逆に、小円を一回転させるあいだに、小円が描く線分CE′とおなじ長さのBF′を大円が描く事実によって、物体の収縮が説明される。

ガリレイは、自説を代表するサルヴィアチの論証にたいして、アリストテレス主義者シンプリチオにつぎのように言わせている。「あなたの論証、証明は数学的であり抽象的であって、具体的事実から遠くかけ離れています。ですからこれらの法則は、有形の自然の世界には当てはまらないでしょう。」この批判は、かなり的を射ているように思われる。

力学的自然観と生物学

生物学においては、力学的発想の無効性はいっそう著しい。ハーヴィは力学的自然観の所有者でなかったゆえに成功した。そのことは、心臓の運動をめぐりハーヴィとデカルトのあいだでかわされた論争をつうじて明らかになっている。デカルトは、心臓の運動の原因は、熱の働きでひきおこされる血液粒子の運動、すなわち血液の膨脹にあると考えた。彼は、この見解について実証的な裏づけを持っているつもりであったが、それは前々節に示したとおり、いかにも薄弱であった。にもかかわらずデカルトは、彼の心臓運動論が力学的であったからこそ自説に確信を持ちえた。彼は、じぶんの心臓運動論がもし誤りであるばあいには、彼の自然学全般が価値を失うであろうと主張した。

しかし力学的自然観は、しだいに生物学者たちの抵抗を排除してゆく。ハーヴィ自身、晩年にはデカルトと妥協し、心臓の運動の原因の一半は血液の膨脹にあると認める。おなじ経過は、呼吸にかんする研究においてもたどられる。呼吸の働きが、空気中の有効成分を体内にとり込んで、静脈血を活性化し動脈血に変える事実は、気管の結紮というすぐれてハーヴィ的な方法により証明された（ロゥアー『心臓論』一六六九）。ところが、ニュートンの達成の影響下にますます勢威をふるう力学的自然観の、生物学における体現者ヘールズ（一六七七―一七六一）は、『力学論集』（一七三三）で、ロウアーの業績を知っていたにもかかわらず、これを拒み、血液の活性化を力学的に説明しようとした。彼によれば、静脈血が肺臓を通過するとき、赤血球が毛細血管と摩擦し、熱を発生するとともに血液は赤くなる。この意見にもとづくと、血液の活性化は呼吸には関係がない。そのため、呼吸の働きについてのヘールズの説明は、古代に逆もどりして、過熱された血液の冷却にあるとされる。

その後の生物学における力学的説明の歴史を述べることは、本稿の目的の範囲を越える。ただしその歴史が、力学的自然観・生命観の直線的勝利に終始したわけではないし、そのことはすでに一八世紀のなかばごろになれば広く気づかれはじめていた事実を指摘しておきたい。力学的自然観のもっとも簡単な型は、粒子の運動と相互作用による自然現象の説明であろう。ガリレイもデカルトもおそらくニュートンも、それぞれのあいだに多少の相違があるにしても、この立場を堅持していた。そして一八世紀におけるニュートン学派は、すでにヘールズの例で示唆したとおり、生命現象をも粒子論的に説明しようとこころみた。ところが、ニュートン理論のフランスへの紹介者であったモーペルテュイ（一六九八―一七五九）じしんが、遺伝、発生、進化などの説明にさいして、この思想に一定の改変をくわえる。彼は、生物体を構成すると想定した粒子に、力学的な法則に受動的にしたがう以上の性質を与えようとした。モーペルテュイの生命粒子は、引力のほか認識力、記憶力、編成力をもつ。心臓の運動のように元来力学的でもあるような生命現象を力学的に説明することは比較的容易であるが、遺伝、発生、進化のような形態の質的な形成をふくむ現象は、とうてい力学的説明のおよぶところではないことが明らかであった。

ところでこのような反省の思想史的な根源をしらべると、ライプニッツの単子論のほか、ベーコンの思想がうかびあがってくることは注目に価する。ベーコンは『森の森』（一六二〇年代）において「あらゆる物体は、もし感覚を持たないとしても表象を持っていることは確かである。なぜなら一つの物体が他の物体に出会うとき、好ましいものを抱き、好ましからぬものを排除する一種の選択が行なわれる」と論じている。粒子論者ではあったが、デカルトとちがって体系家ではなく、即物的な実験と観察のレベルから遠ざかることを強く警戒し、生命現象をふくめて自然現象全体にひとしく目を配ろうとしたベーコンが、純粋に力学的な自然観に徹しきれなかったことは理解しやすい(4)。

いずれにせよガリレイ―デカルト―ニュートン的な古典力学を下敷にした、力学的自然観・生命観が、現代の生物学において通用するとは、もはや誰も考えない。けれども、生命現象を全体として、物理学・化学の言葉で記述できるとする立場は、現在においても存在する。この立場は、機械論と名づけられている第四の思考法である。この意味での機械論は、生物学に固有のものであるが、とにかくも、物理・化学の進歩した現状にふさわしく衣がえされた、新しい擬機械的自然観・生命観とみなされないこともない。一七世紀にはじまる擬機械的自然観の主唱者は、古典力学的機械が最終的な唯一の機械であると考えていた。しかるに、現代の物理学的化学的生命観は、現在の機械が最終的な機械だとは思わないし、現代の物理学・化学の言葉が最終的な言葉であるとも考えない、という含蓄を時にはふくんでいる。

それゆえ、かつての力学的生命観と、現在の物理学的化学的生命観とをおなじレベルで取扱うことはできないし、あるいは、さまざまな生命現象を物理学・化学の言葉で記述できるか否かの論争の一部は無内容であるかもわからない。「一部」と限定したのは、くりかえし説いたように、物理学と生物学とは、少なくとも今のところ、かなり違った立脚点から出発しているように思われるからである。

力学的自然観の根源

さいごに話をもとにもどし、力学的自然観の根源について少し考察しておこう。ファリントン(5)が指摘しているように、ギリシャ時代初期の思想家たちは、自然現象をしばしば技術的過程になぞらえて理解した。しかしこれらの技術類比は、機械の内的メカニズムとの類比ではなく、人間の技術的効能との類比である。ツィルゼル(6)は、力学的自然観が、人間の押したり引いたりする運動と自然現象との類比であり、その意味で擬人的自然観にほかならない、と述べているが、古代における力学的自然観の要素は、擬人的自然観に包摂されている。擬人的自然観の母胎をやぶり、これを凌いで力学的自然観が支配的な地歩を固めるには別の条件が必要であった。その条件は近代とともに始まるものでなければならない。

資本制生産様式が支配的である近代社会においては、前近代に成立していた個人間の人格的直接的必然的依存関係はひき裂かれ、個人間のつながりは、物と物との関係をつうじて間接的偶然的に現われるようになる。つまり人間は独立した粒子であり、社会は粒子の交互作用の舞台であると感じられる。このような状況が、人びとの意識のなかに浸透し、粒子的・力学的自然観成立の一因になったとする主張は魅力的である。この説の正否は、科学者でない一般市民の思想をしらべることによって検証されうるであろう。力学的自然観は、数量的自然観に傾きやすい。数量的認識の普及は、上記の社会状態に関連した貨幣経済の発達によって促進されたことは、うたがいを入れない。

これに反して、目的論的・質的な自然観は、前近代の階級社会の制度に有縁であるらしくみえる。貴族、自由民および奴隷、あるいは領主と農民は、それぞれ固有の質を本性としてもち、その本性に規定された元来あるべき位置から離れるべきではない。その本性から離脱しようとする暴力的な試みも最終的には失敗して、元来あるべき位置にすべては落ちつくであろう。この説明は、アリストテレスの運動論にみごとに対応する。水と土は宇宙の中心である地球に、火と空気はより月界に近い上方に、そしてエーテルは天空の世界に、それぞれ在るべき位置をその本件からして持っている。たとえばもし土を、在るべき位置から暴力的にひき離し持ちあげても、持ちあげた力が去れば、在るべきだった位置に戻る目的で、たちまち落下する。アリストテレスはこのように考えた。

　力学の研究と職人の機械的手仕事との発生的関連からすでに示唆したとおり、力学的世界観が、機械類比から来たと思われるふしもある。もちろん機械類は、近代がすすむとともに著しく実力を発揮し、目立つようになった。かりにそうであったとしても、粒子論的自然観の初期の主張者であったベーコンは、じぶんの自然観が機械のしくみを反映しているとは意識していなかったようである。彼は『新機関』において言う。

「人間の知識は、機械的技術においてなされるものを目のあたりに見ることによって惑わされて……それに似たようなことが事物の本性一般にもおこると考えるようになる。」これを読むと、ベーコンはあたかも力学的自然観について述べているかのようにとりたくなるが、ところが事実は彼は、劇場のイドラの一例として、古典ギリシャ由来の四原素説、パラケルススの三原質説あたりをおそらく念頭におき、それらを批判の対象にしているのである。ベーコンが前記の文章で「機械的技術」とよぶ場合、さきのギリシャの技術類比自然観にかんしてふれたのと同じ事情がたぶん存在する。彼は、機械の内的メカニズムについて語っているのではない。『自然誌と実験誌のための備え』（一六二〇）において彼は、農業、料理法、化学、染色技術などを重要視し、「時計その他これに類するもの」には、あまり印象づけられていなかったようすである(7)。

　しかし一七世紀なかばすぎにボイルが語るところでは、自然と機械との類似が明瞭に意識されている。「原子論者とデカルト主義者の仮説は……事物を粒子あるいは微小物体で説明するので、粒子哲学とよばれる。……また物質の微粒子は、機械的エンジンにおいてきわめて強い力をあらわすので、しばしば私はそれを機械的仮説あるいは機械的哲学とよんでいる。」（『粒子哲学説の説明に有益な化学的

実験の若干の例』一六五九）

いずれにせよ、台頭しはじめた力学的自然観が、科学者や知識人のなかで、ますます強固な地歩をかためえたのは、ニュートンの力学における輝かしい成功によってであったろう。

註

（1） Collingwood, R. G.: *The Idea of Nature*, Oxford (1965), pp. 94–100.

（2） ここで因果分析的方法とよんだ立場は、正確には、要素分析的な研究方法と、事物の生起についての因果決定論をふくむ。機械は部品に分解でき、その働きは諸過程に分析され、また決定されている。

（3） アリストテレスにおいても、目的因や形相因のほか始動因、質料因も認められており、自然現象が機械的因果関係によって説明されている例も少なくない。しかし彼によれば、自然は自発的に動くがけっきょくは神により動かされる。神は愛されるものが愛するものを動かすように自然を動かす。したがって彼の自然は、超越的な神を目的とした擬人的な自然である。それゆえアリストテレスの自然学においては、他の原因をおいて目的因が重視されざるをえない。

（4） ロッシ（前出書、一二―一三ページ）や青木靖三（岩波講座『世界史』一六巻、八七―一一六ページ）が指摘するように、ベーコンのような考え方の背景に、ルネサンス自然哲学の生気論の影響があることも否定できない。

（5） B・ファリントン、出訳『ギリシャ人の科学』上、岩波書店（一九五五）、四一―五二ページ。

（6） 前出書、二〇五ページ。

（7） mechanical または mechanic という形容詞が力学的自然観を表わすために用いられた事例として、

『オクスフォード英語辞典』（一九三三年度版）があげている最初のものは、意外におそく一六九〇年代に属している。また mechanical の初期の用法のひとつとして「手仕事についての」という意味があり（事例初出一四五〇）、mechanic の最も古い用例（一五四九）もこれと同義である。

参考文献

近代科学成立期の問題全般については、
（1）A・C・クロムビー（渡辺正雄・青木靖三訳）『中世から近代への科学史』上・下、コロナ社（一九六二・六六）とくに下巻。
（2）J・H・ランダル他（渡辺正雄他訳）『科学革命の新研究』日新出版（一九六一）。
（3）日本科学史学会編『科学革命』森北出版（一九六一）。
を参照されたい。(1) は、よくゆきとどいた研究書であるし、(2) はこの問題をめぐる代表的論文集である。(3）は日本における成果。
近代科学の成立を理念上の変革に求める説は、上記（2）所収のコイレ論文のほか、
（4）Hall, R.: "The Scholar and the Craftsman in the Scientific Revolution," in *Critical Problems in the History of Science*, ed. by M. Clagett, University of Wisconsin Press (1959).
によく示されている。コイレにたいする批判で、入手しやすい論文につぎのものがある。
（5）近藤洋逸「近代科学の形成とプラトニズム」『思想』三四五号（一九五三）、四一―五一ページ。
近代科学の高級職人手仕事起源説については、
（6）E・ツィルゼル（青木靖三訳）『科学と社会』みすず書房（一九六七）。

所収の諸論文を読まれるとよい。なおそのうちいくつかは、(2) にふくまれている。ガリレイの著書の日本語訳には、

(7) G・ガリレイ (青木靖三訳)『天文対話』上・下、岩波文庫 (一九五六・六一)。

(8) G・ガリレイ (今野武雄・日田節次訳)『新科学対話』上・下、岩波文庫 (一九三七・四八)。

がある。ガリレイの落体運動にかんする研究業績のうち、日本人によってなされたものをあげると、

(9) 青木靖三「ガリレイの自然落下法則発見についての一試論」『科学史研究』二九号 (一九五四)、一一—一七ページ。

(10) 板倉聖宣「落体法則成立史」、文献 (3) 二〇七—二四三ページ。

ほか少なくない。国外における研究については、(1)—(3)、(9) の註や文献表を見ていただきたい。ハーヴィの著書の日本語訳にはつぎの (11) がある。

(11) W・ハーヴィ (暉峻義等訳)『動物の心臓ならびに血液の運動にかんする解剖学的研究』岩波文庫 (一九六一)。

日本人の手になるハーヴィ研究論文には (12) があるが、外国における研究については、(12) の註および (13) の文献表にくわしい。

(12) 中村禎里「William Harvey とその生理学説」『科学史研究』六八号 (一九六三)、一四五—一四九ページ、六九号 (一九六四)、一八—二五ページ (本書Ⅱに「ハーヴィとその生理学説」として所収)。

(13) 中村禎里「Harvey 研究の現状」『生物学史研究』一六号 (一九六九)、一—一四ページ (本書Ⅱに「ハーヴィ研究の現状」として所収)。

ベーコンの著書のうち『学問の進歩』『新機関』『新アトランティス』には日本語訳があり、いずれも

(14)『世界の大思想』6（服部英次郎訳、河出書房新社、一九六六）。に収められている。ベーコンにかんする研究書で入手しやすいものには、(2)のプライアー論文のほか、つぎの(15)(16)がある。

(15) B・ファリントン（松川七郎・中村恒矩訳）『フランシス・ベイコン』岩波書店（一九六八）。

(16) P・ロッシ（前田達郎訳）『魔術から科学へ』サイマル出版会（一九七〇）。追補・みすず書房（一九九九）。

日本人のベーコン研究論文を二つあげておこう。

(17) 荻原明男「一七世紀《科学革命》におけるフランシス・ベエコンの歴史的意義について」『科学史研究』四九号（一九五九）、三―一一ページ。

(18) 市井三郎「帰納法と弁証法」『思想』三九七号（一九五七）、六〇―七四ページ。

デカルトの自然学関係の著書のうち(a)方法序説、(b)哲学の原理、(c)情念論、(d)世界論、には日本語訳がある。とくに(a)(b)(c)は岩波文庫・角川文庫に収められている。入手しやすい全集もののうち、(19)には(a)(b)(c)(d)が、(20)には(a)(b)(c)が収録されている。ただし(b)は文庫版、全集版ともに抄訳〔角川文庫と(20)は比較的完訳に近い〕であるのは残念。

(19)『世界の名著』22（野田又夫他訳、中央公論社、一九六七）。

(20)『世界の大思想』7（山本信他訳、河出書房新社、一九六五）。

デカルトの自然学にかんする研究書には(21)があり、その他簡潔平易な概説として(22)をあげておく。

(21) 近藤洋逸『デカルトの自然像』岩波書店（一九五九）。

(22) 野田又夫『デカルト』岩波書店（一九六六）。

王立協会の初期の歴史にかんする最近の研究書に、

(23)　Purver, M.: *The Royal Society: Concept and Creation*, M. I. T. Press (1967).

があるが、日本人の研究成果として (24) をあげておこう。

(24)　山田慶児「創立期のロンドン王立協会」、文献 (3) 一三九―一六三ページ。

一七世紀の科学の社会的背景にかんしては、つぎの諸著が重要である。

(25)　B・ヘッセン「ニュートンのプリンキピアの社会的経済的基礎」『新興自然科学論叢』希望閣（一九三一）所収。

(26)　R・K・マートン（森東吾他訳）『社会理論と社会構造』みすず書房（一九六一）のうちの第一九章。

(27)　近藤洋逸「マニュファクチュア時代の科学と技術の関係」『理論』三巻（一九四九）七号、二〇―三五ページ、八号、一四―二六ページ。

なお、(26) はつぎの書物において詳細に展開されている。

(28)　Merton, R. K.: *Science, Technology and Society in Seventeenth Century England*, Harper (1970).

最後に一六―一七世紀の科学の通史であるが、生物学史にかんしては適切な文献は存在しない。物理学史では、

(29)　I・B・コーエン（吉本市訳）『近代物理学の誕生』河出書房新社（一九六七）。

がすぐれている。また、

(30)　広重徹『物理学史』I、培風館（一九六八）。

の一―三章は有益である。

一七世紀の生物学

はじめに

本稿の表題は「一七世紀の生物学」となっているが、「一七世紀の生物学」という一つにまとまった研究分野があるかどうか疑わしい。一六世紀のなかばごろからを展望の視野にとりいれて「近代科学成立期の生物学」あるいはより端的に「近代生物学の成立」と題すれば、筋がとおることになろう。しかし近代生物学は、一九世紀に入ってはじめて成立したとする意見もある。おそらく事は、近代科学、近代生物学とは何か、という問題に帰着するのであろうが、結局私は、一九世紀成立説に賛成できない。にもかかわらず私は、ここでは自分の立場の顕示をさし控えることにして、編集委員会の指示どおり「一七世紀の生物学」と題し展望をこころみよう。

さて、およその見当でいうと、この表題のもとに、第一にハーヴィの業績を中心とした一七世紀前半の生物学と、王立協会のグループを中心とした一七世紀なかば過ぎの生物学における諸活動がとりあげられるべきであろう。そして私見によれば、この両者のあいだには共通性・連続性も存在するが、同時に大きな相違もみられる。さらに、ハーヴィに至るまでの経過と、王立協会全盛期以後の問題点も明らかにしなければ、議論が閉鎖しない。また生物学史は、当然一般科学史の一部を構成すべきだから、一般科学史の視野を落とすことはできない。以上の点を留意しながら書きすすめて行くことにする。

前口上があとひとつ残っている。私の今までの貧しい研究活動は、ほとんどハーヴィの仕事に関連するものであるし、しかも彼についての最近の諸研究の展望は、他の機会(50)で果たしてしまっているので、それ以上の展望をおこなう余力は、今の私にはほとんどない。けれども、私のほかにこの分野を研究している生物学史家は、日本には一人もいない。そのうえ、さきに示唆したとおり、一七世紀の生物学史は、科学史全般からみてもかなり重要な位置を占めると思われるので、案内役を引きうけた。

科学革命論について

一七世紀は科学革命の世紀、近代科学の成立期であるといわれている。科学革命の原因、条件、背景などについては、実にさまざまの主張が提出されている。物理学史家や科学思想史家が一七世紀についてふれるばあい、つねに上記の問題を念頭においているようであるが、一七世紀の生物学史にかんする専門書・論文には、この問題意識が不思議に弱い。諸家の科学革命論のすじ書きは、物理学史なかでも天文学・力学史の研究成果にもとづいて立てられ、生物学史的なエピソードは、この既定のすじ書きに外挿的にさしこまれているようにしばしば思われる。その状況の主たる責任は生物学史家における問題意識の欠如にあるだろう。そこで、生物学史を志す人にも、科学革命論の問題点を知っていただきたいので、これについてやや詳しく紹介し、あわせて、生物学史の立場からみた科学革命論の弱点（と思われるもの）を指摘しておきたい。

一六―一七世紀における近代科学の成立にさいし、学者の伝統と職人の伝統の結合が必要であったことは、ほとんど定説化している。しかしこの結合において、両者のうちどちらが主導したかという二者択一に面し、科学史家の意見は二つに別れた。職人主導説は、初期資本主義とともに実現された新しい技術、あるいはそれを求める要求が、近代科学を産みおとしたと主張する。一方、学者主導説は、スコラの内部での思想の自律的発酵こそが近代科学の誕生の直接の原因となった、とする立場にたつ。

ツィルゼル(2)(14)は、「一六世紀のおわりに、手工業者の方法が、アカデミックな訓練をうけた学者のものに高められたことが、科学の誕生にとって決定的な事件であった」という。こうして成立した近代科学の源流が高級職人の技術にあったことの根拠のひとつとして、ツィルゼル(1)(3)(14)は、科学の社会的性格とその進歩の概念が、芸術家、器具製作職人、鉄砲職人などのあいだにまずあらわれた事実をあげる。彼によれば、これらの思想の発生には、競争原理にもとづく資本制生産の出現と、それにともなうギルド的伝習の崩壊が必要であった。

バターフィールド(2)(5)は、ツィルゼルがさし示した職人群のうち、芸術家の役割をとくに強調する。彼の意見では、自然学がスコラに委ねられ、その自由な発展が束縛されていたときに、芸術の世界では独創が許されていた。芸術家たちは、その仕事の手段として数学を利用し、人体の解剖をはじめたが、やがて、これらの手段が目的に転化してゆく。かくてバターフィールドによれば、美術とのつながりからいって、はじめに近代化された科学が解剖学であったのは偶然ではない。ポライウオロ（一四二九―九八）やレオナルド・ダ・ヴィンチ（一四五二―一五一九）の活動の検討を通じて以上の見解の立証をこころみながら、彼は、科学革命の背後には、ひとの感じかたの変化があったのであり、その変化をもたらしたのは、第一に美術家であると論じている。ただし、これが仕事場の手仕事の習慣と関連があるかどうかはわからない、とバターフィールドはいう。

なお、職人の技術に近代科学の原型をみる立場は、実験的方法の役割を重視する科学観と結びつく。一方、スコラの思弁に近代科学の原型を求める立場は、科学研究を一種の精神活動とみなす傾向につながる。この点は、科学にかんする今日的議論に関連するので、注意しておきたい。

さて、学者的伝統を重要視する有力な科学史家にホール(2)がいる。彼も、「科学革命における学者の役割と職人の役割は相補的である」ことを認めるが、前者は能動的、後者は受動的であると見なす。職人の技術とその経験主義は、なにも近代科学成立期に限らずいつも存在したのだから、かりに職人の経験主義がこの変革で相当の役割を果たしたとしても、変革じたいは学者の主体の内部で行なわれたと考えなければならない。ホールはこのように主張した。

学者的伝統の内部で、どのような要素が近代科学の成立にさいし根本的な役割を果たしたか、という点については、コイレやランダルの研究がある。ガリレイ（一五六四―一六四二）の研究家として著名なコイレ(1)(3)は、実験を可能にするには学問的な概念が必要であり、とくに経験に基づかない幾何学的言語の選択使用が近代科学成立の前提になった、と論じている。彼によれば、近代科学の成立過程における革命の本質的な要素は、ギリシャ的コスモスの崩壊であり、幾何学的空間の再構成であった。したがって近代科学は、数学主義といった意味でのプラトン主義の、学者の間での復活にむすびついている。

コイレとおなじく、学者的伝統を重視する側にあってもランダル(1)—(3)(7)は、プラトン主義でなくアリストテレス主義の発展こそが、近代科学を産みおとしたと主張する。パドヴァをはじめとする北イタリアの大学では、アリストテレスは、僧歴のための神学の研究の一部としてではなく、医学の研究のための下準備として学ばれた。このような問題意識のもとでのアリストテレス主義、つまり合理的経験主義が、近代科学の方法に接続することを、ランダルは、パドヴァの哲学者ザバレラ(一五三三—八九)の著作の検討をつうじて議論している。ただし彼の意見では、一六世紀パドヴァ学派の合理的経験主義に欠けていた要素があった。この要素すなわち数学的方法が、前者にむすびついて新しい科学の方法が完成する。

以上示した見解の複雑な分岐、対立にもかかわらず、ツィルゼルをふくめてこれら科学史家の間には、見事な一致点が存在する。それは、数学的方法を、近代科学の不可欠な要素とみなす見地である。この見地は、生物学史の実証的な研究を包摂しないことによって成立した、と私はいいたい。あと一つ、生物学史の立場からみた論点を示そう。近代科学が初期資本主義の形成を背景にして誕生したとする一般論には、私も異議はない。しかし、生物学の対象であるヒトと動植物の生産、つまり医療と農業は、当時においては資本主義的生産様式の対象としては存在しなかった。もちろん農業生産物の商品化は進んだであろうし、医療職人も、他の分野の職人の動きと無関係ではありえなかったろうが、これらの問題についてより実証的な研究の出現が望まれる。

生物学史家は、科学思想史家や物理学史家が提示した成果を視野におさめ参考にしながら、生物学史の実証的研究を基盤においた一般化を試みなければならない。かくして得られた一般的結論が、既成の、あるいは物理学史家による一般的結論とくいちがうことが仮に明らかになったならば、そこで両者の協力と競争にもとづく再検討が緒につくことになろう。

入手しやすい文献のリストと簡単な解説を行ない、この項を終わる。

（1） Wiener, P. P. & A. Nolard (ed.) : *Roots of Scientific Thought*, Basic Books (1957).
（2） Kearney, H. F. (ed.) : *Origins of the Scientific Revolution*, Longmans (1964).
（3） ランダル、J・H他（渡辺正雄他訳）『科学革命の新研究』日新出版（一九六一）。
（4） 日本科学史学会編『科学革命』森北出版（一九六一）。
（5） Butterfield, H.: *The Origins of Modern Science* (new ed.), Bell (1957).
（6） Hall, A. R.: *The Scientific Revolution*, Beacon (1954).
（7） Randall, J. H. Jr.: *The School of Padua and the Emergence of Modern Science*, Editrice Antenore (1957).
（8） 青木靖三「ガリレイとアリストテレス説」『思想』三六九号（一九五五）、九〇―九九ページ。
（9） 青木靖三「ルネサンス科学」『科学史研究』九三号（一九七〇）、一―五ページ。

(10) クロムビー、A・C(渡辺正雄他訳)『中世から近代への科学史』下、コロナ社(一九六八)。
(11) 近藤洋逸「近代科学の形成とプラトニズム」『思想』三四五号(一九五三)、四一―五一ページ。
(12) 下村寅太郎「魔術の歴史性」『思想』二四七号(一九四二)、一―五ページ。
(13) ロッシ、P(前田達郎訳)『魔術から科学へ』サイマル出版会(一九七〇)。追補・みすず書房(一九九九)。
(14) ツィルゼル、E(青木靖三訳)『科学と社会』みすず書房(一九六七)。

(1)(2)は一九三〇―五〇年代にあらわれた代表的論文のアンソロジーであり、(3)は(1)の一部の日本語訳である。(4)に収められたものはすべて、日本人のオリジナル論文であるが、生物学、医学のものはよくない。しかし、伊東俊太郎の巻頭総説、巻末における荻原明男の問題点指摘、および三田博雄の手になる文献表は、研究の手引きとして有益である。ただし文献表に関しても生物学関係が極度に弱い。(5)(6)は何度も名をあげた研究者による概説で、執筆年代は(1)―(3)所収の彼らの論文より古い。(10)も著名な研究者によるすぐれた概説書。(1)―(3)所収のランダルの論文は、いずれもオリジナル論文の抄録、抄訳(なかでは(2)がもっとも完全な形に近い)であり、(7)には原論文が完全な形で再録されている。(14)は、ツィルゼルの主要論文を集めた貴重な文献。(8)はランダルに近い立場から書かれた日本人の業績、(11)は日本のすぐれた科学史家によるコイレ説批判である。本稿ではふれなかったが、実験の職人技術起源説のほかに、魔術起源説を無視できない。(12)はその例である。魔術起源説の批判的解説と文献は(13)の第一章において知ることができる。本誌の展望シリーズの既出のもののうち、(9)は本稿が担った分野にもっとも関連がふかいので、あわせて参照していただきたい。

前項で述べたとおり、生物学史の研究においては、近代科学成立期の一般的問題との関連において論議がかみあうという状況はまれであり、筋道の通った展望を行なうことは困難である。したがって実際は、一般科学史家の発言をより多く引用することになるであろう。

さてまず第一に、ツィルゼル説が正しければ、一五―一六世紀の美術職人、外科職人と解剖学の発展との関連に考察の焦点が合わせられるべきである。すでに紹介したバターフィールドのほか、シンガー(30)は、「レオナルド・ダ・ヴィンチに代表される美術の自然主義運動がなかったら、ヴェサリウス(一五一四―六四)の業績がこれに続くことは不可能であったろう」と論じ、ヴェサリウスはガレノスの解剖学とルネサンスの美術を結合したのだ、と述べている。そこで第二の問題が出てくる。つまりシンガーによれば、ヴェサリウスはガレノスの継承者でもあり、ここで人文学者の介在を見落とせない。シンガーは、人文学者の手でおこなわれた古典の紹介、翻訳の作業なしには、ガレノスの伝統継承はあり得なかったと考え、ギュンター(一四八七―一五七四)を例にあげて論じる。ギュンターはパリ大学在任中、ヴェサリウスや、ロンドレ(一五〇七―六六)、セルヴェト(一五一一―五三)のような、近代生物学の成立にさいし重要な役割を荷った解剖学者、動物学者、思想家をはぐくんだ。またギュンターによるガレノスの解剖学書の翻訳はヴェサリウスの手で編集・発行された。ヴェリリウスは、解剖学の伝統を美術の伝統と結びつけただけでなく、人文学者としての一面をもそなえていた。

このようにシンガーは主張する。

しかしホール(2)は、解剖学の発展にとってガレノスの研究は重要であったと認めつつも、古典の復活には一般論として大きな意義を承認しない。ツィルゼル(2)(14)も、人文学者は職人たちの仕事に関心を示さなかったとして、彼らの積極的役割については否定的な見解を示す。

結局、ヴェサリウスの仕事をはじめとする一六世紀の解剖学が、基本的には、ヘレニズム期からローマ時代初期の解剖学の前進的復活なのか、それとも、ルネサンス期以後の職人の知識の医学への吸収にともなう新たな誕生なのか、という第三の点に議論が煮つめられるだろう。私自身(33)は、後者を契機としつつヘレニズム期の伝統が復活したのだという見解をもっている。

解剖学に影響を与えた職人として、美術家のほか外科職人を考慮に入れなければならないが、外科職人の仕事の解剖学への影響を本格的に追究した業績は、私が知るかぎりにおいては存在しない。私には不案内の医学史の分野で、そのような研究が進んでいるのかもしれない。ただしノルデンショルド(19)は、ヴェサリウスが外科職人のもとにかよって解剖の技術を習得したと指摘しており、またファブリチオ(一五三七—一六一九)がはじめて解剖学、外科学の両方の講義を行なったと述べている。

なお、生物学史のうち博物学史的側面には私は比較的不案内であるし、触れるスペースもないので、文献をあげるにとどめる。といっても専門研究書はわずかしか示すことができない。この分野についても記述がなされている通史をあわせて列挙しよう。

(15) Bodenheimer, F. S.: *The History of Biology*, Dawson (1958).

(16)　Gardner, E. J.: *History of Biology*, Burgess (1960).

(17)　Lanham, U.: *Origins of Modern Biology*, Columbia U. P. (1968).

(18)　Locy, W. A.: *The Story of Biology*, Garden City (1925).

(19)　Nordenskiöld, E.: *The History of Biology*, Tuder (1928).

(20)　Singer, C.: *A History of Biology* (new ed.), Abelard-Schuman (1959).

(21)　Sirk, M. J. & C. Zirkle: *The Evolution of Biology*, Ronald (1964).

(22)　巴陵宣祐『生物学史』上、山雅房（一九四一）。

(23)　沼田真他『生物学史』中教出版（一九五二）。

(24)　Gabriel, M. L. & S. Fogel (ed.) : *Great Experiment in Biology*, Prentice-Hall (1955).

(25)　Hall, T. S. (ed.) : *A Source Book in Animal Biology*, Hafner (1951).

(26)　Rook, A. (ed.) : *The Origins and Growth of Biology*, Penguin Books (1964).

(27)　田中長三郎『泰西本草、本草家』岩波講座（一九三二）。

(28)　Hoeniger, F. D. & J. F. M. Hoeniger: *The Developement of Natural History in Tuder England*, Oxford U. P. (1969).

(29)　Hoeniger, F. D. & J. F. M. Hoeniger: *The Growth of Natural History in Stuart England from Gerard to the Royal Society*, Oxford U. P. (1969).

(30)　Singer, C.: *A Short History of Anatomy and Physiology from the Greeks to Harvey* (1925), rep., H. H. Dover (1957).

(31)　O'Malley, C. D.: *Andreas Vesalius of Brussels*, U. California P. (1965).

(32)　Pagel, W.: *Paracelsus*, S. Karger (1958).

(33) 中村禎里「近代生物学の成立」『生物科学』一九巻二号(一九六七)、七八—八四ページ(本書Iに所収)。
(34) Paracelsus, T.(besorgt von W.-E. Peuckert): *Werke*, 5 Bde., Schwabe (1965-68).
(35) Paré, A.: *The Apologie and Treatise of Ambroise Paré*, Dover (1968).
(36) Vesalius, A.: *De Humani Corporis Fabrica* (1543), rep., Curture et Civilisation (1964).
(37) レオナルド・ダ・ヴィンチ(松井喜三編・解説)『レオナルド・ダ・ヴィンチ解剖図集』みすず書房(一九七一)。

(15)—(23)はいずれも生物学史の通史であるが、(19)が一番優れている。新版が出ていないのが残念である。日本人のものとしては(22)が詳しいが、これは実は(19)(20)の継ぎ合わせ翻訳。(24)—(26)はソース・ブックである。(24)については丸善からアジア版が出ているので、多くの方がご存知であろう。ただし一七世紀の業績はわずかしか収められていない。(25)は内容豊富で便利。(26)はペリカンブックの一冊、比較的古いところも入っている。(27)は古典古代以来の植物学史の概説でスペースの大部分は一六—一七世紀の業績で占められている。(28)(29)は未見。(30)は解剖学史のよくまとまった概説。(31)はヴェサリウスに関する最新の研究成果であり、巻末には(36)の抄訳が付せられている。ヴェサリウスの著名なファブリカの復刻版(36)は容易に入手できよう。外科職人について研究する人のためにはパレの英訳(35)がある。レオナルド・ダ・ヴィンチについては青木の展望(9)に詳しいので省略するが、その後レオナルド・ダ・ヴィンチの解剖図集(37)が日本で出たので付記しておく。なお、次項で簡単にふれるが、実験の魔術起源説においてしばしば言及されるパラケルススはヴェサリウスらと同時代人なので、彼に関する代表的な研究書(32)と彼の著作の独訳原典(34)をあげておく。

比較解剖学と実験生理学

解剖あるいは他の医療活動から、いかにして生物学の実験的な研究が発生しえたかが、次の問題点である。ツィルゼルの職人説を採って外科職人や美術家を念頭におくとしても、解剖じたいは、人工的な条件を与えることによって自然の事実を明るみにだすという意味での実験ではない。もし近代科学の特徴的な方法のひとつを実験にもとめるとすれば、生物学における実験の起源がたずねられなければならない。私[49]は、実験生理学の起源について次のように考察した。解剖学の対象は元来人体であったけれども、ヒトの死体は必要なだけ多くは入手できないので、解剖学者はその代替物として動物を解剖するようになる。しかし動物を材料に選べば、死体をわざわざ使う必要はない。そこでおのずから生体解剖が行なわれる。ここまで来て今度は、解剖学者たちは、生体解剖のメリットを意識するようになった。ヴェサリウス[26][36]は、生体解剖が、動物の器官の機能と生理的意味の解明に役だつと主張する。この主張は、実験の思想にむかう大きな前進であった。一方、博物学の流れにおいても、動物の外面だけでなく内部をも記載の対象にしようという動きがはじまる。ブロン（一五一七―六四）、ロンドレ、コイテル（一五四三―七六）に代表されるこの流れと、解剖学の流れとが合して、比較解剖学とともに実験生理学が始まる。コイテルは、心臓の実験的研究において、ハーヴィ（一五七八―一六五七）の先駆者であった。

ホール[2]は、「研究のための解剖からある種の実験まで進むのに、大きなステップは要らなかった」と認めながら、解剖はそのままでは実験を生みださない、と指摘する。彼によれば、生物学における実験は、医師が病人を治療するさい行なう実験にはじまる。とくに、梅毒、銃創、壊血病、ペストなどの病気は、ヒポクラテスやガレノスには記載されておらず、その治療にさいし、医師は実験せざるをえなかった。なかでも伝統にとらわれず、職人や魔術師からも学んだパラケルスス(一四九三―一五四一)の貢献は大きい、とホールはいう。

生物学の実験の外科手術起源説も、仮説としては成立しうるし、実際ハーヴィによる血液の循環の証明にさいし決定的な役割を果たした血管の結紮は、外科医パレ(一五一〇―九〇)がはじめたものであると、多くの通史が明らかにしている。さらにまた別の仮説として、力学における実験が生理学に輸入された可能性を検討することもできよう。ハーヴィのパドヴァ留学時代、この大学でガリレイが実り多い成果を収めつつあったことは、しばしば指摘されていたところである。

いずれにせよハーヴィにいたって、生物学における実験的方法は組織的に行なわれることになるが、ハーヴィに関する研究は、ここ一〇年ほどの間に大きな進歩をなしとげた。研究は大体三つの出発点から進められた。第一は、ホイットリッジ(52)などによるハーヴィ未発表ノートの精細な検査であり、その結果、血液循環論の成立年代に関し評価の重要な変更が行なわれた。第二は、ハーヴィの念頭にあったかもしれない水フイゴの具体的な形態、構造および出現年代に関するウェブスター(47)らの考証であり、第一、第二の研究が合して、いわゆるポンプ類比は、血液循環論の成立にさいし何の役割も果たさなかった、とする説がきわめて有力になった。第三の研究の流れは、ハーヴィの「定量的研究」の検討であり、この方面ではキルガー(45)にはじまり多くの業績が出た。主流の結論は、ハーヴィの「定量的研究」は彼の成功において基本的な意義をもたない、ということにある。パーゲル(46)のようにハーヴィの「定量」を評価している研究者も、それはガリレイの定量的実験とは本質的に違うものである、と考えている。これらの問題の解決に貢献した諸論文は、キール(43)、ケインズ(44)、パーゲル(46)、中村(50)に引用されているので、それを見ていただきたい。

以上の諸研究は、それぞれ出発点が異なるにもかかわらず、はからずも同一の次の結論に到達した。すなわち、ハーヴィが機械論的生命観の持ちぬしだとか、力学的方法を使用することにより成功したとか主張する説には、何の根拠も存在しない。二、三の研究者の文章を引用しよう。ウェブスター(47)いわく、「ポンプアナロジーは、血液循環の最初の展開には関係がない。……ポンプアナロジーは、ハーヴィが力学的哲学に近いことを強調し、彼のアリストテレス主義を過小評価しようとしている科学史家によって誇大化されている。」ジェヴォンズ(42)はいう。「現代の論者は、科学において定量的方法がなしとげた価値に影響されて、ハーヴィの定量的考察の重要性を、彼の業績においても生物学史的にみても過大評価している。解剖学的証拠を動物実験とむすびつけた点でハーヴィは無比の才能を発揮した。そのうえ彼を、一九世紀的科学のヒーローの墓に無理して押し込む必要があるだろうか。」

この項に関する文献をリストアップする。

(38) Cole, F. J.: *A History of Comparative Anatomy*, MacMillan (1949).
(39) Foster, M.: *Lectures on the History of Physiology during the 16th, 17th and 18th Centuries*, Cambridge U. P. (1901), rep., Dover (1970).

(40) Mendelsohn, E.: *Heat and Life*, Harvard U. P. (1964).
(41) Fulton, J. F. (ed.) : *Selected Readings in the History of Physiology*, Charles C. Thomas (1930), second ed. (1966).
(42) Jevons, F. R.: Harvey's Quantitative Method, *Bull. Hist. Med.*, Vol. 36 (1962), pp. 462–467.
(43) Keele, K. D.: *William Harvey*, Nelson (1965).
(44) Keynes, G.: *The Life of William Harvey*, Oxford U. P. (1966).
(45) Kilgour, F. G.: William Harvey's Use of Quantitative Method, *Yale Jour. Biol. Med.*, Vol. 26 (1954), pp. 410–421.
(46) Pagel, W.: *William Harvey's Biological Idea*, S. Karger (1967).
(47) Webster, C.: William Harvey's Conception of the Heart as a Pump, *Bull. Hist. Med.*, Vol. 39 (1965), pp. 508–517.
(48) 中村禎里「William Harveyとその生理学説」『科学史研究』六八号（一九六三）、一四五―一四九ページ、六九号（一九六四）、一八―二五ページ（本書IIに「ハーヴィとその生理学説」として所収）。
(49) 中村禎里「ウイリアム・ハーヴェー　その生物学史上の地位」『生物学史研究ノート』一〇号（一九六四）、一―一三ページ（本書IIに「ハーヴィ　その生物学史上の地位」として所収）。
(50) 中村禎里「Harvey研究の現状」『生物学史研究』一六号（一九六九）、一―一四ページ（本書IIに「ハーヴィ研究の現状」として所収）。
(51) Harvey, W. (annot. & tr. by C. D. O'Malley *et al.*) : *Lectures on Whole Anatomy*, U. California P. (1961).
(52) Harvey, W. (ed. & tr. by G. Whitteridge) : *The Anatomical Lectures of William Harvey*, E. & S. Liv-

ingstone (1964).
(53) Harvey, W. (ed., tr. & introd. by G. Whitteridge): *William Harvey's De Motu Locali Animalium 1627*, Cambridge U. P. (1959).
(54) ハーヴェイ、W（暉峻義等訳）『動物の心臓ならびに血液の運動に関する解剖学的研究』岩波文庫（一九六一）。
(55) Harvey, W. (tr. by K. J. Franklin): *De Motu Cordis*, Blackwell (1957).
(56) Harvey, W. (tr. by K. J. Franklin): *De Circulatione Sanguinis*, Charles C. Thomas (1958).
(57) Harvey, W. (tr. by R. Willis): *The Works of William Harvey*, Johnson Reprint (1965).

(38)(39)は、一六―一七世紀の比較解剖学史、生理学史に関する古典的名著である。この項の前半の部分を勉強する手引きとしては、(30)とともに(38)をひもとくとよい。(39)はむしろ一七世紀後半以降に多くのスペースをさいている。(40)は、体熱と呼吸という特殊のテーマに即した生理学史であるが、やはり一七世紀後半以後をしらべるさいに、より有益であろう。(41)は生理学のソース・ブック、(42)―(50)はハーヴィについての研究書または研究論文。ハーヴィに関する研究業績はおびただしくあるが、ここでは最近出された単行本、代表的業績および本文中で引用したものをあげるにとどめた。ただし私のものは、日本人の仕事という意味で仲間に入れさせてもらった。ハーヴィの著作やノートは、ほとんど現代語訳で読むことができる。(52)(53)は一六一六年およびそれ以後に書かれた講義ノートのラテン・英語対訳、(51)は(52)に収められたノートの大部分の英語訳、(54)はハーヴィの主著『心臓と血液の運動』(一六二八)の日本語訳、(55)は同書のラテン語テキスト付き英語訳、(56)は『血液の循環』(一六四九)のラテン語テキスト付き英語訳、(57)は上記二著のほか『動物の発生』(一六五一)などを含む英語訳である。(57)からハーヴィの伝記と

『動物の発生』を省いたものが、エヴリマンズ・ライブラリの一冊（二六二番）として出ている。

王立協会の時代

ハーヴィが機械論者ではなく、アリストテレスの影響を強くうけていた、とする説が正しいならば、ここからいくつかの問題点が派生する。第一に、近代科学の基本的性格について考えてみなければならない。近代科学の基本的特徴は、自然の数理的認識であり、その方法は数学的である、としばしばいわれている。また近代科学の成立期に、これを背後から支えた自然観は機械論的自然観であったとふつう考えられている。けれども、ハーヴィに関する諸研究の結論にしたがうと、このような見解は一面的だ、ということになろう。ハーヴィの生物学が近代科学の範疇に属しないと弁ずれば、もちろん「近代科学＝数理的認識」説は破れない。しかし、生物学において数理的認識、数学的方法が本質的役割を演じて成果をもたらした最初の大きな仕事は、メンデルによる遺伝法則の発見（一八六五）であり、シュヴァンの細胞説も、ダーウィンの進化論も、パストゥールの微生物学も、ルーの発生学も、物理学がそうであるような意味での数学的方法には依存していない。この論点について私の見解は別の論文(63)で明らかにしておいた。

さてハーヴィに関する最近の研究結果から出てくる第二の問題点は、ハーヴィの後、生物学が機械論的自然観の影響をしだいに受けてゆく、あるいはそれに抵抗をこころみ続ける経過である。この点に関しても、私が知るかぎり研究はほとんどなされていない。ホール(59)（学者主導説のホールとは別人〕は、霊魂の概念をとりあげ、生物学から説明原理としての霊魂を追放するにあたって、三つのグループの役割が区別されるとする。第一はデカルト（一五九六―一六五〇）ら哲学的機械論者であり、第二はシュタール（一六六〇―一七三四）らで、彼らは生命の原理としての霊魂の存在をみとめるが、その生命への支配のあり方を合理的なものに改変しようとする。第三は実験家たちで、ハーヴィ、ウィリス（一六二一―七五）、フック（一六三五―一七〇三）、ステノ（一六三八―八六）、メイヨー（一六四三―七九）などの名があげられる。ホールは、霊魂説の衰退の原因は、第一、第三両グループの発展と相互適応に求められなければならない、と説くが、この論文ではそれ以上の展開はなされていない。ただし私は未見だが、その前年に出た著書(58)においては、彼の見解が展開されているのかもしれない。いずれにせよ、ホールが名を示した人々、およびホールは名を落としているが、ボレリ（一六〇八―七九）、パワー（一六二三―六八）、ボイル（一六二七―九一）、ロウアー（一六三一―九一）のような人たちの仕事を丹念にしらべることが必要であろう。

上記ボイル、フックは王立協会の中心人物であるし、列挙した他の人物も王立協会に関連が深い。したがって彼らの業績を理解するには、王立協会を中心とした研究活動一般を知る必要がある。入手しやすい文献は、この項の終わりにあげておいた。

この時期の科学の社会的背景について、今まで多くの議論がなされてきた。ヘッセン(64)にはじまりマートン(65)(66)にいたるまでの科学史家、科学社会学者が明らかにしたように、一七世紀の科学、なかでも王立協会を中心としたイギリスの科学の社会的基盤に、鉱業、航海、軍事の三つの要素が存在したことは疑えない。ただマートンの指摘のとおり、一七世紀の科学は工業機械の生産とはほとんど関係がない。ともかくも、この世紀の科学が全体としては、一定の社会的刺激のもとに展開されたとする意見は定説と見てよかろう。では生物学においても、この定説は直接適用されうるだろうか。鉱業、航海、軍事の三要素と生物学との関連は、当時の社会状況においては考えにくい。しかしマートン[65][66]は、ボイル、フックらの呼吸に関する研究と、深坑内での呼吸、潜水船（計画があった）内における呼吸の問題との関連を示唆している。

あとひとつ、当時の科学とキリスト教とのかかわりがしばしば議論の対象となっているが、許された紙幅もつきてきたし、私はこの方面には不案内なので、この問題についてはマートンのほか、ヒル[68]、パーヴァー[62]の著書および最近でたケムスリ[70]、グリーヴス[69]の論文を見ていただきたい。

一七世紀後半の生物学において、もっとも目だつ業績の一分野は、顕微鏡の普及と改善にともなう微細観察の進歩であろう。パワー[83]やフック[80]の先駆的な顕微鏡博物誌につづいて、多くの顕微鏡観察家が出現した。顕微鏡は手段であり、したがってこの手段が生物学の発展にどのような影響をおよぼしたかが問題になろう。一七世紀にこの影響をもっとも強くうけた生物学の分野は発生学であった。パワーやマルピギ（一六二八―九四）のニワトリ胚観察は前成説の根拠とされたし、グラーフ（一六四一―七三）、ステノの哺乳類卵胞の発見とスワンメルダムの蛹の観察、ハム、レーヴェンフーク（一六三二―一七二三）による精子の発見は、それぞれ卵原説、精原説に基盤を与えた。これらの点をふくめ一七世紀の発生学についてはニーダム[73]、ガスキング[72]およびエーデルマン[71]の著書を読んでいただきたい。

(58) Hall, T. S.: *Ideas of Life and Matter: Studies in the History of General Physiology*, 2 Vols., U. Chicago P. (1969).
(59) Hall, T. S.: Descartes' Physiological Method: Position, Principle, Examples, *Jour. Hist. Biol.*, Vol. 3 (1970), pp. 53–79.
(60) Sprat, T.: *History of the Royal Society* (1667), repr., Washington U. P. (1958).
(61) Birch, T.: *The History of the Royal Society of London*, 4 Vols. (1756–7), repr., Culture et Civilisation (1967).
(62) Purver, M.: *The Royal Society: Concept and Creation*, M. I. T. Press (1967).
(63) 中村禎里「近代科学の成立過程」、中村・里深文彦編『現代の科学・技術論』三一書房（一九七二）、五一四九ページ（本書Iに所収）。
(64) ヘッセン、B「ニュートンのプリンシピアの社会的経済的基礎」『新興科学論叢』希望閣（一九三一）。
(65) Merton, R. K.: *Science, Technology and Society in Seventeenth Century England* (1938), repr., Harper & Row (1970).
(66) マートン、R・K（森東吾他訳）『社会理論と社会構造』みすず書房（一九六一）。
(67) 近藤洋逸「マニュファクチュア時代の科学と技術の関係」『理論』三巻七号（一九四九）、一二〇―一三五ページ、同八号（一九四九）、一四―二六ページ。
(68) Hill, C.: *Intellectual Origins of the English Revolution*, Oxford U. P. (1965).
(69) Greaves, R. L.: Puritanism and Science: Anatomy of a Controversy, *Jour. Hist. Ideas*, Vol. 30 (1969), pp. 345–368.
(70) Kemsley, D. S.: Religious Influences in the Rise of Modern Science: A Review and Criticism, Par-

ticularly of the 'Protestant-Puritan Ethic' Theory, *Ann. Sci.*, Vol. 24 (1968), pp. 199–226.

(71) Adelmann, H. B.: *Malcello Malpighi and the Evolution of Embryology*, 5 Vols., Cornell U. P. (1966).

(72) Gasking, E.: *Investigation into Generation*, Johns Hopkins U. P. (1967).

(73) Needham, J.: *A History of Embryology*, Abelard-Schuman (1959).

(74) Dobell, C.: *Anatony van Leeuwenhoek and His "Little Animals"* (1932), repr., Dover (1960).

(75) Hall, M. B.: *Robert Boyle on Natural Philosophy*, Indiana U. P. (1968).

(76) Scherz, G. (ed.): *Steno and Brain Research in the Seventeenth Century*, Pergamon (1968).

(77) Boyle, R. (ed. by T. Birch): *The Works of the Honourable Robert Boyle*, 6 Vols. (1772).

(78) Descartes, R.: *Œuvres de Descartes*, ed. par C. Adam & P. Tannery, XI, J. Vrin (1969).

(79) Gunther, R. T. (ed.): *Early Science in Oxford*, Vols. 6, 7, 13 (1930), repr., Dawson (1968).

(80) Hooke, R.: *Micrographia* (1665), repr., Dover (1961).

(81) Lower, R.: *Tractatus de Corde* (1669), in *Early Science in Oxford* (ed. by R. T. Gunther), Vol. 9 (1932), repr., Dawson (1968).

(82) Mayow, J.: *Medico Physical Works* (1907), repr., Livingstone (1957).

(83) Power, H.: *Experimental Philosophy* (1664), repr., Johnson Reprint (1966).

本文で十分ふれなかった文献についてだけ説明しよう。(60)—(62) は王立協会の歴史である。(60) の著者スプラットは創立期のメンバー、一八世紀に出版されたバーチのもの (61) は、豊富に記録を集めていて有益、パーヴァーの著書 (62) は、草創期の王立協会に関する最近の研究で、実証的でありながらマートンやヒルのような大家にたいする批判もふくんでいる。(66) の第一八、一九章は、(65) とおなじ論旨だが事例を少なくした圧縮版。ヒルの（68）は、王立協会初期の思想的背景に関するもの。日本においても、一七世紀科学の社会とのつながりについて論争がたたかわされたが、（67）は説得力をもったその終結宣言。エーデルマンの巨大な著作（71）は、マルピーギのラテン・英語対訳のほか、彼の評価、作品研究、彼の同時代の研究にいたるまでの発生学史などから成る。マルピーギ以外の生物学者の著作についても、かなり長いラテン・英語対訳がのせられている。（74）―（76）は、王立協会時代に活躍した生物学者・科学者に関する研究書。（74）（75）は、それぞれレーヴェンフーク、ボイルの原著抜粋を多く含む。（75）の著者は、科学革命論の項で顔を出したホールの夫人。（76）はシンポジウム論文集。（77）―（83）は、この時期の生物学者・関連科学者の原典またはその翻訳である。（77）は入手容易という意味で記載したのではないが、東大、神戸大の科学史研究室に備えられているときく。私も近々おせわになるつもりである。（78）には、デカルトの生理学に関する論文『人間論』と『人体の記述』が収められている。（79）の三冊は、フックの著作にあてられる。なお、一七世紀の原著で入手しがたいものを読みたいばあいは、外国の大きな大学や施設の図書館から複写を送ってもらえばよい。私は、アメリカのNational Library of Medicineを利用している。

一八世紀へ

一七世紀のおわりから一八世紀の前半にかけて、長期にわたる科学の停滞期がつづく。科学史家たち(84)―(87)はほぼ一致して、その原因として次の諸点を示す。第一にこの時期は、一七世紀の重商主義と一八世紀末からの産業革命のあいだのはざまにあって、科学に対する社会的刺激が弱まった。第二に、ニュートン（一六四二―一七二七）の体系の成功の結果、彼の体系と方法の枠内でのみ、すべてが解決されるべきだとする考えが広がったため、大きな進歩がなされなかった。

そのほか、生物学に特有ないくつかの条件をあげることもできる。まずメンデルソン(40)は、動物の体熱と呼吸の研究を事例として、ニュートンの力学の生物学への直輸入が、生物学を誤りにおとしいれ、その進展に打撃を与えたいきさつを明らかにしている。つぎにヴォルフ(88)は、シデナム（一六二四―八九）やロック（一六三二―一七〇四）の認識論的な懐疑論が、解剖学とくに顕微解剖学の意義を過小評価せしめた結果、一八世紀前半には、これらの分野ですぐれた研究が出なかった、と主張している。最後に、一七世紀なかばすぎまでの実験生理学の成功にもかかわらず、それが医療のさい無益であったため、実験生理学に対する社会的評価が落ちたことの影響も、仮説として考慮することができる。この点ではシュライオック(89)の著書は示唆するところが大きい。

このへんで、私に与えられた本来の課題はまがりなりにも果たされたはずである。義務を終えたところで、本稿の目的とは直接には関連はないが、一八世紀の生物学への勧めを追加したい。世界的に見ると、一七世紀、一九世紀の後半以後の生物学の歴史家は少なくない。リンネを対象にしたものを除いては、一八世紀の研究の空白がやけに目だつ。一八世紀後半から一九世紀に入った直後の時期は、一七世紀、一九世紀後半に劣らないほど、生物学史的には興味ぶかい時代である。一八世紀は啓蒙思想の時代であり、その中心人物ディドロは生理学の著書を書いた。この世紀は遺伝学、進化論の先駆者モーペルテュイを産んだ。もちろん物理学者として、またニュートンのフランスへの輸入者として著名なモーペルテュイである。ボネーやビュフォンのような傑出した生物学思想家はこの時期の人である。空前のそしてもしかすると絶後の天才的実験家スパランツァーニが活躍した。ラヴォアジェの化学の革新は、呼吸の本性の解明と不可分である。この間、ラグランジュやラプラスなど意外な人物が顔をのぞかせる。そして最後にラマルクの登場が啓蒙の世紀における生物学をしめくくった。一八世紀後半の生物学の研究者が日本には一人もいないのは残念だ、とかねがね考えていたので、蛇足ながらいいそえた。

(84) メイスン、S（矢島祐利訳）『科学の歴史』上、岩波書店（一九五五）。
(85) バナール、J・D（鎮目恭夫・長野敬訳）『歴史における科学』II、みすず書房（一九五五）。
(86) ブロノフスキー、J（三田博雄他訳）『科学とは何か』みすず書房（一九六八）。
(87) 中山茂「産業時代の科学」、広重徹編『科学史のすすめ』筑摩書房（一九七〇）。
(88) Wolf, D. E.: Sydenham and Locke on the Limits of Anatomy, *Bull. Hist. Med.*, Vol. 35(1961), pp. 193–220.
(89) シュライオック、R・H（大城功訳）『近代医学発達史』創元社（一九五一）。

以上の文献について説明は要しないと思う。最後に、本稿の範囲全体にわたって、購読したら便宜が得られる雑誌名をあげておく。

『科学史研究』
『生物学史研究』
Annals of Science.
Archives Internationales d'Histoire des Sciences.

Isis.
Japanese Studies in the History of Science.
Journal of History of Ideas.
Revue d'Histoire des Sciences et de Leur Applications.
Bulletin of the History of Medicine.
Journal of the History of Medicine and Allied Sciences.
Medical History.
Medizinhistorisches Journal.
Journal of the History of Biology.

蛇足の蛇足。（1）生物学史を研究しようと思ってもポストがないので、生物学史のあらたな研究者はほとんど出現しない。研究職がないばあいの次善の策は高校や中学の教師ということになるが、私の体験からいってもヒマはほとんどない。にもかかわらず、研究職を得ていない人の進出を望みたい。ただし次の点に注意していただきたい。研究を志したら、その晩から研究対象の原典（日本語訳でも英訳でもよい）を読みはじめること。通史や概説はいくら読んでもきりがない。仕事が軌道にのったと感じてから読めばよい。その上それらは所詮、他人の科学史である。自分の科学史は、自分で対象と格闘しながらつくりあげてゆくものだ。それに加えて、できるだけ専門的な書物や雑誌論文を読め。また研究にふさわしい条件に恵まれていないと、つい一日一日のばしのばしして事が始まらなくなる傾向がある。くりかえすが、その晩から読みはじめる。原典が手許になければ、直ちにその夕方に買いに行くか、あるいは発注する。これが私の体験にてらしても重要である。（2）一七世紀の生物学史を研究するにはラテン語が読めるべきである。ところが実は私も、たどたどしくしかラテン語を読めない。このことはけっして望ましいわけではない。実験がへたな生物学者、計算をにがてとする理論物理学者が理想的な科学者とはいえないのと一般であろう。しかしそのような科学者より、実験や計算は上手だが思想をもたない生物学者、物理学者のほうがはるかにましか、となるとむずかしいところだ。しかも現実には後者に属する研究者が圧倒的に多い。それゆえ科学史においても、ラテン語でなく現代語訳で原典を読むばあい、そのことによっていくらか誤りを犯すことは不可避であろうが、思想が貧困な科学史家が何ごとも明らかにし得ないのも不可避なのだ。私がいいたいことは、次の点にある。恵まれない条件で、語学にまで十分に手を拡げるのはむずかしい。けれども、いかなる職業についていても（研究職にいなくても）、それぞれの立場で思想を形成することは可能でなければならない。そこで具体的には、必要な語学の勉強になんらかの方法でとりかかり始めたがよい。しかし、とりあえず今晩から現代語訳の原典を読め。やがて現代語訳をもたない原典にぶつかるだろう。そのときには語学にむかう闘志はおのずから燃える。（3）できることなら、生物学史に入るまえに、生物学の（実験的）研究の経験を多少ともつんでおくとよい。とくに現代史を志す人や方法論的なアプローチを好む人には、そのことを望む。

かつては、日本語訳の原典も読まないで、その原典の著者について学界で講演することが可能な時代もあった。生物学史の研究者が少なすぎたのだ。そのため、生物学史にたんに関心があるだけで研究はしていない人にまで、生物学史についての発言が求められた。このような事態は困る、と私は年来考えてきたし今でもそう考えている。一〇〇パーセント専門生物学史家でなくてもよい。私も自分を半専門家と規定している。とにかく研究者が出てくることを切望してやまない。

近代生物学の成立

はじめに

近代生物学成立の時期については、さまざまの議論がなされているが、さしあたって、その問題にはたちいらない。いずれにしろ一六―一七世紀に、科学一般の近代化がいちじるしく進行した事実は、広くみとめられているし、この状況に関連して、生物学もなんらかの大きな変貌を示したと考えられる。ここではそのようなひとつの歴史的事件を、近代生物学の成立とよんでおく。かぎられた紙面で大きな変動の詳細についてふれることは不可能であるから、本稿では概説的な面にかなりのウエイトをおいて話をすすめたい。

思想的背景

近代生物学の成立を、その背後で支援したいくつかの思想的要因が指摘されている。

まず人文学者の手でおこなわれた古典の紹介、翻訳の作業なしには、生物学の蘇生はありえなかったであろう。テオフラストス、ガレノスのラテン語訳は、それぞれ一四五一年、一四九〇年にはじめて出版され、プリニウス、ディオスコリデスの新しい版も一五世紀の後半に世にあらわれた。人文学者みずからは観察や実験をこころみなかったが、教育者として進取的な生物学者を育てた。そのもっとも著しい例はギュンター（一四八七―一五七五）の場合で、彼はパリ大学在任中ヴェサリウス（一五一四―六四）、ロンドレ（一五〇七―六六）、セルヴェト（一五一一―五三）のような、近代生物学の成立において重要な位置をしめる解剖学者、動物学者、思想家をはぐくんだ。

第二に、アリストテレス主義の復活が、近代生物学の成立過程で重要な役割をはたした。アリストテレス主義は、もともと経験主義的目的論とでもよぶべき性質をもっており、経験主義的な一面では、近代科学と両立しうる、あるいはそれを促進しうる思想であった。中世において、一時期、アリストテレスの哲学は、キリスト教神学の体系にくりこまれるが、上記のようにがんらい世俗的な傾向をもつアリストテレス主義とキリスト教の教養との総合には無理があった。生《き》のままのアリストテレス主義がひとりあるきしはじめるのは不可避だったのだ。

とくに一五、一六世紀のパドヴァ大学を中心とした北イタリアでは、アリストテレス哲学が神学的関心をはなれ、医学とむすびつく。アリストテレスは僧職の準備としてではなく、医学コースの予備的課目として教えられる。かくてアリストテレスの生物学上の著作が熱心に読まれ、そこにふんだんにもられている経験主義思想が発掘され、その雰囲気のなかで、あたらしい生物学が育ちはじめた。生物学において、はじめて実験的方法を組織的に駆使し、大きな成果をあげたハーヴィ（一五七八―

一六五七）は、パドヴァで学んだ模範的なアリストテレスの徒であった。

アリストテレス主義とも人文主義とも別に、あとひとつ近代生物学の成立に大きな影響をあたえた思想がある。それはテレシオ（一五〇八―八八）にはじまりF・ベーコン（一五六一―一六二六）にいたって大成する流れである。テレシオは知識が感覚的経験にもとづくのだと考えただけでなく、アリストテレス哲学の目的論を重視することをやめた。ベーコンは、この立場をさらに徹底し、おおはばに機械的粒子論に近づく。しかし同時に彼は、古典的原子論にも不満をしめし、動力因や質料因は法則を運搬するにすぎず、これらを知っても法則そのものを知ることにはならない、と考えた。彼によれば、自然の法則を知るためには自然誌を作成しなければならない。しかし必要な自然誌は、伝統的なものと性質を異にする。第一に、伝統的な自然誌はたんなる事実誌にすぎない。ところが自然は、擾乱されたとき、技術によって苦しめられたとき、その本性をあらわにするのであるから、有益な自然誌は機械的な実験をふくんでいなければならない。第二に、伝統的な自然誌は、動物や植物の種的差異の説明やせんさくに努力してきたが、のぞまれる自然誌はその反対の方向、つまり事物間の類似の研究、さらに自然における統一的法則の発見にむかわなければならない。

ベーコンがあげた自然誌の二つのあたらしい観点のうち後者はアリストテレスの立場でもあるのだが、その後たえたままになっていた。さらに彼は、第一の観点においてアリストテレス的博物学から目的論的要素を清算し、実験生物学の主張をつけくわえたのであって、こうして近代的な生物学――系統学にむかう博物学と実験にもとづく生理学――を支えるべき思想は、ほぼ形成し終えたとみてよい。諸生物間の類似をもとめる博物学は、ベーコンの時代すでに、比較解剖学の出現とともにいきづきはじめていたし、機械論的な実験生理学の思想は、まもなくボイル（一六二七―九一）ら王立協会のグループにおいて支配的となる。

技術的背景

以上のように、思想のがわで、近代生物学成立の準備は着々と進行しつつあった。しかし科学はがんらい、人間の自然への働きかけを内容としてもっている。技術的基盤なしには科学はなりたちえない。この点についての事情をのべておきたい。

封建制の胎内に、資本主義的生産方法がうまれ育ちはじめたのは一六世紀ごろからだと考えられている。それまで手工業者を組織していたギルドは、商業資本の支配がすすむとともに崩壊にむかう。ギルドの職人は、技術を秘儀として公開せず、親方から徒弟への技術の伝達は、伝統の保持を目的とし、その改善を排除するものであった。ところが経済競争の圧力のもとにおかれた手工業者は、同業者と、技術の改善を競わなければならなくなる。

かくて技術は、中世をつうじて長いあいだつづいた封鎖と停滞をやぶって進歩しはじめた。とくに芸術家、器具製造者、銃砲製造者、測量技術者、外科職人などの高級職人が、科学の発展のうえから重要な役割をはたす。これらの高級職人のうちで、生物学に関係がふかいのは芸術家と外科職人である。

一五―一六世紀の芸術家は技術者でもあり、画家、彫刻家、鍛冶職人、建築職人のあいだには、はっきりした区別はなかった。技芸職人とでもよばれるべき彼らは、あたらしい染料を発見し、幾何学の法則をみつけ、知られていない装置を発明し、人体の解剖をおこなった。レオナルド・ダ・ヴィンチ（一四五二―一五一九）は、このグループに属する代表的な人物だといえよう。とくに画家としての彼らは自然主義運動の中心人物であり、彼らの芸術的才能は、人体をえがく場合、解剖学上の知見とむすびつかざるをえなかった。レオナルド・ダ・ヴィンチの他、デューラー（一四七一―一五二八）、ミケランジェロ（一四七五―一五六四）、ラファエロ（一四八三―一五二〇）など著名な画家はいずれも、みずから解剖をこころみている。彼らは絵画の表現をゆたかにするひとつのくふうとして、解剖をはじめたのだが、場合によっては人体の構造じたいに興味をうつすことになった。画家たちが伝統的な医学に無知であったため、かえって偏見なしに事実を観察しえたことが、解剖学をして、最初に実証的科学たらしめたのだ、とする科学史家もいる。

つぎに外科職人についてのべよう。中世においては風呂屋や理髪職人がしばしば外科医を兼ねており、そうでない場合でも外科医の社会的地位はきわめて低かった。一五世紀にはいってから、彼らは、大学で死体の解剖がおこなわれる際、執刀者の役をうけもった。その場合教授は、死体からはなれた壇のうえの椅子にすわってガレノスの本を読む。それにあわせて助手が解剖すべき場所を指示する。指示にしたがって職人がメスを使うといったぐあいである。

このような習慣のもとでは、科学的な解剖学が成長するはずがなかった。大学教授のがわは実際的知識をもたなかった。一方、外科職人は、さきほどのべた画家とおなじように、アリストテレスやガレノスなどの伝統的な理論を知らなかったため、それらの権威に縛られず、じぶんの経験にもとづいて、あたらしい方法を自由に発展させることができた。彼らの仲間から、近代外科学の祖とよばれているパレ（一五一〇―九〇）があらわれたことからも、外科職人のグループが、生物科学史上に占める役割が理解できよう。

手工業の職人は、実際的技術の進歩をになう立場にあったが、彼らに学問的な知識や訓練がまったく欠けていたら、科学にたいする貢献はなされなかったであろう。ルネサンス以前においては職人たちは、例外なしにそのような状態におかれていた。しかし一五―一六世紀になると、技芸職人、外科職人の社会的地位はいちじるしく向上し、彼らとアカデミックな学者との接触は、しだいに日常的になってきた。パレはついには、国王の外科侍医をつとめるにいたったし、ミケランジェロは教皇でさえも彼を扱いかねるほどの声威をえた。学者のほうも、知識をもとめてかれらのもとに足をはこぶようになる。ヴェサリウスは解剖上の技術について外科職人から多くの知識を吸収しえた。

解剖学の革新

解剖学の革新については、すでにのべたいくつかの一般的な促進因のほかに、ヒトの死体解剖が可能になったという事情を見落としてはならない。古代の解剖学はガレノスにおいて絶頂にたっするが、彼の活動舞台であったローマでは、ヒトの死体解剖は禁止されていた。そのためガレノスはヒト以外の動物の解剖にたよらなければならなかった。

死体解剖が可能になったのは、シクストゥス四世（在位一四七一―八四）の教皇書簡がそれを公認した頃からのことである。それでも当初は、パドヴァ・ボローニャ両大学にかぎって許されていたにすぎない。しかも死体防腐法が発達していなかったので、入手したわずかの死体も、手ばやく解剖しなければ腐ってしまって役にたたなくなってしまう。このような事態は、解剖学の発達にはきわめて不利であったが、一六世紀後半になって、死体の入手も比較的容易になる。なお、防腐保存法が改善されたのは一七世紀にはいってからであって、ボイルが一六六三年にアルコールをはじめて防腐剤としてもちいた。ロウを死体に注入する方法を利用したのはルイシュ（一六三八—一七三一）である。

このようにして、一六世紀には、観察にもとづく解剖学が、ガレノスいらい一〇〇〇年あまりの空白を経て蘇生し、発展を開始するのだが、この動きがはじまって数十年のあいだに、あらたに発見され、あるいははじめて記載されたおもな構造をまとめると表1のようになる。

一方、ガレノスいらい疑問の余地なく信じられてきた説もつぎつぎに訂正されることになった。カルピは、ガレノスによって動物精気を発する場所とされた脳のレテ・ミラビレ（rete mirabile）が、サルには存在するがヒトの脳には存在しない、と説いた。おなじようないくつかの修正は、いくたりかの解剖学者によって少しずつなされてきたが、ヴェサリウスにいたり、観察にもとづく伝統説の訂正は最高潮にたっする。彼は『人体の構造』（一五四三）において、ガレノスの誤りを約二〇〇個所ただしたといわれており、その主要なものはつぎのとおりである。

骨格については、下顎骨が単一であり二つの部分にわかれていないこと、頭蓋骨顔面に顎間骨を欠くこと、心臓骨が存在しないこと、薦骨、尾骶骨の構成骨数にかんするガレノスの記載がまちがっていることを指摘した。循環系については、奇静脈が大静脈からではなく心臓の上部から出ていること、左右両心室壁の孔はゆきづまりであることを証明した。また神経が中空でないことをも発見している。ガレノスは、神経も血管とおなじく脈管であると考えていたのだ。

ヴェサリウス以後も補正作業はつづき、たとえば彼の後継者コロンボ（一五一六―五九）は、レンズが眼球の中央でなく表面にあることを示し、さらにその後継者であるファブリチオ（一五三七―一六一九）は、レンズの形が球形でなく中厚でひらたいことをあきらかにしている。

表1

発見者		構造・器官名
アキリニ	(1463–1512)	槌骨，砧骨
カルピ	(c. 1470–1523)	虫垂，胸腺，披裂軟骨
シルヴィウス	(1478–1555)	卵円窩，楔状骨
エティエンヌ	(1503–64)	静脈弁，脊髄中心管
ヴェサリウス	(1514–64)	関節間軟骨
エウスターキ	(1520–74)	腹部リンパ節，耳管
ファロピオ	(1523–62)	半規管，輸卵管，軟骨蓋筋
コイテル	(1534–76)	前頭洞
ヴィドゥス	(1542–69)	半月弁の軟骨片，翼状管

ところで、このような解剖学の進歩は、ガレノスからの断絶を意味するのではない。第一に、上記の成果をみて気づくことは、これらの発見は、骨格、筋肉、循環系、神経系、感覚器、消化器、生殖器と広い範囲にわたっているが、比較的微細な構造にかんしてなされているという事実である。つまりガレノスの段階で、人体の構造の大すじは明らかになっていたのであり、一六世紀の解剖学の成功は、その土台のうえにのっかったのだといえよう。第二に、ヴェサリウスでさえ、ガレノスの学説の基本に反対であったわけでは決してない。彼はガレノスの著作の紹介者でもあった。ギュンターが翻訳したガレノスの代表作『解剖のしかた』は、ヴェサリウスの手で編集発行された。ヴェサリウスの初期の著作たとえば『六個の解剖図』（一五三八）は、あからさまにガレノス的であって、さきほどあげた修正はほとんどみられない。『人体の

構造』においても、左右心室壁の小孔がゆきづまりであるとみとめながらも、ガレノスの権威にひきずられて、不可視の通路により、両心室間を血液が流れているのだと書いている。この本の第二版（一五五五）ではじめて、両心室間の血流について公然たる疑問をていする。

結論としてつぎのことがいえよう。一六世紀中葉の解剖学は、古典古代の解剖学は、中世のそれにくらべると、問題なく質的に進歩している。しかしガレノスで絶頂にたっする古典古代の解剖学との関係についていうと、一六世紀中葉の解剖学はその延長上にあって、修正的な前進をなしたのだと評価すべきであろう。生物学における近代と古典古代をわかつ質的転換は、ヴェサリウスらの業績を前提としながらやがて実現するが、それは比較解剖学および生理学という研究の新領域の形成をともなう。

比較解剖学の誕生

古典復活の気運のなかで活躍した動物学者のうち代表的な人物は、スイスのゲスナー（一五一六—六五）、イタリアのアルドロヴァンディ（一五二二—一六〇五）、イギリスのムフェト（一五五三—一六〇四）などである。ゲスナーは『動物誌』（一五五一—五八）において、胎生四足類、卵生四足類、鳥類、爬虫類、魚類、昆虫類の広汎な記載をこころみた。アルドロヴァンディはゲスナーの影響のもとに『鳥類学』（一五九九、一六〇三）および『昆虫学』（一六〇二）をあらわした。ムフェトは、『昆虫の舞台』（一六三四、死後出版）の著者である。これらの著作には、先行者の著書の要約と、彼らじしんの観察にもとづく記述がまざっている。しかも記述の態度がひどく没理論的・非体系的である。たとえばアルドロヴァンディの『鳥類学』のニワトリの項をみると、まずニワトリにかんする各国の言葉の比較と検討、つぎにニワトリの種類、つづいてその解剖学的記載、習性、病気、捕獲法、歴史、寓話、伝説、医学的効用、食物としての利用などについて述べられている。そこには、諸種動物間の構造と機能の比較、あるいはアリストテレスがめざしたような普遍的理論への指向は存在しない。このような自然誌は、ベーコンの批判に十分値した。

一方、正統的な解剖学においては、関心はもっぱら人体に集中する。ヴェサリウスは、ヒトのほか、サル、イヌ、ネコ、ウシ、ブタ、ヒツジ、ネズミ、モグラなどの解剖をこころみたが、それは主としてガレノスの誤りを指摘するためになされたのであった。

アリストテレスののち、このように全くべつべつに進んできた博物学の伝統と解剖学の伝統が、一六世紀になって合流する気運がうまれ、ひとつのあたらしい研究分野――比較解剖学が誕生する。人体解剖学と博物学をむすびつけた最初の人は、ブロン（一五一七―六四）とロンドレであり、ついでコイテル（一五四三―七六）が比較解剖学を独立した科学につくりあげた。

ロンドレはフランスのモンペリエ大学の教授であり代表作として『海産魚類』（一五五四）があげられる。この著作では、本来の魚類のほか、クジラ、イルカ、アザラシ、海産無脊椎動物も、魚類としてあつかわれている。しかしイルカの解剖をおこなって、ヒトやブタの構造との比較をこころみ、腸、腎臓、心臓、生殖巣などをしらべ、イルカが魚類的でなく哺乳類的であることを知っていた。おなじ事情が、彼の同国人ブロンの著作『外国海産魚類誌』（一五五一）および『鳥類誌』（一五五五）についてもいえる。ブロンも多くの動物について解剖をおこなったが、彼の分類記述では、コウモリは鳥類に、クジラもカバでさえ魚類に区分されている。しかし彼は他方では、コウモリもクジラもカバも陸生哺乳類と共通した性質をもっていることに気がついていた。たとえば、クジラは乳腺をもち、肺臓で空気呼吸をし、二心室二心房であり、ひれはヒトの手と相同で、五本の指をそなえていることを正しく指摘している。

コイテルはオランダ人であるが、パドヴァでファロピオに、ボローニャでアルドロヴァンディに、ローマでエウスターキに、モンペリエでロンドレに学び、ドイツのニュールンベルクにおちついて研究に専心した。この経歴からわかるとおり、かれは博物学の伝統（アルドロヴァンディとロンドレからうけつぐ）と解剖学の伝統（ファロピオとエウスターキからうけつぐ）の合流を体現した象徴的な人物であった。

アルドロヴァンディの指導のもとにはじめられた動物の研究は、魚類をのぞく全脊椎動物におよんでいる。コイテルの主著『人体の内部および外部』（一五七二）に記載されているだけでも、彼は、哺乳類でブタ、ヤギ、ウシ、ウマ、リス、ウサギ、ネズミ、オオカミ、キツネ、イヌ、ネコ、アナグマ、ハリネズミ、モグラ、コウモリ、サル、ヒト、鳥類でムクドリ、キツツキ、アリスイ、オウム、ウ、ツル、カイツブリ、フクロウ、爬虫類でワニ、トカゲ、ヘビ、カメ、両生類でカエル、イモリを解剖している。とくに鳥類の比較解剖は詳細になされており、ちがう種類のトリの間の解剖学上の差異が示されている。

比較解剖学が生物の研究にもたらした利益のひとつは、研究に好都合な材料をつかい、そこでえられた結果からの類推をみちびきの糸にして、もっと複雑な系にすすんでゆくという方法を開発したことにある。また一面、比較解剖学は、特定の動物を材料にした研究成果が、他の動物に適用できる限界をさだめる点でも役だつ。コイテルは、カエルやトカゲの肺臓の構造から、哺乳類の肺臓の構造を推測した。他方では、ヒトと他の脊椎動物の解剖結果を比較し、ガレノスがレテ・ミラビレとよんだ組織は、ウシにはみられるがヒトには存在しないことをつきとめた。ただしすでにのべたように、このことはカルピによってそのまえに発見されている。

コイテルはいくつかの点でハーヴィに影響をあたえている可能性が示唆されるし、そしてまたハーヴィは、その心臓と血液の運動にかんする研究で、比較的方法の有効性をみごとに証明した。

学会のはじまり

ルネサンスになって登場した新しい型の研究者たち、すなわち職人的な知識をもった学者と、学者的な知識をもった職人は、創造的な研究において連絡と協力が必要であると知るようになった。この要求に応じて、科学者たちの小グループがヨーロッパ各地に簇生しはじめる。初期のもので代表的な学会として、ローマのセシ大公（一五八五―一六三〇）を中心につくられたアカデミア・デイ・リンチェイ（一六〇三―三〇）およびその伝統をうけついだアカデミア・デル・チメント（一六五一―六七）の名をあげることができよう。まもなくこれにならって各国に学会がうまれるが、もっとも有名で、もっとも活動的だったのはロンドンの王立協会（一六六二―）である。この学会の構想はすでにベーコンの『新アトランティス』（一六一七、死後出版）にみられる。彼がえがく模範的研究所ソロモン学院の目的は、事物の原因とかくされた運動をあきらかにすることにある。そこでは、分業と協業にもとづく大がかりな蒐集および実験がなされる。当時台頭しつつあったマニュファクチュアの生産体制を反映しているこの研究体制こそ、ベーコンの理想とするところであった。

一六四五年ごろロンドンに自然科学者のサークルがいくつか現われ、いろいろ紆余曲折をへたのち合流して、一六六二年、さきほどのべた王立協会が発足する。王立といっても、この学会と国王との関係は形式的なもので、後者からの経済的な援助はなかった。むしろロンドン市議会、東インド会社など、ブルジョアジーを代表する機関との関係が、しだいに密接になってゆく。しかも学会のメンバーの多くは商業資本家、新地主、またはそれと密接にむすびついた知識人であった。

王立協会創立の意図は、主事であったフック（一六三五—一七〇三）が書いた規約前文草案によく示されている。「自然の事物の知識、およびあらゆる有用な工芸、マニュファクチュア、機械の実務、原動機、実験による発明を改良すること。」このような目的のために、王立協会は八個の委員会を設置（一六六四）した。そのうち生物学に関係ある委員会は、解剖学委員会、化学委員会および地質学委員会である。こうして組織されはじめた共同研究は、ベーコンの理想の現実的な実現だといってよかろう。

地質学委員会は、実質的には農業委員会で、耕地や牧草地にかんする調査をおこなった。解剖学委員会と化学委員会は、のちにのべる呼吸の研究において、重要な役割をはたしたとおもわれる。なお王立協会のグループが、呼吸を研究テーマにとりあげた理由のひとつは、やはり「有用な工芸」の発明の線にそっている。フックは、テームズ河を艀《はしけ》のように速くはしる潜水艇の考案を王立協会で発表していており、この考案を実現するための課題として、呼吸について実験をこころみたのだ。

実験生理学の成立

生理現象は動的な過程であるから、その研究には生体の使用が不可欠である。しかしヒトの生体解剖は道義的にゆるされない。そこで当然、比較解剖学の進歩にささえられながら、ヒト以外の動物の利用に目をむけなければならなくなる。もっとも歴史的には、ヒトの解剖を意図しながら死体さえ入手できないので、やむをえず動物を使ったという事情から、結果として実験的な研究がはじまっている。ヴェサリウスの場合、その状態から少し進んでいる。

すでにのべたようにヴェサリウスがヒト以外の動物を解剖したもともとの目的は、ガレノス説訂正のためであり、また死体の不足もそれをうながした。しかし彼においては、死体解剖と区別された生体解剖の利点も意識されている。彼は『人体の構造』で、生体解剖が、動物の器官と機能と生理学的意味の解明に役だつと主張する。この主張は、実験の思想へむかう大きな前進であったとはいえ、実験の思想そのものではない。

ヴェサリウスは、肺がしぼんでしまったイヌの気管に、カニューレをいれ空気をふきこむと、肺がふくれ心搏と脈搏が回復することをみいだした。この研究方法は結果としてみれば、あきらかに実験的である。しかしヴェサリウスは、肺臓の機能をみいだすために、上記の「実験」を企てたのではない。学生むけの展示のためのくふうからきた副産物であった。彼は、生体解剖の効用にかんする信条にもとづいて、心臓を動物体からとりださないまま、その運動のようすを学生に示そうとした。ところが胸郭をきりひらくと肺臓がしぼみ、動物は窒息して死んでしまう。心臓の運動も結局は停止し、本来の目的は達成されない。そこでヴェサリウスは、肺臓に空気をふきこむ方法を考案したのだ。

したがってこの段階では、「実験」は偶然の産物であって、研究に不可欠の方法だと意識されていたわけではない。生物学において、実験が系統的になされるようになったのは、一七世紀にはいってからのことである。

おそらくここでハーヴィの名をおとすべきではないだろうが、話のすじを明示するため、主として彼の方法上の後継者たちの業績について語ろう。ただしハーヴィが実験的方法を本格的に採用するにあたって逢着した、二、三の原理的困難についてひとことふれておきたい。彼の論敵たちは、第一に、ハーヴィがカエルやヘビなどの下等動物の研究から、ヒトについての結論をひきだした点で、第二に、実験条件のもとでは、生物の自然が乱されているため、正常状態とちがった結果があらわれる可能性があるのに、それを無視して実験結果を信じているという点で、彼をはげしく批判した。ハーヴィは第一の点では、神の遍在という観点、近代的な表現に翻訳すると自然法則の普遍性という観点から反批判している。第二の点については、生物体の働きの全部が特定の実験によって自然状態を失うことはなく、研究の対象となっている部分が正常状態であればよいのだ、と考えている。

さて本題にもどろう。王立協会の中心メンバーのひとりであったフックは、一六六七年、一〇〇年あまり前にヴェサリウスがこころみたのと全くおなじ実験を、しかし今度は最初から計画的におこなった。呼吸の機能にかんするいくつかの学説のうち、どれが正しいかを確かめる意図をもって彼は実験に着手したのである。

呼吸の機能について当時流布されていた見解は三つあった。第一の説は、肺臓は呼吸によって心臓を冷却する器官だとする考えかたであり、第二の説は呼吸によって空気中の精気が血液にとりこまれるのだという見解である。第三の説によれば、肺臓は呼吸運動によって血液の移動を促進する。

ところでフックはまず、ヴェサリウスの「実験」をくりかえし、しぼんだ肺臓にフイゴで空気をおくると、イヌが蘇生することを確認した。この結果の解釈はふたとおりありえる。ひとつは、空気の供給じたいが必要だという解釈、あとひとつはフイゴの送風による肺臓の運動が必要だという解釈である。このいずれが正しいかをしらべるために、フックは二つのフイゴを直列に肺臓に連結し、肺臓から遠いほうのフイゴをはやく動かした。すると肺臓につながっているフイゴは、ほとんど膨らんだ状態をたもち、肺臓も静止したまま空気の供給をうける。それでもイヌは生きている。こうしてフックは、呼吸の機能は肺臓の運動に依存するのでなく、空気の供給にもとづくのだと証明した。

つづいてボイルとフックは、密閉した容器内に小動物をとじこめ、つぎの事実をあきらかにした。

（1）　空気を消費しつくした容器内では、動物は生存できない。

（2）　圧縮空気をつめた容器内では、動物は、ふつうの空気をいれた容器内におかれた場合よりも長く生きる。

（3）　密閉容器内の燃焼についても、動物の生存とまったく並行的な現象がみられる。

これらの実験結果は、呼吸と燃焼が似た変化で、肺臓の働きは呼吸をつうじて空気中の有効成分（精気）を体内にとりこむことにある、とする説に有利であった。しかしボイルとフックは、呼吸または燃焼にともなう空気の体積の減少をみいだすことができなかった。呼吸のさいも燃焼においても、呼吸商が一にちかいから、これはしかたがない。

ボイルとフックの実験のすぐあとで、彼らとおなじ王立協会に属するメイヨー（一六四三―七九）が、一六六八年につぎの実験結果を発表した。水上にさかさまにふせた容器内でショウノウをもやしたり、小動物をとじこめたりすると、容器中の水面があがる。つまりこの実験によって、燃焼または呼吸にともない、空気中の有効成分が失われることが、明示された。メイヨーの実験ではCO_2が水にとけやすいため、空気体積の減少がみいだされやすかったのだ。

フックはヴェサリウスの「実験」を知らなかったらしいが、ともかく両者は、おなじことをした。ヴェサリウスのほうは、肺臓に空気をふきこむことが生命の維持に必要であると証明したけれども、それ以上研究をすすめることができなかった。一方、フックおよび彼のグループはこの実験を出発点として、すでにえられた結果にもとづき、つぎつぎに新しい問いを発し、その問いにそって実験を設計した。かくて、実験生理学は誕生したのである。

おわりに

しばしば生物学者たちは、生物学史は研究に役だたなければならぬ、と主張する。彼らの意見をきくと、生物学史は生物学のために存在するサービス業であり、生物学史家は生物学者たちに奉仕する便利屋でなければ、生存が許されないかのようである。そこには生物学者たちが、政府や企業体に抗してしきりにのべたてるあの論理——つまり、科学に性急に効用を迫ってはならない、基礎的な研究が深く広く根をおろした時にはじめて、世俗的効用においても大きな成果をあげるだろうという論理——が、ひとかけらも見あたらないのは、まったく奇怪である。私は、生物学の研究に役だつ生物学史が不必要だと論じているわけではない。しかし、生物学史も独立した学問である以上、それに固有な基本的な課題をかかえている。いまのところ、そしておそらく今後ながく、生物学史の研究人口はきわめて少なく、研究条件はみじめなほど貧しい。したがって、研究の進歩はにぶく、基本的な問題で残されている空白は、非常識に巨大である。

もしかしたら今でも、生物学の研究に小手先のうえで役だつ生物学史を、生物学者たちに供給することはできるかもしれない。いや、生物学史の基礎研究のこの貧しさでは、それさえも、あやしいものである。

いまや、資本主義的なプチ合理主義、プチ能率主義が、絶対的善であるかのように、意欲ある生物学者たちの心を支配しつつある。彼らは、小手先に役だつものの価値はみとめるであろうから、そのかぎりにおいて、ひとたびは生物学史に興味をもち、当然のことながら彼らの要求はみたされず、生物学史は弊履のごとく捨てさられる。そして、じぶんの職業、生物学がなにものであるかを知ることを目的とした生物学史の買い手は、ほとんどあらわれない。

私が、この講座の分担をひきうけた理由は、このような立場にたった生物学史の買い手および（うまくゆけば）売り手志望者を開拓するためである。したがって一六—　七世紀の生物学史を知って何の役にたつか説明する必要はあるまい。

生物学史の研究人口は少ないうえに、学問の性質からいっても定説は成立しがたい。ほかの本や論文を読むことがのぞましい。出現することがあやぶまれる科学史のよき買い手および売り手志望者のために、いくつかの参考書と入手しやすい原典をあげておこう。

参考文献

まず、生物学の通史をあげる。ただし、一六—一七世紀についての記述が弱いものは省く。

（1） Singer, C.: *A History of Biology*, Abelard-Schuman.
（2） Nordenskiöld, E.: *The History of Biology*, Tudor Publishing Co.
（3） Bodenheimer, F. S.: *The History of Biology*, Dawsons & Sons.
（4） Sirk, M. J. & C. Zirkle: *The Evolution of Biology*, The Ronald Press Co.
（5） Gardner, E. J.: *History of Biology*, Burgess Publishing Co.

以上（1）—（5）が現在新刊で入手可能である。（1）は最終版が一九五九年、（2）は古い本だが内容はたいへんよい。がんらいスウェーデン語の本だが、一九二八年に英訳が出て、いまもあたらしい印刷で市販されているはず。（3）以下は戦後の出版。

つぎに、解剖学史、生理学史関係では、

（6） Cole, F. J.: *A History of Comparative Anatomy*, MacMillan.
（7） Singer, C.: *A Short History of Anatomy & Physiology from the Greeks to Harvey*, Dover.
（8） Mendelsohn, E.: *Heat and Life*, Harvard U. P.

などがある。（6）は一九四四年初版で、古本屋にときどき出る。（7）は一九二五年初版の本だが、一九五七年にDoverからペーパーバック版が発行された。（8）は一九六四年。王立協会グループの研究に比較的くわしい。

本稿ではスペースの関係でふれることのできなかった発生学と植物学については、それぞれ、つぎの好著がある。

（9） Needham, J.: *A History of Embryology*, Abelard-Schuman.

（10） 田中長三郎『泰西本草及び本草家』岩波講座（一九三二）。

（9）の最新版は一九五九年、（10）は一九三二年発行だが日本のものだから、もちろん古本屋にたくさんある。植物学についてはザックスのものなどに詳しいのだろうが、入手困難で私も持っていない。私が持っている本で比較的この方面に多くのスペースを割いている通史は、

（11） Locy, W. A.: *The Story of Biology*, Garden City Publishing Co. (1925).

がある。

一六－一七世紀の科学の一般的問題については、

（12） Wiener, P. P. & A. Noland (ed.): *Roots of Scientific Thought*, Basic Books (1957).

（13） Kearney, H. F. (ed.): *Origins of the Scientific Revolution*, Longmans (1964).

（14） 渡辺正雄他訳編『科学革命の新研究』日新出版（一九六一）。

（15） 日本科学史学会編『科学革命』森北出版（一九六一）。

などの便利な論文集がたくさんでている。（13）はペーパーバック版で廉い。（14）は、外国における代表的論文の日本訳である。この分野では、まだまだ日本の水準はひくいし、（15）のものはすべて日本のオリジナルな論文だが、生物学関係の論文はよくない。ただし巻末の文献表が貴重である。なお、マルクス主義科学史の古典ともいうべき

(16) ヘッセン「ニュートンのプリンシピアの社会的経済的基礎」『新興自然科学論叢』希望閣（一九三一）。は、一七世紀科学の社会的背景についてのべている。この論文集は、一九三四年に『岐路に立つ自然科学』としてもういちど翻訳されている。(16)のほうが、古本屋に比較的でている。

現代語訳原典のリストをつぎにあげる。

(17) Aldrovandi, U.: *Ornithologia.*

部分訳が出ている。Lind, L. R. (tr. & ed.): *Aldrovandi on Chickens*, U. Oklahoma P. (1963).

(18) Vesalius, A.: *Tabulae Anatomicae Sex.*

解説つき全訳として Singer. C. *et al.*: *Prelude to Modern Science*, Cambridge U. P. (1946) がある。

(19) Vesalius, A.: *De Humani Corporis Fabrica.*

全訳はないが複写版あり。ブリュッセルの Editions Culture et Civilisation から出版。現代語抄訳でいちばん大部のものは、O'Malley, C. D.: *Andreas Vesalius of Brussels*, U. California P. (1964) 巻末 Appendix 所収であるが、生体解剖の部分ははぶかれている。その部分の全訳は、Lambert, S. W. (tr.): *A Reading from* VESALIUS, in Proceedings of the Charaka Club, *8*, 3 (1935). なお、その主要部は、ヴェサリウスの興味しんしんたる序文とともに、Rook, A. (ed.): *The Origins and Growth of Biology*, Pelican Books (1964) で手がるに読める。ヒトの骨格標本作成の部分の訳としては、Saunders, J. B. (annot. & tr.): *The Preparation of the Human Skeleton by Andreas Vesalius of Brussels*, *Bull. Hist. Med.*, Vol. 20, No. 3 (1946), p. 433 がある。

(20) Fabrizzi, H.: *De Venarum Ostiolis*, Franklin, K. J.

英訳つき複写版が、Charles C. Thomas (1933) からでている。例の静脈弁が記載されている本で、そのサワリは、Hall, T. S. (ed.): *A. Source Book in Animal Biology*, McGraw Hill (1951) に転載。なおこのホール

編の本は、なかなか有益である。

(21) Harvey, W.: *De Motu Cordis*.

日本語訳がある。暉峻義等訳『動物の心臓ならびに血液の運動に関する解剖学的研究』岩波文庫（一九六一）。

(22) Harvey, W.: *Generatione*.

ウィリスの英訳がある。R. Willis: *The Works of William Harvey*, Johnson Reprint Corporation (1965). なおほかに、ハーヴィの著作はかなり多く、しかもそのほとんど全部が現代語訳をもっている。上記ウィリスの本に収められているものについても、そうでないものについても、最近（死後三〇〇年を記念して）、注釈つきの、よい英訳があらわれたが、(21)(22)にくらべて重要性がおとるので略する。

フックについては、Günther (ed.): *Early Science in Oxford*, Dawsons の Vol. 6, 7, 13 が The Life and Work of Robert Hooke にあてられている。

(23) Mayow, J.: *Medico-Physical Works*, E. & S. Livingstone LTD (1957).

これはメイヨーの関係論文がおさめられている。

ボイルの呼吸にかんする論文の抄録でいちばん長く、そして入手しやすいのは、前記ホール編のソース・ブック所収のものである。

Ⅱ　ウィリアム・ハーヴィ研究

ウィリアム・ハーヴィ

はじめに

科学の歴史についていえば、一七世紀はイギリスの時代であった。ハーヴィ、ボイル（一六二七―九一）、フック（一六三五―一七〇三）、ニュートン（一六四二―一七二七）の名をならべただけでも、まさに壮観である。ただこのうちハーヴィだけは、一六世紀医学の流れ、ひいては古代におけるガレノス（一二九?―二〇〇?）の解剖学、およびアリストテレス（前三八四―三二）の自然学・生物学の伝統を受けついでいる点で異色である。これにたいして後の三人は、新しい時代思潮である機械論的自然観を背景に登場した科学者たちであった。イギリスにかぎらずヨーロッパ全体を見渡しても、イタリアのガリレイ（一五六四―一六四二）、オランダのホイヘンス（一六二九―九五）なども、おなじ機械論的科学の代表者といえるのである。

なぜハーヴィだけが古い伝統を継承しながら新しい科学を切りひらくことになったのだろうか。ひとつには彼は一七世紀前半に活躍し、ボイルらはその後半に全盛期を経験したという時代的な相違も無視できない。けれどもそれだけではなく、ハーヴィのみが医学者・生物学者であった点をも考慮せねばならない。しかしその件に入るまえに、とりあえずハーヴィの初老期までの経歴について紹介しておこう。

生いたちとその業績

ハーヴィは、一五七八年、イギリス南部ケント州のフォークストンに生まれた。父は一代で大きな資産をきずきあげた腕利きの商人であった。一五九三年にハーヴィはケンブリッジに入学するが、おそらくここの医学教育にあきたらなかったのであろう、やがて一六〇〇年に北イタリアのパドヴァ大学にむかった。当時のパドヴァは、ヨーロッパ医学で最良の中心地であった。とくに一六世紀のヴェサリウス（一五一四―六四）にはじまる解剖学のすぐれた研究は、ハーヴィの留学時にはファブリチオ（一五三三?―一六一九）に受けつがれていた。ハーヴィは、ファブリチオのもとで解剖学にかんする知見、たとえば静脈弁の知識などをえたはずである。静脈弁の最初の発見者がだれであるかについては諸説があるが、ファブリチオもまた自分が静脈弁の発見者であると思いこんでいた。ハーヴィはファブリチオから、比較解剖学の思想をも学んだ。ファブリチオは、医学の基礎としての解剖学からさらに視野をひろげ、動物学の一環としての動物解剖にまで関心をいだいていた。

パドヴァ留学は、もっと根本的な点でもハーヴィに影響をあたえたと思われる。それは、パドヴァがアリストテレスの自然学・論理学の革新的な立場からの研究の中心地だったからである。この地では、アリストテレスの著作は、キリスト教神学やスコラ哲学との関連においてではなく、医学コースの準備として研究・教育されていたのであった。ハーヴィは、パドヴァ時代にアリストテレスの思想に深く魅せられることになる。

一六〇二年にパドヴァから帰ったハーヴィは、一六〇九年に聖バーソロミュー病院の医師のポストをえた。一六〇七年には、ロンドンおよびその近郊で大きな特権を行使していた医師会の会員資格を取得し、一六二七年には医師会の最高幹部の一人に昇進している。そのうえ、一六一八年以来ハーヴィは、ジェームズ一世の侍医をつとめ、その死後はチャールズ一世の侍医として宮廷での地位を確保する。皇太子時代からチャールズの面倒をみてきたハーヴィは、国王のお気に入りであり、一六三一年に常勤侍医に、一六三九年には上位常勤侍医へと上昇してゆく。こうして、一六二〇―三〇年代に、ハーヴィは得意の絶頂にたっすることになった。血液循環の発見を公表した『心臓と血液の運動』（一六二八）は、この時期に発行されている。晩年に公刊された『動物の発生』（一六五一）の原稿の大部分も、これと前後して執筆された。

血液循環理論について

ハーヴィが血液の循環をいかにして証明したかについては広く知られているが、かんたんにまとめておこう。彼が一六二七年ごろ書いたと思われるノートに、つぎのようなくだりがある。

水フイゴの二つの弁によって水を汲みあげるように、血液が肺臓をとおって、たえず大動脈に運ばれることは、心臓の構造から明らかである。血液が動脈から静脈に移行することは、結紮から明らかである。したがって心臓の拍数は、血液の不断の循環をひきおこしている。

『心臓と血液の運動』の原稿も、このノートとおなじころ書かれたのだろうから、上記の一文は、ハーヴィみずからの手になる血液循環論の簡潔な要約とみなすことができる。そのなかで前半は肺循環、後半は体循環の証明について記していることも、容易に理解できよう。

ハーヴィは、肺循環を心臓の構造にもとづいて主張しているが、ここでいう心臓の構造とは主として弁の配置を意味する。しかも心臓の弁の形態・配置および機能にかんしては、ローマ時代にすでにガレノスがほぼ正確に記載しており、肺循環についても、ヴェサリウスのあとパドヴァ大学解剖学教授の地位を得たコロンボ（一五一六?—五九）によって弁の機能をふくめた解剖学的な根拠から主張されていたのである。ハーヴィは、これら先達の見解を受けいれたにすぎない。ただし比較解剖学上の観察にもとづき、彼独自の証拠を追加していることを見落とすべきではないが、この点の詳細は省略したい。いずれにせよ、古代のガレノス以来の解剖学の伝統がコロンボの肺循環説をうみ、それがハーヴィにさらに継承されたことは確かである。

おそらくハーヴィは、ひとつには肺循環論に示唆されて体循環のアイデアをえたのであろう。また『心臓と血液の運動』でハーヴィ自身が証言するところによれば、末端で消費しきれないほど多量の動脈血の流れ、末端では生成できないほど多量の静脈血の流れの確認が、彼を体循環の着想にみちびいた。さらに晩年のハーヴィは、ボイルの質問に答えて、静脈弁の存在と配置の知識が彼を体循環の考えに向かわせたのだ、と語っている。

現実には、以上の三点——肺循環、多量の血液の流れ、静脈弁の存在——のほか多くの事実にうながされてハーヴィの思考の発酵がすすみ、ある時点で、それらがひとつの図式——体循環——にぴたりとあてはまることに気がついたのであろう。けれども、この段階は体循環の着想の段階であった。実証の段階で決定的な役割をはたしたのが、さきに引用したメモに書かれているとおり、結紮（縛ること）の実験だったにちがいない。

腕をあまり強くないていどに結紮すると、動脈内の血流は阻止されないが、静脈内の血流は阻止される。もし静脈内で血流が心臓から末端にむかって流れていると仮定すると、結紮部を境にして心臓に近い側が膨れるだろう。血液が往復運動をしていると仮定すると、血液がたまって静脈が膨れるようなことはないだろう。事実はそのいずれでもなく、結紮部を境にしてその末端側が膨れるのだから、静脈内で血液は末端から心臓の方向にむかって一方通行していると結論せざるをえない。それでは、静脈末端の血液はどこからくるのだろうか。動脈の末端に流れこんできた血液が静脈の末端に移行するのではないだろうか。その証拠に、腕を強く結紮し、動脈内の血液をも阻止すると、結紮部を境にしてその心臓側が膨れる。したがって自然状態では、動脈血は末端にむかって一方通行的に流れこんでゆくはずである。その量は非常に多いので、末端の組織で消費されつくすことはありえない。とするとその血液は末端の静脈に一方通行的に移行すると考えなければならない。

以上がハーヴィの論理と結論であった。この証明でもちいられた結紮は、伝統的な医学の瀉血で使われていた方法の転用である。ハーヴィは、ここでも旧時代との連続性を失っておらず、それを自家薬籠中のものとして実験という新しい方法にくりこむことに成功したのである。

ハーヴィの思想

今まで述べてきた事実から、ハーヴィの革新性の根底にガレノス以来の医学・解剖学の背景があったことを知ったが、アリストテレスの思想はどのような形でハーヴィに影響をおよぼしたのだろうか。アリストテレスの影響は『動物の発生』にもっともいちじるしく見られるが、ここでは『心臓と血液の運動』についてしらべてみよう。この著作においては、アリストテレスへの言及が二四回ほどなされ、そのうち肯定的な言及が一八回、否定的な言及が二回、不明・その他が四回となっている。これをもってしてもハーヴィのアリストテレスへの傾倒ぶりが知られよう。ところで、アリストテレスの主張を肯定的に引用している一八回のうち、現在の知識から見て正当なのは好意的に解釈してもわずか五回にすぎない。また体循環の直接の証明にあてられた第一〇—一四章には、アリストテレスの著作の引用は一回もなされていない。

これらの事実より判断すると、アリストテレスの影響がハーヴィの血液循環論成立にさいし正しい導きとなったかどうか疑わざるをえない。ただしアリストテレスの心臓中心主義が、ハーヴィを心臓の運動の研究、さらには血液の運動の研究にむかわせた可能性は大である。

ハーヴィにおけるアリストテレス思想は、個々の具体的な問題ではなく、研究の根本的な立脚点と目標にかんして位置づけなければならないだろう。ハーヴィがアリストテレスから学んだ最大のものは、多様な自然のなかから統一的な原理を見いだそうと努める姿勢であったと思われる。この思想は、ファブリチオの比較解剖学を介して、ハーヴィの業績において完全に開花したのであった。血液循環の原理だけでなく、動物の発生様式が多くの種類で共通点をもっているという主張も、アリストテレス説の継承である。有名な「すべては卵から」というハーヴィの見解は、この文脈のもとで理解されねばならない。

晩年のハーヴィ

晩年のハーヴィは、けっして幸福とはいえなかった。チャールズ一世の側近のひとりであった彼は、当然のことながらクロムウェルの革命の渦中にまきこまれた。王室がオクスフォードに避難していたとき、ハーヴィもここで若い研究者と親しみ、ニワトリ胚の研究にも手をつけたようである。一時はマートン・カレジの学長もつとめた。しかし一六四五年にはオクスフォードも革命軍の手に落ちてしまう。チャールズ一世が投降し処刑されたときには、ハーヴィはロンドンの弟の家に身をひそめていた。社会的地位をつぎつぎに剝奪されたうえ、前後して夫人をはじめ多くの兄弟友人を喪失し、さらに彼自身も痛風になやまされ、暗い日々が続いた。一時は自殺さえ試みたといわれている。

ハーヴィを絶望のどん底から立ちなおらせたのは、同僚の医師・科学者たちからさしのべられたあたたかい友情の手であった。とくにやがて一七世紀後半のイギリス科学を背負って立つことになる若い研究者たちが、ハーヴィのまわりに慕い集まってきた。『動物の発生』の原稿も、彼らのひとりエント（一六〇四—八九）によって整理され世に出されたのである。またハーヴィが開拓した生物学における実験的方法は、やはり若い世代のパワー（一六二三—六八）、ボイル、ロウアー（一六三一—九一）、フックなどに引きつがれてゆくことになった。

こうして、科学史上の役割を充分にはたしおえたハーヴィは、王制復古の直前、一六五七年六月三日に七九歳をもってロンドンで死去した。葬儀は盛大であった。

ハーヴィとその生理学説

序論

近代科学の成立過程で、古典時代から伝承された自然観や、新しく興りつつあった機械論的自然観がどのような役割を果したか、また、これらのイデオロギーに包囲されて、実験的方法が、どのような迂回をしながら勝利への地歩をかためていったか。このような問題は、科学史の研究がとりくむべき基本的課題のひとつであると思われる。科学史学会一九六〇年度年会の科学革命シンポジウムにおいて発表された諸論文で、この問題をあつかったものも少なくない。

しかし、残念ながら、生物科学にかんする論文は、実証性もつっこみも不足していたようである。

私はこの論文で、以上のような問題意識から、ハーヴィによる血液循環の研究をとりあげ、ここで、実証主義と機械論や形而上学とのからみあいを、部分的にでもときあかそうと試みた。

なおこの論文は、ハーヴィの血液循環論が成立した経過の検討（第一部）、そののちのハーヴィの見解の変化の追跡（第二部）、およびハーヴィの業績の生物学史的な位置づけの概括（第三部）からなる。

1　血液循環論の成立

はじめに

心臓と血液の運動にかんするハーヴィの業績が、当時として異常な成功であったことは、すべての科学史家がひとしく認めている。

しかし、論者のうちの多くのものは、ハーヴィの成功が、その機械論にもとづいていると主張する。たとえば、とくに心臓とポンプとの類比に成功の原因を求める人がいる。「注意すべきことは、ハーヴィの研究が、ポンプの理論に立脚していたことであった」（原種行）(1)。「パドヴァに学んだハーヴィのもっていた自然観が力学的自然観であったことを考えあわせるならば、かれがポンプをアナロジーにもちだした必然性は了解される」（佐藤七郎）(2)。「解剖学がルネサンスに新たな関心をよんだ機械——ふいご・ポンプ・弁——と結合することによって、新しい実験生理学がひきだされる」（バナール）(3)。ハーヴィの「インスピレーションの大きな部分は、心臓をポンプと考えるという思いつきだったのである」（リリー）(4)。この種の意見は、なかば伝説と化し、とくにわが国ではきわめて広く流布されており、いちいち枚挙するいとまがないほどである。

つぎに、ハーヴィの成功がその実験的方法に基礎をおいていることは、多くの人がみとめるところであるが、ハーヴィの業績＝ポンプ＝力学という発想は、実験的方法のうちでも、ハーヴィがおこなった定量的方法だけをきわだたせることになり、その結果、ハーヴィの著作にみられる生物学者特有の知識やセンスが全く見失われてしまうのが、きまりだったといってよい。

このようにして「血液循環の研究で、あの輝かしい発見をなしえたのも、力学の方法をたくみにとり入れたからにほかならない」(5)ということになり、したがってハーヴィの業績は「生理現象の力学であって生理学ではなかった」(6)と評価する極論まであらわれるしまつになる。

しかし一方、あとであげるように、このような見解と反対に、ハーヴィの説の背景として、アリストテレスの宇宙論その他の形而上学的または宗教的な思想が存在していた、と推測する人もいる。

私はそこで、ハーヴィの血液循環論が成立した過程のかんたんな分析をこころみ、「機械論」説批判に重点をおきながら私の見解をあきらかにしたい。そして「機械論」説の弱点のひとつは、血液循環論の着想と実証というふたつの過程にけじめをつけることなく、雑然と、血液循環論の成立が機械論にもとづくと決めてかかっている点にある、と考えるので、このふたつの過程を区別して考察することにする。

血液循環論はどのようにして着想されたか

諸説の紹介

ハーヴィが、どのようにして血液循環の着想をえたか、という疑問にたいする答は、いくつかだされている。まず前章でのべたようにバナール、佐藤ら多くの人は、機械論的自然観、とくにポンプとのアナロジーが大きな影響を与えた、と考えている。ペラーは、血液駆動量の定量的測定が、決定的な役割を果したと強調している(7)。またパーゲル(8)とメイスン(9)は、円環運動がもっとも完全であり、したがって普遍的な運動形態だとするアリストテレス以来の思想が、ハーヴィの着想の根源である、と主張している。シンガー(10)は、セルヴェトの場合とおなじく、ハーヴィの血液循環論も、聖書の誤読に端をはっして着想されたのかもわからない、と書いている。ショーヴォア(11)は、円環運動の思想のほか、チェザルピーノなど先行者たちの影響を重要視する。キルガー(12)は、ファブリチオによる静脈弁の発見が、ハーヴィに血液循環論の着想を与えたのだと主張している。

これらの諸説のうち、どれが正しいであろうか。パーゲル説とショーヴォア説は、文献的な裏づけをもっており、否定し去ることはできない。パーゲルは、ハーヴィの先行者たちの論文を豊富に列挙して、円環運動論の伝統の根づよさを示しており、ショーヴォアはチェザルピーノが、部分的には結紮などの実験的方法をも利用して、体循環までも考えていたことを、ラテン語原文を長く引用して証拠だてている。彼の説が妥当であるか否かは、ひとつには、ハーヴィがチェザルピーノの著書を読んでいたかどうかにかかっているが、この点については、ハーヴィ学者のあいだで意見がわかれている。

つぎに、シンガーが指摘した可能性を否定する説得的な根拠もない。事実、『動物の発生』*De Generatione Animalium* のなかの、血液と生命との関係を論じたくだりで、積極的な論拠としてではないが、聖書が引用されている(13)。最後にキルガー説は、あとで示すように、ハーヴィじしんの証言を、その裏づけとしてもっている。

「機械論」説批判　ただひとつ、根拠がまったく薄弱なのは、ポンプとの類比、または機械論的自然観の影響を重視する説である。

ハーヴィが血液循環の着想を最初にいだいたのは、おそらくパドヴァ時代、すなわち一五九八―一六〇二年のあいだであったろうと推定されている(14)。そこで、一七世紀に、機械論的自然観が支配的な力をもつようになった経過を示す、いくつかの指標を見さだめてみよう。

まず、ガリレイが新しい落下理論をはじめてのべたのは、板倉によれば、一六〇五年である(15)。この法則は、「全自然を原子論的に考える機械論的自然観の基礎を提供するものであった」(板倉)(16)。一般に、粒子の運動で自然現象を説明しようとするガッサンディ、デカルト式の体系だてられた機械論的自然観が、多少とも普及するのは、一七世紀の第二四半期以後である。それ以前でも力学者にとっては、その研究対象の質からいって、うけいれやすい自然観であったろうが、この自然観の影響がそれ以外の分野の人にまで及ぶのは、さらにおくれる。たとえば大沼によれば、ボイルでさえ一六五九年までは、動く粒子の哲学はうけいれていなかった(17)。

以上のような時間的前後関係からみても、血液循環の着想が、機械論の影響によるという説は疑わしい。けれども、これらの傍証よりも、何よりも決定的な事実は、ハーヴィが機械論者であるどころか、反対にアリストテレス主義者だということである。彼の著作のひとつでも読めば、アリストテレスの引用量および引用の態度からいって、このことは容易に確認できる。ハーヴィのアリストテレス主義は、その発生学説においてもっとも顕著にあらわれている。彼の後成説はアリストテレス主義につよく結びついており、一方前成説は、その始祖としてロイキッポスとデモクリトスをもっているのである。

つぎに、ポンプとの類比が、血液循環論の着想のもとになったという説を検討してみよう。後述するように、一六一六年の講義ノートのなかの肺循環にかんするくだりで、水フイゴがもののたとえに持ちだされている(18)以外には、この説に関係ありそうな言葉は、ハーヴィの著作のいずれにもみあたらない。しかも、それが血液循環説の着想のもとになったという結論をひきだしうるだけの根拠は、このたとえには、全然ふくまれていない。

類比についていえば、ギリシャ時代においても、生理現象は、多くの場合機械的過程にたとえられている(19)。アリストテレスが、動物のある種の運動を操り人形の動きに類比したことは、よく知られている事実である(20)。ハーヴィの心臓と血液の運動といい、アリストテレスの動物の運動といい、これらは元来力学的現象でもあるのだから、直観的にそれに似た現象として、身のまわりに乏しくない力学現象が、そのたとえに採用されるのは、あたりまえのことである。したがって、機械的過程との類比が、とくにハーヴィに優越性をあたえたとは思えないし、彼がその著作で語ったそのような類比に、深刻な意味を附与するのは、見当はずれであろう。

ハーヴィじしんの回答

さて実は、ハーヴィじしんが、血液循環論がどのようにして得られたかという疑問に、二回にわたって答えている。そこで、その答えを紹介しておこう。

そのひとつは、『心臓と血液の運動』*De Motu Cordis* の第八章にみられる。

「もし血液が、動脈から再び静脈にどうにかしてかえって来ず、また右心室にかえって来ないならば、摂取した食物の液汁をもってしては、静脈がついには空虚になり、静脈から血液を残らずくみ出してしまうことを妨止するに足りないのみか、さらに他方では、血液を過度に圧入された動脈が破綻するのをどうすることもできないのを察知した。そこで私は、血液はいわば特殊の循環運動をするのではないか、と自ら考えはじめたのである」(21)。

一般には、血液循環を実証した方法として論じられている「定量的実験」なるものが、ここでは着想の動機として語られていることは注目すべきである。

あと一回、ボイルの質問に答えて、ハーヴィが、血液循環の着想は、静脈弁の方向にかんする知識からきた、とのべた事実が知られている(22)。

着想と実証　いずれにせよ、ハーヴィがみずからあきらかにしていることを含めて、多くの要因が、彼に影響を与えたことは否定しえない。しかし、すべての要因を同じレベルで扱うこともできない。私たちじしんが実感しているように、着想などというものは、えてして、とんでもない方向からやってくる。そこで私は、ハーヴィに暗示をあたえたいくつかの要因のうちから、血液循環の実証に接続しえたもの、つまりハーヴィじしんにとっても合理的であったものを選り別ける必要があると思う。そうなると、第一部全体の結論をさきにいってしまうことになるが、静脈弁についての知識と血液量の概算により、循環がおこなわれているという凡その見当をつけ、さらにチェザルピーノなど先行者の影響が加わって、ハーヴィは、その証明を故国に帰ってからの自分の課題とすることに決意した、と想像するのが穏当であろう。そしてこのような理解は、上述のハーヴィみずからの説明とも一致する。

血液循環論はどのようにして実証されたか

ハーヴィじしんの証言　彼は、一六一六年ノートで次のようにいっている。「水フイゴのふたつの弁によって水がくみあげられるように、血液が肺臓をとおって、たえず大動脈に運ばれることは、心臓の構造からあきらかである。血液が動脈から静脈に移行することは、結紮から明らかである」(23)。

すなわちハーヴィは、体循環は、腕をしばって血液の運動を阻止する実験によって証明されたと主張しているのである。

また、一六二八年の『心臓と血液の運動』では、「いくつかの計算と肉眼でみとどけた実証とによって私のすべての仮説は確証された」(24)といっている。「いくつかの計算と肉眼でみとどけた実証」には、つぎの実験がふくまれている(25)。

1　屍体の心臓中の血液量、心臓と血管の大きさと構造、および半時間の鼓動数から、一定時間に動脈をながれる血液量を概算した結果、その量は、もし循環をみとめないならば、食物の補充ではまかないえないほど、また動脈を破裂してしまうほど多量であることが、あきらかになる。

2　動脈を切ると、短時間内に静脈血をふくめて全血液が流れでる。また腕を結紮して、その下の静脈を切ると、短時間内に動脈血をふくめた多量の血液が流出する。
3　心臓の根もとで、大動脈を結紮し動脈を切ると、動脈は空虚になるが静脈は血液で充満する。
4　心臓から少しはなれたところで静脈を結紮すると、結紮したところと心臓のあいだは、急速に空虚になる。また、心臓から少しはなれたところで動脈を結紮すると、心臓および心臓と結紮のあいだの動脈は、血液ではちきれそうになる。
5　腕を強く結紮すると、動脈内の血液の移動が阻止されるため、結紮した所の上部（心臓に近い部分）の動脈がふくれるが、下部の血管はふくれない。これに反して、腕をやや弱く結紮すると、動脈内の血液は自由に移動し、静脈内の血液だけ移動を阻止されるため、下部の静脈がふくれ、上部の血管はふくれない。
6　静脈弁の解剖所見と、その中に探針を入れる実験から、静脈弁は、血液が心臓の方向にだけ一方交通するように配置されていることがわかる。
7　腕の静脈を指でおさえ、その圧を下方にずらして血液をおしやると、血液は静脈弁をこえることができず、そこがふくれる。

以上のようないくつもの実験が集まって、はじめて血液循環の確証となりえたことは、まちがいない。けれども、最も決定的なものはどれであったかを、あえて決めなければならないとしたら、以上の諸実験のいずれであろうか。これにも、ハーヴィみずからが答えている。

「ここで二、三の実験（上記第五項の実験――中村）をあげるが、これらの実験こそ、血液が動脈を通って体の各部に入り、静脈をとおって体を流れ帰るものであること……体の各部および四肢において、血液は、直接に吻合によってか、間接に筋肉の小孔を通ってか、あるいはこの二つの方法で、動脈から静脈へ通過していることを、あきらかにするものである」(26)。

すなわち、一六一六年ノートにおける証言と全く一致して、ハーヴィは結紮実験こそ決定的であったとのべているのである。

「定量的実験」の評価　では、上記第一項の実験、すなわち、かの有名な「定量的実験」をどのように評価したらよいだろうか。私は、これが血液循環論の実証において、あまり大きな役割をはたしたとは考えない。いままで論じたように、ハーヴィじしん、これを結紮実験ほどには重要視していないという事実のほか、次の点を考慮しなければならない。

第一に、キルガー(27)が指摘しているように、この「定量」はひどく粗雑であって、示された数値は驚くほど不正確であり吟味にたえない。この点からいっても、ハーヴィによる血液量「定量」のこころみは、見当づけのための概算としての意味しかもっていない、と主張できる。

第二に、彼の測定が、どうにか意味をもつだけの正確さをもっていたとしても、血液循環理論の証明になるためには、その前提として、血液の一方交通が証明されていなければならない。なぜなら、伝統説が正しいとすれば、どれほど多量の血液が心臓に入り、心臓から出されたとしても、また逆流して戻るのだから、食物で補充したり、急いで消費したりする必要はないのである。実際、血液量の概算だけでは、血液が循環していると予想することさえできない。前章でのべたように、これに静脈弁の方向にかんする知識が結びつく必要があった。

以上のような理由で、私は「定量的実験」なるものが、血液循環論の実証過程でさほど大きな役割をはたしたとは思わないが、このような概算をおこなったこと自体は、測れるものは測ろうという先進科学の影響によるものと考える。その意味で、血液循環論成立期のハーヴィに、機械論的自然観が影響をあたえたということはありえないが、力学の研究そのものが影響をあたえたということは、ありうることである。

結　論

とにかく、動脈から静脈への血液の移動と、静脈内における血液の一方交通を、同時に証明しえた静脈の結紮実験を中心とする実験的方法が、体循環の実証で決定的な役割をはたしたことだけは、はっきりいいきることができる。そして、このような実験を可能にした条件は、ギリシャにはじまり、一六世紀中葉以来復活した解剖学の伝統であったろう。この条件に、対象に変更をくわえてその本質をひきだす試みという意味での実験を重んじる精神が結びついて、ハーヴィの業績を生んだといって、さしつかえないと思う。

文献と註

(1)　原種行『近代科学の発展』至文堂（一九六一）、一六二ページ。

（2） 佐藤七郎「近代生物学成立史・試論」『生物科学』一二巻（一九六〇）、一二ページ。
（3） Bernal, J. D.: *Science in History* (1954), 鎮目恭夫・長野敬訳『歴史における科学』II、みすず書房（一九五五）、一三五一ページ。
（4） Lilley, S.「一七世紀における科学器具の発達」（一九五一）、バターフィールド他（菅井準一訳）『近代科学の歩み』岩波新書（一九五六）、六六―六七ページ。
（5） 佐藤七郎「科学革命とハーヴィの生理学」日本科学史学会編『科学革命』森北出版（一九六一）、一二九三ページ。
（6） 同二八九ページ。
（7） Peller, S.: Harvey's and Cesalpino's Role in the History of Medicine, *Bull. Hist. Med.*, Vol. 23 (1949), pp. 213–235.
（8） Pagel, W.: William Harvey and the Purpose of Circulation, *Isis*, Vol. 42 (1951), pp. 22–38.
（9） Mason, S.: *A History of the Sciences*, Lawrence & Wishart (1953), p. 175.
（10） Singer, C.: *The Discovery of the Circulation of the Blood*, Dawson & Sons (1956), p. 67.
（11） Chauvois, L.: *William Harvey,* Hutchinson Medical Publ. (1957), pp. 66–89.
（12） Kilgour, F. G.: William Harvey and His Contributions, *Circulation*, Vol. 23 (1961), pp. 286–296.
（13） Harvey, W.: *Exercitationes de Generatione Animalium* (1651), tr. by Willis, R., *The Works of William Harvey, M. D.*, rep., Johnson Reprint (1965), p. 376.
（14） Chauvois, pp. 66–89.
Kilgour, pp. 286–296.
Pazzini, A.: Harvey, Diciple of Girolamo Fabrizi d'Acquapendante and the Padua School, *Jour. Hist.*

Med., Vol. 12 (1957), pp. 197–201. その他。

(15) 板倉聖宣「落下法則の成立史」日本科学史学会編『科学革命』（一九六一）、二一八ページ。

(16) 同二〇九ページ、および中村への私的な御教示による。

(17) 大沼正則、日本科学史学会第一〇回年会講演（一九六三）、および中村への私的な御教示による。

(18) Harvey, W.: *Prelectiones Anatomiae Universalis*, tr. by O'Malley *et al.*, U. California P. (1961), p. 191.

(19) 三田博雄「ギリシャ科学における「実験と類比」」『思想』三九三号（一九五七）、六六—七八ページ。

(20) Aristotle: *De Motu Animalium*, Loeb Classical Library, No. 323, pp. 463–465.

(21) Harvey, W.: *Exercitatio Anatomica de Motu Cordis et Sanguinis in Animalibus* (1628), 暉峻義等訳『動物の心臓ならびに血液の運動に関する解剖学的研究』岩波文庫（一九六一）、九二—九三ページ。

(22) 私は直接みていないが、Boyle, R.: *Disquisition about Final Causes of Natural Things* (1688), p. 157 に記載されているそうだ。

(23) Harvey (18), p. 191.

(24) Harvey (21), p. 130.

(25) *Ibid.*, p. 95 ff.

(26) *Ibid.*, p. 106.

(27) Kilgour, pp. 293–294.

2　精気説と心臓運動論

はじめに

第一部でときあかしたようないきさつで血液の循環を証明したハーヴィは、そののち一六二八年当時の見解をいくらか訂正する。この経過は、近代生物学の始動と確立の実態をあきらかにするために、なんらかの示唆をあたえると思われるので、ややくわしい議論をこころみることにする。

心臓の運動の機構と、それにからんで精気（spiritus）の存在および性状について、ハーヴィの見解が少しずつ変化していったようすは、次のさまざまな時期に書かれた著作を綿密に検討すれば、あきらかである。

一六一六？　『一般解剖学講義』*Prelectiones Anatomiae Universalis*
一六二七　『動物の場所的運動』*De Motu Locali Animalium*
一六二八　『心臓と血液の運動』*De Motu Cordis et Sanguinis*
一六三三？　『動物の発生』*De Generatione Animalium*

一六四九　『血液の循環』*De Circulatione Sanguinis*
一六五二　モリソンへの手紙

すでにショーヴォア(1)とエントラルゴ(2)は、ハーヴィの著作のあいだにみられる見解のちがいを指摘しているが、いずれも『心臓と血液の運動』と『血液の循環』との相違にふれているにすぎない。ショーヴォアは、このくいちがいを発見したのは、彼が最初であると主張している。彼は、ハーヴィが、血液がつくられる場所として一六二八年には心臓を、一六四九年には右心房のねもとの大静脈を考えている、と指摘した(3)のだが、私の考えでは、この指摘は不正確である(4)。そのうえ、二つの著作のあいだには、もっと根本的な見解の変化がみられるのである。この点では、ショーヴォアの著書と同じ年に発表されたエントラルゴの論文の方が、より重要なところをついている。つまり、ハーヴィは一六二八年には心臓が血液を熱すると考えたが、一六四九年には逆に、血液が心臓を熱すると考え、それにともなって、心臓の運動機構の説明を修正したことを、明示したのである(5)。

しかしエントラルゴは、ハーヴィがこのように意見を変えた原因を説明していないし、また、『心臓と血液の運動』、『血液の循環』以外の著作におけるハーヴィの考えも明らかにされていない。

一方、精気にかんするハーヴィの見解の変化を追跡した人は、私が知るかぎりまだいないようである。

一六二七年におけるハーヴィの精気

霊魂と精気　ハーヴィの前近代性を示す端的な例として、しばしば引合いにだされるのは、彼の論文中にでてくる霊魂（anima）および精気という言葉である。

たとえばパーゲルは、ハーヴィが「血液は霊魂そのものである」と主張したとして、それがアリストテレス主義的思想の証拠だと考えている(6)。佐藤は、さらに敷衍していう。「ハーヴィは精気、霊魂などといった検証不可能の概念をすてきれず、〃霊魂そのものが血液である〃といったこれも検証不可能な命題を用いなければならなかった」(7)。

しかし、霊魂という概念は、心臓と血液の運動を主題としたハーヴィの二つの著書では、彼じしんの表現としては、使われていない。他の著作、『動物の場所的運動』、『動物の発生』には、この概念がしばしばあらわれるが、心臓と血液の運動には、直接には関係しない。また他の機会(8)に詳述したように、血液が霊魂だという思想は、厳密にいえばハーヴィじしんのものではない。

一方、精気という概念は、ハーヴィの血液循環論や心臓運動論で、かなり重要な役割をはたしている。そこで彼が、精気をどのような存在として理解していたかをしらべることにしよう。まず、主著『心臓と血液の運動』執筆当時のハーヴィの考えを検討する。おなじころ（一六二七）書かれた『動物の場所的運動』で、彼は、運動の源泉をいくつかに区別して記述している（第五章）(9)。

（1）　みずからは運動せずに、他の運動をひきおこすもので、自然（Natura）、形相（forma）、霊魂がこれに属する。

(2) 他のものの運動をひきおこして、みずからも運動するが、この運動は単純な運動ではなく、みずからを実現する運動である。感覚や欲望がこれに属する。

(3) 他のものの運動をひきおこして、みずからも場所的な運動を行うもので、熱、精気、筋肉の構成要素(繊維、肉、靭帯、腱)および関節、手、脚、指、鰭、翼など体に属するものがこれにあたる。

アリストテレスにてらして考えれば、霊魂などこの分類における(1)は形而上学的存在、精気など(3)は感性的な存在だということができよう。このように、全く基本的な点で、精気は霊魂と異なるものとして扱われている。

その他随所(10)において、精気はみずから収縮、拡張する(第五、一四章)運動の道具または器官であるとされ(第四、一一、一四章)、しかも筋肉の各部分としばしば並記されている(第五、一四、二〇章)。そして精気は、体とおなじしかたで栄養をうけとり、みずからを補充するとも語られている(第一四章)。

以上のことからわかるように、少なくともこの時期のハーヴィにとっては、精気はまず第一に、可視的な運動器官と同質のものなのである。

精気という概念の二面性　このような不可視の運動器官の存在を推定することは、当時のハーヴィにとっては、ごく自然のなりゆきであった。ハーヴィは、すべての運動する生きた存在またはその部分には、共通の運動器官がなければならないと考えている(第一四章)(11)。しかしそれらの存在や部分は、形態や構成においてさまざまである。同じ筋肉からなりたっていたにしても、肉質の部分だけだったり、殆どすじばかりだったりする。最も極端な例では、精液のように、筋肉がまったくふくまれていないものでさえ運動する。そうなると、何か不可視な、しかも物質的なものが、精液にも肉質にも、すじにも存在しているはずである。

そこで、そのような存在として、精気という既成概念が流用されたことは、この際不可避であった。かくて、精気が「運動の第一の道具」（第四章）「運動の主要器官」「運動の普遍的器官」「第一の究極原因」「すべての運動をなしうる唯一の運動器官」（第一四章）(12)だという考えがでてくる。

しかし他方、精気という古代ギリシャいらいのさまざまな思弁に汚染された概念を、吟味なしに採用した以上、ハーヴィは、さらにふさわしい報いをうけなければならなかった。たとえば、この時期のハーヴィは、「精気は霊魂と体のあいだの媒介である」(13)とのべたり、「精気は、いわば霊魂の一部なのか」という疑問を記したりしている（第一四章）(14)。

結局、一六二七年当時のハーヴィの精気は、基本的には感性的な検証可能な存在でありながら、形而上学的なかげを、いくらかやどしているといってよいのであろう。このような前近代性は、生物学の近代化が進捗する過程において、またハーヴィ一個人の歩みのなかで、しだいにきよめられてゆくのだが、その経過にはふたつの要因が働いているように思われる。ひとつは、実証的研究およびそれにもとづく合理的思弁による精気の概念の限定であり、あとひとつは、アリストテレス主義的自然観に対抗しつつ勃興しはじめていた機械論的自然観に適合したその変容である。

これらの問題のうち、ハーヴィじしんに直接かかわる部分にかぎって、次章の議論であつかう。

血液循環の役割

はじめに

さていよいよ、ハーヴィの学説の変化を追うことにしよう。一六四九年の著書『血液の循環』では、彼は、精気説にたいして二〇年前とはかなり異なった態度をとっている。ハーヴィは次のようにいっている。

「限られた知識しかもちあわせない人たちは、あることの原因をどうしても説明できないばあいに、ちゅうちょなく、それが精気によってなされていると答える。こうしてかれらは、精気をあらゆる場合にもちだしてきて、それにすべての原因の役割をおしつけるのである。これは、下手くそな詩人が、物語のすじをごまかす便法として、いつでも神様を登場させ、大団円をもたらすのとそっくりである」(15)。

このような批判は、おそらくハーヴィが、多くの論者の見解を検討しているうちに到達した考えを示すものであろうが、同時に、かつての自分じしんにもむけられるべきものでもあった。

彼は第一に、精気が霊魂と結びついているという、以前は自分もとらわれていた説を、無知な俗衆のものとして非難し(16)、精気から形而上学的性質をはぎとる。第二に、血液循環の役割のひとつは、精気を運ぶことにあるという見解を撤回する。第三に、心臓の運動の原因を精気に求める自説を暗に否定する。

精気の概念の限定

第一の点は、決定的に重要であるが、その意義は詳しく説明するまでもないと思われるので、この章では第二の点を中心にして論じ、第一点についても、これに関連してふれることにしよう。なお第三の点は次章で考察する。

一六二八年の『心臓と血液の運動』において、ハーヴィは次のようにいっている。「心臓において血液は、ふたたび自然の力強い火のような生命の宝である熱によって、流動性となり、精気をもって飽満され、ここからふたたび身体の各部へ配分される」(第八章)。そののち血液は「心臓への復帰によって、ふたたび熱と精気を補充する必要がある」(第一五章)(17)。

ところが、一六四九年の『血液の循環』では、次のように論じて、かつての自説を否定してしまう。「心臓が血液を運動させるだけでなく、血液をつくりあげると考えている人びと、また心臓から精気や生命の熱が生じると信じている人びと、このような人たちに対して率直にいうならば、私は以上のような世間一般の説に賛成できない」(18)。

ハーヴィは、こうして心臓の機能を力学的な働きに限定し、それが血液に精気と熱を賦与する働き、血液が体の各部に精気を運搬する働きを否定することになる。

心臓の働きについては後章にゆずるが、血液循環と精気の運搬にかんする考えのこのような転換の背景には、まず、この章の冒頭にあげた反省があるだろう。それと同時に、ハーヴィは、血液中の精気を否定する二、三の実験をこころみている。

第一に彼は、動脈、静脈、神経その他を解剖しても精気は見いだされないという(19)。第二の実験はつぎのようなものである。血管を切って、新鮮な動脈血と静脈血を等量ずつ別の器に入れて放置しておく。精気が動脈血に存在するという主張が正しいとすれば、動脈血は精気でふくれているはずであるから、発酵が終わり精気が去った後には、動脈血は静脈血よりも量が少なくなっているにちがいない。ところが、血液が冷えて凝固したあと、血清の量をくらべても両者はひとしい。したがって、動脈血には精気はふくまれていない。このようにハーヴィは結論する(20)。第三の実験では、血管を切ってその傷口を水か油につける。しかし眼にみえる泡のようなものはでてこない。そこでハーヴィは、空気のような精気は血液にふくまれていないと主張する(21)。

実験の限界　以上の実験からハーヴィは、動脈血はふつういわれているような精気をふくむことはないと考えるのであり、精気の追放ないしは限定に、実験が一定の役割をはたしたことは否定できない。しかし、つまびらかに考えてみると、ハーヴィが実験的に否定しえたのは、動脈内における気体状の実体の存在であって、それ以外のものではない(22)。このことから、いくつかのことが推定できる。

まず第一に、すでにのべたようにハーヴィは、精気を霊魂からたちさり、この概念にまとわりついた前近代的な要素をぬぐい去ったのであるが、この進歩をもたらしたのは、実験ではなかった。それは、それが旧い自然観からぬけだしつつあったことの反映であると説明するほか、説明のしようがない。すでに高齢（七一歳）であったハーヴィが、そのような大きな思想の変化をなしうるには、新しい自然観が相当強力に、彼に働きかけたと考えなければならない。

第二に、動脈内に気体状の実体がふくまれないという事実から、ハーヴィは、動脈血と静脈血とのあいだの一切の相違を否定するところまでゆきすぎてしまうのであるが、この飛躍が彼にとって不自然ではなかったということである。なぜこのようなことになったかというと、呼吸の役割として血液の過度の熱の冷却を考える当時一般の説をハーヴィも信じていた(23)ため、肺臓における血液の変化を認めることができなかった。また心臓の働きも、力学的作用に限定してしまったので、ここで静脈血が変化して動脈血になるという考えも、採用することができなかったのである。いいかえれば、上述の諸実験の計画とその結果の解釈が、肺臓の役割にかんするまちがった考えに制約されていたということができる。この制約を突破するためには、空気中の有効成分の想定、その固定の可能性など、生物学外の科学とくに化学の進歩が、きわめて有利な条件になったにちがいない。ロウアーによる肺臓の役割の証明は、この有利な条件をふまえ、ハーヴィ的な実験方法を駆使することによってなされたのである。

循環の役割　精気を体の各部にはこぶ血液の働きを否定したハーヴィは、それでは循環の機能として、どのようなことを考えたであろうか。

「その効果も終局因もわからないからといって、血液の循環を否認する人たち」にむかって一六四九年のハーヴィはいう。「なぜそうなっているかを研究するまえに、どうなっているかをしらべるべきである。……なぜなら、血液循環の状態から、その作用や利益の研究がなされるのである」。ハーヴィはひきつづき、さまざまの例をあげながら、原因がわからないことは、現象そのものを否定する理由にはならないことを力説する(24)。

しかし血液循環の役割について、ハーヴィはその意見を完全に保留したままでいることはできなかった。精気のあとにやってきたのは熱であった。「血液は体のなかでいちばん熱い部分であって、心臓および体の他の部分に熱をあたえている」(25)。この見解は、くわしくは次章で論じるように、おそらく機械論的思惟の影響下に形成されたのであり、血液の働きだけでなく、全生理現象にまでもひろげられてしまう。けれども、このような思弁はひかえめに主張するという良識を、ハーヴィはもっていた。「私は、内在する熱こそがすべての働きに共通な道具である……と主張する。しかし、絶対にまちがいないものとして断言するのではなくて、ひとつの命題として提出するにすぎない」(26)。

結　論　この章の論旨からえられる結論をまとめると、次のようなことになる。

ハーヴィが生物学における実験的方法の開拓者であったことはよく知られている事実であるが、この方法がより広汎な生命現象を征服してゆくためには、他の条件が必要であった。その条件は、新しい思惟方法または自然観の影響というよりは、生命現象ときりむすぶ全体としての自然にかんする諸知識の蓄積である。そのことによって、有効な実験の設定が可能になったと思われる。もちろん精気ということばから、形而上学的な含蓄をとりさったことは、あきらかにイデオロギー的には進歩を意味したであろう。それがもし機械論的自然観の影響のもとになされたのであれば、この自然観が生物学の進歩の促進因となり、感性的な精気を化学における粒子と結びつけることを可能にしたといえるだろう。しかしハーヴィの場合は、彼が歴然と伝統的生理学の支持者たちとたもとをわかちつつあったにもかかわらず、生物学外の知識の不備に制約されて、精気の純化を、空気中の有効成分の検出へとつなげる方向へ進めることができず、形式的に精気を熱でおきかえることにとどまらざるをえなかった。熱は、全く感性的な対象なのであるが、ハーヴィは上記の制約に縛られ、単なる思弁をつうじてこれを導きいれたのであり、実験的に自然に問いただすことをつうじて採用したのではなかった。これらの点でハーヴィは、彼の方法上の後継者ともいうべきロウアーなどの王立協会のグループにおとっていた。

心臓運動論をめぐって

『心臓と血液の運動』の心臓運動論

当時流布されていた伝統説は、心臓の運動を次のように説明する。すなわち、流入した血液がにえたぎり膨脹することによって心臓は拡張する。それにひきつづく休止状態が収縮である。

一六一六年の『一般解剖学講義』をみると、ハーヴィはこの時すでに、一六二八年の立場にほぼ到達していることがわかるが、同時に伝統説をしりぞけ、自分じしんの考えに移りつつある彼の心の動きも、はっきりと読みとることができる。たとえば、「私には、いわゆる拡張期はむしろ心臓の収縮なのであって、定義がまちがっているように思われる。……少なくとも、拡張期には心臓の肉質は拡張するが、心室は圧縮される」(27)。

ハーヴィが、彼独自の心臓運動論をみずから確定的な見解であるかのように、見事に論証した一六二八年の『心臓と血液の運動』では、心臓の運動の様相としては、その収縮についてしか論じられておらず、拡張は周期的な収縮のあいだの受動的な休止として記述されている(28)にすぎない。そしてこの点においてこそハーヴィは伝統的な心臓運動論と訣別したのであった。

『動物の発生』における修正

ところがハーヴィは、一六三〇年代に草稿がつくられたと思われる(29)『動物の発生』において、自説の修正をあえておこなった。

心臓の搏動には二つの部分がある。拡張つまり弛緩と収縮である。このふたつの運動のうちで拡張が先に生じるのであるから、この運動は血液によってひきおこされる。次に収縮が……心臓の繊維の働きでおきる……心房は、膨脹した血液に刺激されて収縮運動を行うことはまちがいない。拡張は、精気をふくむためにふくれあがった血液によってひきおこされる（第五一論）(30)。

すなわち、心臓の運動のうち拡張は、精気の働きでふくれあがった血液の力によるとしているのであって、あきらかに伝統説に近づいている。ただしこの修正説は、心臓の運動の他の反面、しかし従属的な反面である収縮は、心筋の働きによるとしている点で、伝統説と異なる。

ハーヴィにその旧説の修正を強いた要因として、のちにのべるデカルトその他同時代人の批判が考慮されるべきかもわからない。しかし少なくとも、この訂正に、ハーヴィじしんによるいくつかの生物学上の観察が関係していることは、『動物の発生』の記述からまちがいない。

一六二八年の『心臓と血液の運動』では、ハーヴィはアリストテレスにならって、動物の発生過程で最初にあらわれるのは心臓であり、最後に死ぬのも心臓であるという認識にもとづき、心臓を生命の根源であるとした(31)。ところが『動物の発生』では、最初に生じて最後に死ぬのは血液であり、したがって血液こそが生命の本源だと主張することになる(32)。その証拠としては、ニワトリその他の胚で血液が最初にあらわれること、死につつある動物で心臓が止まっても、血液はかすかに動いていること、冬眠中の動物が心臓の搏動を行わないのに生きており、しかも血液をふくんでいることをあげる(33)。

このような観察および思弁と整合するためには、生命の本源である血液こそが心臓を動かすべきで、その逆であってはならないのである。

デカルトのハーヴィ批判　しかしこの時期、一六三〇年代のハーヴィは、まだ心臓の運動から精気を清算していなかった。ところが一六四九年の『血液の循環』では、心臓の運動の説明に精気は入ってこない。しかもこの著書では、デカルトの批判がとりあげられ、これにハーヴィが答えているという事実は、きわめて興味ぶかい。公刊されたデカルトの著書で、その心臓論がはじめて記されたのは『方法序説』*Discours de la Méthode* (1637)(34)であるから、『血液の循環』のころのハーヴィは、もちろんデカルトの説を知っていた。なお『動物の発生』のころのハーヴィは、『方法序説』を読むことはできなかったかもわからないが、デカルトの見解がなんらかのかたちでハーヴィの耳に入った可能性もある。なぜなら、一六三二年頃には、デカルトは『人間論』*L'Homme* の草稿に自説をかきこんでいる(35)。

デカルトが批判の対象としたハーヴィの説は、一六二八年の『心臓と血液の運動』の見解、つまり心臓の自発的収縮をその運動の基本とする考えである。

ハーヴィが世間一般に反した心臓運動論をもちだした論拠について、くわしくは第三部で議論するが、さしあたりここでは、彼の強い主張を支えたのは、ひとつには、心臓は筋肉からなりたち、したがって心臓の運動は、ふつうの筋肉の運動と共通の機構から説明されなければならないという達見であった(36)。

そうだとすれば、心臓の運動の動因は、とうぜんそれを構成する筋肉じたいに存在していなければならず、血液の沸騰のような外的要因に依存しているのであってはならない。しかし一方、心臓および筋肉一般の運動の内因はなにかということになると、『心臓と血液の運動』の時代のハーヴィは、曖昧模糊とした精気説にたよらなければならないという弱味をもっていた。

「一局部から他局部へと伝わるすべての運動は……必ずあるひとつの構成部分の収縮にはじまり、またその収縮にもとづいておきるということは確実である。収縮的要素のある運動器官は、その内部に本来的に精気をもっている」（『心臓と血液の運動』第一七章）[37]。

「精気によって心臓の搏動がおきる」（『動物の場所的運動』第一四章）[38]。

デカルトは、まさにこの弱点をついたのである。彼は、『人体の記述』*Du Corps Humain* のなかで、次のように論じている。

「ハーヴィは、他の医師の意見や、誰もがその眼で判断できる事実にさからって」心臓の運動にかんする自説を主張しているが、「私の考えではそれは成功していない。」「もしハーヴィが書いたような方法で心臓が運動するのだとしたら、運動をひきおこすなんらかの力を想像しなければならないことになる。この力の性質は想像しがたい。」「そのかわりに体の他のどの部分よりも心臓において最も多くふくまれる熱の働きで、血液が膨脹することを考慮にいれさえすれば、この膨脹は、私が書いた方法で心臓を運動させるのに充分だということは、明らかである。……したがって、未知のえたいのしれない力を仮定する必要はない」[39]。

デカルトの説は、伝統説そのものであって、彼はここでは、革新的な精神を放棄しているように一見みえる。ところがそうではない。「デカルトの方がハーヴィよりも更にずっと機械論的」であり

（九鬼）(40)、「デカルトの機械論的な心にえがかれた運動は、デニス・パパンのソースパンの運動に似ていたのだった」（ショーヴォア）(41)。だからこそデカルトは、メルセンヌあての手紙で次のようにいっている。

「誰かがこのこと（心臓の運動の機構――中村）について私が書いたことが誤りであることを証明したなら、私の自然学の他の部分もすべて価値のないものになってしまいます」(42)。

このようにしてデカルトは、アリストテレス的な精気を心臓の運動から追放(43)するとともに、その解釈を自分の思想の有力な支えにしようと試みたのである。

ハーヴィの反論　ハーヴィは『血液の循環』（一六四九）でデカルトに答えていう。

「デカルトは、アリストテレスにしたがって、心臓搏動の動因は収縮期も拡張期も同一である、つまり、血液の泡だちと沸騰による、と主張するが、私はこの考えに賛成することはできない」(44)。こう批判しつつハーヴィは心臓運動の機構について論じるのだが、まず目につくことは、収縮の動因を拡張の動因から区別すべきであると強調しながら、収縮の動因については、ひとこともふれていないことである。

ハーヴィはつづけて論じる。「血液は、それに本来そなわっている熱によって次第にあたたかくなり、稀薄になりふくれあがり、わきあがってくる。そのために心房は拡張するが、ひきつづいてその搏動によって収縮し、血液を右心室に駆出する」(45)。

この時期のハーヴィの説は、精気が姿をけし、それが熱でおきかえられた点で『動物の発生』時代の見解と異なり、熱の本源が心臓にではなく血液じたいに存在するとしている点でデカルト説と異なっている。しかし、拡張が周期的収縮のあいだの休止状態であると考えた旧説に比べれば、心臓運動論にかんするかぎりこの三つの立場は全く同じ型に属する。ハーヴィは、自説と通説との折衷をころみ、さらに精気を追放することによってデカルトに答えたのであり、こうしてここでも、デカルトをつうじて、当時うつぼつと興りつつあった機械論的自然観の影響をうけいれる結果になったと考えることができる。

精気にかわる収縮運動の動因は、はっきりしたかたちでは提出されていないが、「内在する熱こそが……搏動の第一の動因である」(46)といって、心臓の運動が全体として熱に支配されていると主張している。この場合も、血液循環の役割にかんする意見の変異とパラレルな結果になってしまう。

一六五二年の再修正　ハーヴィは、『モリソンへの手紙』(一六五二)になって、みたび心臓の運動機構にかんする意見を訂正している。いわく、「心臓は三種類の運動を行っている。収縮期においては心臓は収縮し、そのなかに含む血液を追いだす。次に一種の弛緩状態になる。……他のすべての筋肉において、運動が筋肉じたいの運動であるように、この二つの運動は、心臓をつくっているものそのものの運動である。……最後に拡張期がある。この時には、心房から心室におくりだされた血液によって、心臓は拡張する」(47)。

ハーヴィは、一六一六―二八年には弛緩＝拡張期を心筋の収縮のあいだの休止期だとし、一六三三―四九年にはそれは血液の膨脹によってもたらされた活動期だとみなした。ところが、いまや、弛緩＝拡張期を弛緩期と拡張期のふたつに別けて、前者に一六一六―二八年の説をあてはめ、後者には一六三三―四九年の説をふりあてた、というわけである。

この再修正をもたらしたものが何であったかはわからないが、おそらく、二つの時期の自説のあいだの矛盾に気がついて、つじつまをあわせようと試みたのであろう。

結　論　けっきょく、心臓運動論の修正は、事実からの後退であった。この後退のいちぶは、発生過程の観察にもとづいている。しかし、顕微鏡は利用できず肉眼による観察であったため、まちがった確信をハーヴィはそこから得た。思想の影響についていうと、アリストテレス主義的あるいは中世的自然観と同様、機械論的自然観もまた、この場面では実証的精神のあしをひっぱる役割をはたした。総じていえば、実験の技術的限界と、晩年のハーヴィをとらえた思弁、イデオロギーとしては進取的でさえあった思弁が、彼をあやまらせたといえる。

おわりに

第二部全体の考察からみちびきだすことができる一般的な結論を要約しておこう。

ハーヴィは、少なくとも主観的には、すべてを実験をつうじて解決するという心構えを、一貫して堅持していた。この態度こそが、彼を近代生物学成立期の典型的人物たらしめたのである。しかし、生物学的な実験を研究の基礎とすべきだという信念はあっても、関連する知識がまだ充分ではなかったり、実験技術が幼稚であったりして、血液循環以外の生理現象の機構については、その説明をあやまらざるをえなかった。

けれども、この事実は、ハーヴィの時代に近代的な生物学の成立過程が著しく進行しつつあったことを否定する証拠にはならない。現代でさえ、隣接部門の知見の貧しさや技術的困難から、たいへんまちがった生物学上の見解があらわれることは、決してめずらしくはない。むしろそのような失敗をくりかえし、かつ克服してゆくジグザグの過程こそ、科学の進歩の常道である。

またハーヴィは、しばしばいわれるような機械論的自然観の所有者ではなかったが、晩年になって、おそらくその影響をかなり深刻にうける。しかし、この新しい自然観が、近代生物学の誕生と成立の経過で、決定的な役割をはたしたとは考えられない。それは、単なる促進因でありえたにすぎず、ばあいによっては遅滞化の要因でもありえたことが、この小論からあきらかである。生命現象の研究は、現代の生物学においてもそうであるが、実験をその基礎としているかぎり、さまざまの世界観・自然観の影響をうけながら、それに最終的に左右されることは決してなく、すこしずつ、事実とその事実のうらにある仕組みを手にいれてゆく。ハーヴィの時代についても、基本的には同じことがいえることを、第一に確認しなければならないが、同時に、自然観の支配は、現代におけるよりもはるかに強力であったようである。その点は、彼の後継者たちのあいだで次第に克服されてゆく。

第二部を終わったところで、この論文を書くにあたってお世話になった人びとに、感謝のことばをのべておきたい。まず山梨大学の白上謙一先生からは、文献の所在を教示していただき、またそのいちぶを借用させていただいた。そのうえ、ことあるごとに、あたたかい励ましをあたえられた。

私は東京都立大学大学院博士課程に在学中、その三年目になって、一方的に、実験をやめて生物学史をはじめると宣言し、ただちにその宣言を実行にうつした。その結果、実験生物学者としての公的および半公的な義務を放棄したことによって、あるいは、せいぜい形をつくろう程度に手をぬいて履行したことによって、研究室の人たちに迷惑をおかけした。団勝磨先生をはじめ発生学研究室の当時の構成員の方がたの御理解に感謝したい。団先生にとって、私は決していわゆるよい弟子ではなかったが、私のようなわるい弟子が育ったことが、団先生と発生学研究室の長所でもあったという考えに同意していただけると思う。おわりに、とくに米田満樹氏の友情に深く感謝したい。氏の友情があってはじめて、私の専攻の転換が可能であった。

文献と註

(1) Chauvois, L.: *William Harvey*, Hutchinson Medical Publ. (1957).
(2) Entralgo, P. L.: Harvey in the History of Scientific Thought, *Jour. Hist. Med.*, Vol. 12 (1957).
(3) Chauvois, pp. 205–206.
(4) ハーヴィは、大静脈において血液がじぶんの熱であつくなり、稀薄になり、ふくれあがるといっているにすぎない。一六四九年の彼は、動脈血と静脈血が同じものだと考えているのであって、どこでおこなわれるものであろうと循環過程における血液の再生を全く否定している。
(5) Entralgo, p. 224.
(6) Pagel, W.: William Harvey and the Purpose of Circulation, *Isis*, Vol. 42 (1951), p. 29.
(7) 佐藤七郎「近代生物学成立史・試論」『生物科学』一二巻（一九六〇）、二ページ。
(8) 中村禎里「Mason の失敗」『科学史研究』六八号（一九六三）、一八二―一八四ページ。

(9) Harvey, W.: *De Motu Locali Animalium* (1627), tr. by G. Whitteridge, Cambridge U. P. (1959), pp. 38–41.

(10) *Ibid*., pp. 35, 39–41, 87, 95–103, 139.

(11) *Ibid*., p. 97.

(12) *Ibid*., pp. 35, 95–97.

(13) *Ibid*., p. 95.

(14) *Ibid*., p. 101.

(15) Harvey, W.: *Exercitationes duae Anatomicae de Circulatione Sanguinis* (1649), tr. by K. J. Franklin, Blackwell Scientific Publ. (1958), p. 37.

(16) *Ibid*., p. 41.

(17) Harvey, W.: *Exercitatio Anatomica de Motu Cordis et Sanguinis in Animalibus* (1628), 暉峻義等訳『動物の心臓ならびに血液の運動に関する解剖学的研究』岩波文庫（一九六一）、九三ページ、一三三ページ。

(18) Harvey (15), pp. 61–62.

(19) *Ibid*., p. 37.

(20) *Ibid*., pp. 34–35.

(21) *Ibid*., p. 43.

(22) 実際ハーヴィは、精気の存在をあらゆる意味で否定したのではない。*De Circulatione* では、精気は血液を血液たらしめる本質的なものだと考えられている。

(23) Harvey (17), p. 81.

(24) Harvey (15), p. 45.

(25) *Ibid*., p. 63.

(26) *Ibid*., p. 63.

(27) Harvey, W.: *Prelectiones Anatomiae Universalis*, tr. by O'Malley *et al*., U. Calif. P. (1961), p. 185.

(28) Harvey (17), pp. 47–50.

(29) 暉峻義等訳前掲書の巻末に付せられた、訳者の「ハーヴェイ著書論文解説」(一九七ページ)による。なお G. Keynes の権威ある *A Bibliography of the Writings of Dr. William Harvey*, Cambridge U. P. (1953) も、*De Generatione* の草稿は *De Circulatione* よりも前に完成されたと指摘している (p. 46).

(30) Harvey, W.: *Exercitatione de Generatione Animalium, The Work of William Harvey, M. D*., tr. by R. Willis, repr., Johnson Reprint (1965), p. 375.

(31) Harvey (17), pp. 141, 157.

(32) Harvey (30), pp. 373–374.

(33) *Ibid*., p. 374.

(34) Descartes, R.: *Discours de la Méthode*, 落合太郎訳『方法序説』岩波文庫、五九—六五ページ。

(35) Descartes, R.: *L'Homme de René Descartes, Œuvres de Descartes*, ed. par C. Adam & P. Tannery, XI, J. Vrin (1967), pp. 123–126.

(36) Harvey (27), p. 181. Harvey (17), pp. 48–50.

(37) Harvey (17), pp. 152–153.

(38) Harvey (9), p. 95.

(39) Descartes, R.: *La Description du Corps Humain et de Toutes Ses Fonctions, Œuvres de Descartes*, XI, pp. 241–244.

(40)　九鬼周造『西洋近世哲学史稿』上、岩波書店（一九四八）、一二三ページ。
(41)　Chauvois, p. 187.
(42)　Descartes, R.: *Correspondance, Œuvres de Descartes*, II, pp. 500–501.
(43)　ただしデカルトは、運動の原因としての精気一般を否定しているのではない。ふつうの筋肉の運動は、les esprits animaux によってひきおこされると考えている。*Traité des Passions de l'Ame, Œuvres de Descartes*, XI, pp. 335–336.
(44)　Harvey (15), p. 66.
(45)　*Ibid.*, p. 57.
(46)　*Ibid.*, p. 63.
(47)　*Ibid.*, pp. 81–82.

ハーヴィ　その生物学史上の地位

はじめに

この小論は「William Harvey とその生理学説」(以後ハーヴィ論と略)の第三部として、『科学史研究』に投稿を予定していた論文の仮説メモを整理したものである。種々な事情により、ハーヴィの前後にあらわれた主要な生理学者、解剖学者の著作をしらべる機会が、しばらくのあいだ得られそうもないので、本誌の名、『生物学史研究ノート』に便乗して、まさにノートのままで発表させていただく。したがって、ハーヴィとデカルトにかんするものの他は、資料はすべて他の研究書や本に依存せざるをえなかったことを、おことわりしておきたい。

ハーヴィ論の第一部(1)で私は、血液循環論成立の前提として、一六世紀に復活した解剖学の伝統があると主張したが、この伝統は、ハーヴィの業績に、どのような機能をもって流れこんだか、ハーヴィは解剖学の進歩にどのような新しさをつけくわえたか、という問題について、私の見解を概括しておくのが、このノートの第一の目的である。またおなじ論文の第二部(2)では、ハーヴィの生理学説が変貌してゆく過程を分析し、それがハーヴィの近代的要素をも前近代的要素をも、ともに反映していることをあきらかにした。彼の後継者たちによって、その前近代的要素がどのようにしてふっきられ、近代的要素が強められてゆくかという問題で、私の着想をかんたんに示しておきたい。これが小論の第二のねらいである。

ハーヴィまで

生物学の蘇生　ルネサンスにおける生物学の蘇生は、古代の文献の正確な復活にむすびついている。ガレノスのラテン語訳は、一四九〇年にヴェネツィアではじめてあらわれた。オリジナル・グリークの五巻本は一五二五年に出版されている(3)。しかし、古代の本への関心が、近代生物学の誕生とかかわりあいえたのは、ひとつには、それが医療、漁撈、狩猟からきた生物体への関心と結合したからであったろう。

農作物の栽培、家畜の飼育は、特定種類の生物を継続的に支配する営みにすぎず、選別を必要としない。これにくらべて、薬草の採集、漁撈および狩猟に際しては、不特定多数の生物から有用なものを選別する必要が生じる。おそらく中世においても、そのような知識は累積されていたに相違ないが、知識層の心が、その成果の整理に介入するほど自然にたいして開かれるには、他の条件——ルネサンスの一般的条件——が必要であったろう。とにかく、一六世紀に入って出版された博物学書の多くは、薬草、鳥類、海産動物を対象とするものであったことは興味ぶかい。フックス（一五〇一—六六）、ロンドレ（一五〇七—六六）、ターナー（一五一〇—六八）、コルドゥス（一五一五—四四）、ゲスナー（一五一六—六五）、ブロン（一五一七—六四）、アルドロヴァンディ（一五二二—一六〇五）などによって、動植物の記載、解剖、分類がすすめられた。

一方医学においては、進取的な人物の知的興味が、古代の説の復習から人体の実物にむかったことは周知の事実である。エティエンヌ（一五〇三—六四）、アマトゥス・ルシタヌス（一五一一—六二）、ヴェサリウス（一五一四—六四）、カナーノ（一五一五—七九）、コロンボ（一五一六—五九）、エウスターキ（一五二〇—七四）、ファロピオ（一五二三—六四）など傑出した解剖学者が、一六世紀中期に輩出した。

研究方法の進歩　このような博物学、解剖学の知識の進歩と、より一層の進歩をめざす要求は、研究対象や研究手段にかんする多くのくふうを生みだした。

おし葉と動物標本　特定の生物が季節や場所の制約をうけずに、研究の対象として利用できるならば、それは生物学の進歩にとってきわめて望ましいことであったろう。このような要求は、おし葉と動物標本の発明によって、いちぶみたされた。前者の発明はギーニ（一五四〇年ごろ）によるといわれている(4)。骨格の標本は、中世においても錬金術師や薬剤師の手で製作されていたが、解剖学用のものとして現存している最古の標本は、ヴェサリウス（一五四〇年ごろ）がつくったものである(5)。

大学附属植物園　研究対象の時空的制限を突破するために重要な役割をはたした手段として、動物園と植物園をみおとすことはできない。佐藤七郎も、大学附属動植物園の設立と、それによる実用上の要求からの束縛をうけない知識のための知識の収集のはじまりを、学問としての博物学の開始のめやすとして述べている(6)。とくに植物園の方は、その前身として、古くからの薬草園をもっている。しかし有用無用にかかわらず研究用の植物を、研究者の直接の支配下で生育させることは、研究対象の利用に、莫大な便宜をもたらしたであろう。最初の大学附属植物園は、パドヴァ（一五四五年）に誕生したといわれている(7)。

解剖器具の発展　一六世紀に入るまでに、外科職人が使用した器具は、たいへん単純なもので、ナイフはあったが、ノコギリ、ノミ、ゾンデ、カニューレはまだなかった。現在使われている解剖用器具の大部分は、ヴェサリウスの発明または改善によるものだとされている(8)。彼の主著『人体の構造』（一五四三）には、彼が使った器具の図がでている。

近代的病院　解剖学の発展は、道具だけでなく、他の手段や対象においても改善をもたらした。それは、研究の手段としての病院の出現と、解剖のための下等動物の使用である。後者については次節であらためて論じる。病人を治療するための施設はもちろん古くから存在したが、研究および教育の対象として、患者を支配するための病院がはじめてつくられたのは、パドヴァにおいてであって、これも一六世紀中葉である(9)。

あたらしい解剖学者　一六世紀ごろまでは、スコラ的な医学者と、職人的な外科医のあいだに断絶があったが、ヴェサリウスの時代から、前者の知的能力と後者の経験が合流しはじめる。それまで外科職人の分担であった解剖の執刀をヴェサリウスみずからおこなったのは、この事実の象徴である。彼はまた、外科職人のもとを訪れて、その技術を吸収することにも努めている(10)。そして、ファブリチオ（一五六五年に、パドヴァ大学教授に就任）は、はじめて解剖学、外科学の両方の講義をおこなった(11)。

メイスンによれば、中世までの学者の伝統と職人の伝統の融合が、近代科学の成立を可能にした(12)。この過程は、研究方法についていえば、実験科学の成立の過程である。そして実験的方法の展開は、職人的技術が、学者的な知的興味の追究の手段として変形され摂取されることによって、いいかえれば、実用上の手段と対象から、研究の手段と対象が独立することによって、もたらされた。このような観点からみると、この節であげた諸事件が、いずれも一五五〇年前後にイタリアとくにパドヴァに集中しておきていることは注目にあたいする。私は近代生物学の始点を、一六世紀中葉におく。

比較解剖学の誕生　ヴェサリウスからハーヴィのあいだになされた進歩としては、比較解剖学と実験生理学の誕生がある。生理現象は動的な過程であるから、生体実験が不可欠な手段となる。しかし、人間の生体解剖は道義的にゆるされない。そこで当然、比較解剖学の進歩にささえられながら、人間以外の動物の利用に目をむけねばならなくなる。この点にかんする歴史的推移を追うと、研究材料として動物から人間へとむかう逆の流れと、人間から動物へ志向する前述の流れが、わずかの時代のずれで交錯しているので、ことが多少やっかいになっている。

よく知られているようにガレノスの時代には、人間の死体解剖がゆるされていなかったので、彼はサルを材料に使い、その結果いくつかの誤りをおかした。ガレノスをふくめて、近代以前の解剖学者は、動物を材料に使ったとしても、やむをえずそうしたのであって、研究材料としての有利さを認めたうえで、自発的にそれを選択したのではなかった。したがって、死体解剖がしだいに自由になると、解剖学者たちの研究の焦点は、必然的に人体にあわせられることになる。これは、さきほどのべた、動物から人体へと流れこむ研究の動きである。この動きは比較解剖学の誕生にはつながらない。

比較解剖学の起源は、百科事典的博物学の流れに由来するようだ。当時の博物学は、いわゆる人為分類にもとづく動植物の記載を中心とするものであるが、外形で生物を分類していればやがて内部の形で分類しようという着想が生じるのは、ことのなりゆきである。漁撈や狩猟の獲物は、料理しなければ食用にならないから、動物の内部構造にかんする知識は、ひとたび学者がそれに興味をもてば、急速に発達する下準備ができていただろう。比較解剖学の起源は、ここにあると考える。ただし学問的な著述としては、ロンドレやブロンの著作（いずれも一五五〇年代に出版）が最初のものである。ブロンは、人間と鳥類の骨格の比較をおこなっている。しかし、彼ら博物学者の興味の中心は、人間と別の存在としての動物にあったことは否めない。

一方、人間の死体をあつかう限りなしえない研究を、動物をも視野にくりこむことによって展開しようという動きがあらわれる。ここからは、人間をはなれて、ふたたび動物へと焦点を移してゆく線がひかれる。ヴェサリウスは、動物↓人間の線と、人間↓動物の線が重なりあったところに位置している。彼は、後述するように、動物の生体解剖によって、すぐれた実験に成功しているが、シンガーによれば、ヴェサリウスの動物解剖のおもな目的は、ガレノスの記述が、人間でなくて動物の構造にもとづいている事実を暴露することにあった(13)。ヴェサリウスの後継者であるコロンボもファロピオも、動物の解剖をいくらかはしたが、比較解剖学的視点はもっていない。

比較解剖学に、生理学の直接の前提としての性格をあたえた人物のひとりはファブリチオ（一五三七―一六一〇）であるが、いっそう重要なのはコイテル（一五三四―七六）である。彼はファブリチオとともにファロピオの弟子であるが、ロンドレにも師事している。ここで、博物学の伝統と解剖学の伝統が合流し生理学への道がきよめられた。コイテルのこの方面での業績でとくに著しいものとしては、カエル、トカゲ、哺乳類の肺の比較や、動物の骨格の体系的な説明があげられる。この研究で、彼が記載した動物は、哺乳類八種およびトカゲ、カメ、カエルである(14)。

さいごにハーヴィ（一五七八―一六五七）およびセヴェリノ（一五八〇―一六五六）になると、人体を解剖するより、動物を解剖した方が有利だという思想が語られることになる。セヴェリノは、解剖学を研究するには、まず動物の解剖からはじめるべきであり、動物は解剖が容易で、かつ所見も簡単だから知識の整理によいとして、諸種の脊椎動物、無脊椎動物の解剖をおこなっている(15)。ハーヴィは、この論文の主題だから、あらためて詳しく論じる。

かくて、医療の対象としての人体から解剖学、生理学の対象が独立したことが示される。

生理学の成立　以上のべた比較解剖学と形影あいともなうようにして発達したのが生理学である。中世以来、最初になされた実験とされているのはヴェサリウスによるイヌの肺臓にかんするものであり、『人体の構造』に記載されている。肺がしぼんでしまったイヌの気管にカニューレを入れ、空気をふきこむと肺はふくれ、心搏と脈搏が回復する。ヴェサリウスは、この試みは他の解剖学者によってはまだなされていないが、じぶんは搏動の働きを説明するために、医学生にこの実験を展示してきた、とのべている(16)。アマトゥス・ルシタヌスも、一五五一年に、静脈にカニューレをさしこんで空気をふきこみ、弁の働きをしらべている(17)。しかし、ヴェサリウスやアマトゥス・シルタヌスは、動物を使った実験を、生物学の研究のための必然的な方法として系統的にこころみたのではなかった。

実験生理学の本格的な研究をはじめたのは、比較解剖学の場合とおなじくコイテルであった。彼は、ネコ、トカゲ、ヘビ、カエル、ウナギなど下等脊椎動物の心臓を生体解剖し、心臓が収縮期に長くなり弛緩期に短くなること、搏動は心房から心室に伝えられること、体からとりだした心臓も搏動をやめないし、これを断片にきりきざんでも、うちつづけることをみつけた(18)。これと全く同じ実験が、より精確に、ハーヴィの『一般解剖学講義』(一六一六?)、『心臓と血液の運動』(一六二八)にも記されていることは、あとでのべるとおりである。

もうひとつハーヴィの有名な著書は『動物の発生』(出版一六五一)であるが、その系譜は、アリストテレス(紀元前三八四—三二二)→アルベルトゥス・マグヌス(一二〇六—八〇)→コイテル→ファブリチオ→ハーヴィとたどられ、やはり解剖学と博物学の結合線上にある。人間以外の動物の卵への興味と解剖学上の知識が、コイテル以下で手をとりあった、といえる。

かくてコイテルは、実績のうえでも、方法のうえでも、ハーヴィの直接の先行者であった。

ハーヴィ

ハーヴィ対デカルト　以上のべたような近代生物学の胎動期にパドヴァに留学したハーヴィが、その地で、帰国後の研究に不可欠であった実証的精神と機械論的世界観を身につけたのだと、しばしばいわれている。しかし、機械論的世界観が、ハーヴィの血液循環論に大きな影響をあたえなかったことは、すでに発表したとおりである。実証主義がハーヴィの成功をもたらしたことはまちがいない。そのことについては、ハーヴィ論の第一部でのべた(19)が、ここでは心臓の運動にかんするハーヴィとデカルト（一五九六―一六五〇）の見解の対立をとりあげ、もう少しつっこんで論じることにする。ハーヴィが、心臓の運動は、その筋肉の自動的な収縮であると『心臓と血液の運動』で主張したのに対し、デカルトは『方法序説』（一六三七）その他で、心臓内での血液の膨脹がその運動の原因であると批判した。もちろんハーヴィの主張のほうが正しい。

まだ科学史専攻を志していなかった頃書いた未熟な論文(20)で、私はつぎのようにいっている。「新しい時代のパイオニアではあったが、ハーヴィに比してより思弁的であったデカルトは、心臓の運動の機作の説明においてあやまった。」

ハーヴィのデカルトに優越する点が、ハーヴィの思弁にたいする懐疑と、感覚にたいする信頼にあったことは、たしかである。実証による研究の強調は、ハーヴィのすべての著書において、何度もくりかえされているが、とくに興味をひくのは、一六四九年に出版された『血液の循環』のなかの次のくだりである(21)。「感覚はつねに詭弁にたいする勝利者である。理性の明示なしに、場合によっては理性の指示にさからっても、感覚により認められるものが一つもないとしたら、議論になる問題がないことになってしまう。」「われわれを確実にするのは、理性でなく感覚である。すなわち自分で見ることであって、頭の中でごたごたすることではない。」

このハーヴィの主張を、デカルトの次に示す見解とくらべてみるとよい。「われわれの理性の明証によってのほか、われわれは決して説得せらるべきはずのものではない。私が力説するのは、われわれの理性のことなのであって、われわれの構像あるいは感覚のことではない」(22)。ハーヴィとデカルトのちがいとして先ずいえることは、以上の引用であきらかなように、真理の認識における感覚と理性の位置にかんする考えかたの相違である。

しかしデカルトはやはり実験を推賞したし、自説の論拠として、いくつかの実験を示している。そして、ハーヴィの説は「だれもがその目で判断できる事実に反している」(23)と強調しているのである。つまりデカルトは、観察された事実と矛盾したことをいっているつもりではない。ではなぜ、矛盾すべきではない二つの観察から、相反する結論がえられたのであろうか。この疑問をとくためには、ハーヴィが実証を重んじたという漠たる規定では不充分である。

ふたりの実証　そこでまず、このふたりが自説のうらづけとした実験を紹介しよう。デカルトは、じぶんの説とハーヴィの説のどちらが真実であるかを知るために、きめ手となる実験を三つあげている(24)。第一に、ハーヴィがいうように、心筋の繊維の収縮によって心臓が固くなるのだとしたら、その時心臓は小さくなるはずであり、じぶんの意見のとおり、心臓はなかにふくまれている血液の膨脹のために固くなるのだとしたら、むしろ大きくなるはずである。そして、医師たちの判断によれば、心臓は大きくなる時に固くなる、とデカルトはいう。第二に、心先を切ると、心臓が固くなる時、内腔がすこし大きくなり、血液がふきだすことも自説の証左である、と彼は主張する。第三に、血液が心臓をでる時、そこに入った時と異なる性質をもっており、熱せられ稀薄になり、激しく動いているとのべている。

デカルトが提出したこれらの実験結果には、つぎに示すようないくつかの弱点がある。第一に少なくともいちぶは、デカルトじしんの観察ではなく、他の医師の判断の援用であること、第二は、これらの実験は、イヌやウサギのような定温動物を材料にしていることがあげられる。定温動物では、心臓の運動の観察はきわめて困難である。第三に、心臓を通過することによって血液の性質が変わるという三番目の結論が、どのような実験からみちびきだされたのか全く明らかでない。第四に、一番目の実験について、心臓が固くなる時大きくなるが、著しくはないと告白しており、心先を切る二番目の実験はイヌではうまくゆかないとみとめて、実験結果においてすら、すっきりしない印象をあたえる。もっともデカルトは、この不首尾に、適当な理屈をつけている。

第一、第三の弱点については解説するまでもない。第二の弱点についてすこしふれよう。ハーヴィは『心臓と血液の運動』でいう。「私はこの仕事（心臓の運動の観察——中村）があまりにも面倒であり、また絶えずあらゆる困難にみちていることをすぐに発見して、私も……〝心臓の運動はただ神のみがこれを知る〟のではないかと考えたほどであった。……私はどのようにして収縮あるいは拡張がおこるのか、また、どこに拡張、収縮がおこっているかを正しく弁別することができず、……今ここに収縮がみえ、そこに拡張がおこっているかと思えば、たちまちその反対になり、ある時には個々に区別しうるかと思うと、またたちまち混同した運動をみる、というように私には思われたのである」(25)。

つまり、デカルトの理性がこともなげに書いているのとちがって、心臓の運動の観察はしかく簡単ではない。ハーヴィは、この困難を解決するために数多くの動物を解剖した。コール(26)によれば、ハーヴィの諸著から、彼が研究にもちいた動物の種類をかぞえてみると、哺乳類、鳥類、爬虫類、両生類、魚類、昆虫類、甲殻類、軟体動物、環形動物をふくめ一二八種類に達する。こうして幾多の経験を集積した結果、心臓の観察に有利な実験対象と条件を発見したのだった。すなわち、変温動物の心臓では、その運動が比較的ゆるやかであることを知り、これを観察に利用した。なかでも、ヘビの心臓は長いから、搏動の周期も長いという性質をぬけめなく使っている。これにくわえて、死につつある動物において、搏動の周期が長くなることをも利用している(27)。このような、動物にかんする広い知識と、年期をいれた熟練によってこそ、心臓の運動の正確な観察が可能になったのである。さきほどあげたデカルトの第四の弱点、つまりその実験結果のあいまいさも、彼じしんや世間の医師たちの観察が、以上の点でハーヴィのそれと比べるべくもなく、表面的であったのだと考えれば、説明できよう。

ハーヴィの論拠　ハーヴィの心臓運動論は、もちろん、心臓の運動の観察だけにもとづくのではない。彼の説の論拠を整理してみるとつぎのとおりである(28)。

（1）心臓が収縮している時に固くなり、赤みが少なくなり、血液をおしだす。

（2）心臓が緊張し活動する時のようすは、一般の筋が収縮する時のようすと全く同じであり、形態的にも繊維をふくんでいて、その方向に収縮する点でも筋に一致している。

（3）しかも一般に、働きがいちじるしい心室ほど、筋肉性の繊維や線条を多くふくみ、厚くて強い。高等動物の心臓は下等動物の心臓より、成人の心臓は胎児の心臓より、左心室は右心室より筋肉性で強い。

（4）心臓をとりだして、切りきざむなどの処理をしても、周期的な収縮を続ける。

（5）心臓の運動が受動的な拡張であるならば、血液の体循環のような大きな仕事をはたすことができない。

これをみて、たしかにいえることは、ハーヴィは、心臓の運動そのものの観察だけではなく、数多くの生体実験、生体外実験、発生学的観察、比較解剖学的所見の成果全体から、心臓の運動を論じている点でも、デカルトと異なっている、ということである。

材料の可換性、実験、比較　これまで論じたことから、ハーヴィのメリットがどこにあったかは明らかであろう。彼は、研究対象を全動物界に拡げることによって、(1) 研究に有利な材料の選択、(2) 安価で下等な動物を利用した生体実験の多量実施、(3) 比較的方法の応用、などの近代的研究方法を開拓した。ハーヴィは、ただ実証が重要であることを指摘したにとどまらず、実証を有力なものにする手段の創造に力をつくしたという点で、実証主義者だったのである。そして、これらハーヴィ的方法を準備したのが、コイテルにいたるまでの生物学の進歩であったことは、前章でのべた。ハーヴィが、上記のような方法をきわめて意識的にもちいたことは、つぎに示す諸事実からはっきりわかる。

彼は、一六一六年ごろ書かれた『一般解剖学講義』の草稿の第一ページに、アリストテレスの「人体の内部にかんしては、疑わしいことや知られていないことがある。したがって、他の動物で、人間に似た部分を研究しなければならない」という言葉をかかげ、それをみずからの座右銘としている(29)。また『心臓と血液の運動』では、「生物の部分について……何かを知ろうとしながら、もっぱら人体だけ、しかもそのうえ、死後のものだけを観察しているにすぎ」ない解剖学者たちを批判し、「もしわれわれが、人体の解剖に習熟しているように、動物解剖にも同じように熟達しているならば、あきらかに、なんらの困難もなしに、この疑問（心臓と肺臓のつながりにかんする疑問——中村）を解明できたと思う」と主張している(30)。

このようなハーヴィの方法は、反対者たちの非難のまとになった。たとえばパリザヌスは、ハーヴィの学説を批判した著書（一六三五）のなかで、生理学において、下等動物の研究に重要性が与えられていると歎いている。この非難にハーヴィは『血液の循環』で答えた。

「ある人たちは、私が生体解剖に必要以上の愛着をもちすぎているといい、また、カエル、ヘビ、ハエ、その他の下等動物を使用するといって嘲笑する。」しかし「不滅の神が、下等動物には不在だということはありえない。偉大で全能な父は、みたところもっとも些細でみばえのしないその創造物においていて、しばしば姿をあらわすものである」(31)。

ここで、人間と高等および下等動物の同一性が、明確に主張されている。この認識は、材料の可換性にもとづく諸研究方法の基礎である。ただし、それが、全能の神の信仰でうらづけられていることは当時としては是非もないことであった。この種の解釈は、自然哲学の時代までは基本的には変わらない。

つけたり　つけたりになるが、ハーヴィの血液循環論の重要性を、コペルニクスの地動説やケプラーの惑星運動理論とくらべる人がいるが、血液循環じたいは、天文学における惑星の運動にくらべられるほどの重要性を、生物学上で占めるわけにはいかない。たとえば、ハーヴィの業績にきびすを接してあらわれた、ボイル（一六二七—九一）、フック（一六三五—一七〇三）、メイヨー（一六四〇—七九）、ロウアー（一六三一—九一）による肺臓の機能の発見の方が、生物学的意義は大きいであろう。

ハーヴィじしんも、循環の生理的意味は不明である、とみとめている(32)。ただし、血液循環の発見当時、すでに大へんなさわぎが、これをめぐってもちあがったことは事実であり、それはそれとして、科学史上、重要な研究テーマになるであろう。

いうまでもなく、ハーヴィの業績の生物学史的意義の第一は、それをもたらした方法にある。にもかかわらず、ふつうハーヴィの先行者あるいは後継者としてあげられる人たちの系譜は、血液循環の発見を基準にしている。そのため先行者のリストにはコイテルがみられず、後継者の名簿からはロウアーがはぶかれている。ショーヴォア(33)の本からのまごびきだが、ロウアーが肺臓における空気の血液活性化作用を証明した方法はつぎのようなものである。

(1) 静脈血を容器に入れて空気とまぜると動脈血になる。
(2) イヌの肺に空気をふきこむと、静脈血は動脈血になる。
(3) 動物の気管を結紮すると、頸動脈の血液は、頸静脈の血液とおなじように黒くなる。

この第一の実験は、ハーヴィが心臓における血液の膨脹を否定するためにこころみた、血液を容器にいれて放置しておく実験に通じている。第二の実験は、ヴェサリウスがなした有名な実験(前述)の発展である。第三の実験は、ハーヴィが血液循環を証明するキメ手となった血管結紮実験を彷彿とさせる。ロウアーは、その他の点でもハーヴィに負っている。そのひとつは、心臓中心説否定である。ハーヴィまでは、心臓において血液に精気が賦与されるというのが定説であったし、ハーヴィじしん、彼の主著『心臓と血液の運動』(一六二八)ではそう考えていた。一六四九年の『血液循環』にいたって、彼は、心臓の働きを、血液の駆出にかぎってしまった(34)。このハーヴィの新しい意見は、肺臓こそが血液を活性化する器官であるという正しい説をなりたたせるために必要な前提となった。つぎにハーヴィは、精気を物質的なものとみなす傾向を晩年において強化していったが(35)、ロウアーら王立協会のグループは、静脈血を活性化する空気成分、つまり硝石精として、それを同定することができた。以上のべたことで私は、ハーヴィの生物学史的な位置づけが、王立協会グループのそれにつながると主張したのである。

ハーヴィにおけるアリストテレス主義

アリストテレス主義と実証主義　革命期には、どんな革新的な業績のなかにも古い要素がこびりついている。したがって近代生物学形成期の第一の標徴は、古い要素のなかに新しい要素が出現し強力になったことにあるのであって、さしあたっては、古い要素が消滅したことにあるのではない。しかし次の問題としては、古い要素の克服の過程をみてゆかねばならない。このことを、ハーヴィとアリストテレス主義との関連を中心として、かんたんに考察しておこう。

佐藤七郎は、ハーヴィにおけるアリストテレス主義が、その実証主義と矛盾するものであるかのように論じて、それがハーヴィの前近代性の証拠だとしている(36)。このような意見がまちがいであることは、アリストテレス研究書のどれかをひもとけば明瞭であろう(37)。アリストテレスは、プラトンから出発したが、しだいにこれから離れ、アリストテレス主義と称せられている思想にたっした。彼の考えでは、形相は質料からはなれては存在しえないから、具体的な事物の研究による以外、これを知ることはできない。この思想は、彼の後期に力をそそいだ研究領域である生物学上の著作に、もっともよくあらわれている。アリストテレスは、これらの著作で、約五〇〇種の動物について語っており、約五〇種の動物をみずから解剖している(38)。彼は、これら多様な質料のうちから形相をさぐりだそうと試みるのである。

ハーヴィがアリストテレス主義者であることの第一の面は、上記のような、数多くの具体的事物のなかに一般的真理をさぐりだすという立場の継承者としての面である。前章のおわりに、ハーヴィが座右銘としたアリストテレスの言葉をあげたが、これは両者をむすぶこのような精神的なきずなを示している。博物学の多識と比較への傾向と、解剖学の分析的な傾向の融合が、比較解剖学、発生学の誕生をへて生理学をうみおとした地点にハーヴィは位置しており、古典時代におけるその起源がアリストテレスにあったことを考えるならば、ハーヴィのアリストテレスにたいするなみなみならぬ共感も理解できる。

神性をもった自然　しかしハーヴィは、以上のように肯定的な面でアリストテレス主義者であっただけでなく、否定的な面でもアリストテレス主義者であった。自然は無駄なことをしないという目的論的自然観からハーヴィはのがれることができなかった。彼の五つの著書のいたるところに、この自然が顔をだしてくる。

「自然がある種に注意をはらわないと、その種はすぐに絶滅してしまう」(『一般解剖学講義』)(39)。

「自然は、それぞれの動物に特殊な運動が存在するということから、さまざまな運動器官をつくった。たとえば、歩くための足を考えると、直立した動物には二本、地上を全部の足をつかって運動する動物には数本の足をつくった」（『動物の場所的運動』）(40)。

「完全で神聖な自然は、なにごとも理由なしにいたずらにおこなわない。要求のないところ、どのような動物にも心臓をあたえはしないし、また心臓が果たすべき役割をもつ前に心臓を創造するようなことはしない」（『心臓と血液の運動』）(41)。

「まだ呼吸がおこなわれていない肺においては、自然は、血液が静脈性動脈へ流れるために卵円形の孔をひらき、幼児になって自由に呼吸するようになると、自然はその孔をとじるのである」（『血液の循環』）(42)。

ハーヴィにとって、自然はすべての事物を支配し、それぞれの生物やその部分をふさわしいようにつくっている。したがって、生物体またはその部分が、どのようなしくみで、たがいに調整され、環境に適応しているかということの研究は、すべて自然という概念によって阻まれてしまう。しかも自然は、全く検証不能な存在であって、単一または有限個の実験によって、その存在を否定することも肯定することもできない。それゆえ、この概念は、実験生物学の発展によって、自動的に退治されることはなかった。このような超越的な存在の信仰は、人類の知的物質的生活の、全体としての発展のなかで、しだいに影をひそめてゆく運命にあるのだが、生物学においては、とくにダーウィン（一八〇九―八二）がはたした役割を忘れてはならない。ダーウィンの自然淘汰説が、適応と調整の機構を説得的に説明したことによって、これらの問題もまた、実験生物学の対象の範囲にもちこまれた。

アリストテレス主義と物理・化学　アリストテレス主義のもうひとつの否定的側面は、それが、機械論的世界観と拮抗したかぎりで、近代物理学・化学の成立にとっては阻止的要因として働いたことにあるかもわからない。ハーヴィ論第二部でのべたように、ハーヴィの限界は、実験技術が未発達であったこととともに、生物学外の科学、とくに化学の知識が未開拓であったことにある。そうすると、生物学のより一層の進歩には、アリストテレス主義が、間接的に不利な条件になったといえるだろう。もちろん、これらの事情は、科学内部の構造の上での限界であって、社会的、体制的要因についてふれることは、ここではひかえたい。

要約

しめ切りがせまって、あわてて書き、雑然とした論文になってしまったので、要約をつけておきたい。

1　種々の研究手段、解剖器具、動植物標本、大学附属動植物園、近代病院などの創始と改善によって、生物学が、実地の経験からもスコラ学からも独立して、実験的科学となることが可能になった。

2　この革新は、研究対象の面でもあらわれる。それは、人体から下等動物への研究対象の拡大であり、学問上の流れからみると、博物学と解剖学が合体することによってもたらされたものだと考えられる。この系譜を古典時代にさかのぼれば、アリストテレスの存在がある。ルネサンス以後では、ロンドレやブロンなどの博物学の伝統と、ヴェサリウスやファロピオなどの解剖学の伝統がむすびついた地点に、コイテルやファブリチオの比較解剖学、発生学、生理学がうまれた。

3　以上の事件は、いずれも一六世紀の中葉にはじまるので、近代生物学の胎動は、この時期に開始されたと考えたい。

4　アリストテレスから、コイテル、ファブリチオにいたるまでの先行者が、ハーヴィにわたした遺産は前述のようなものであったが、ハーヴィはこれをうけついで（1）研究に有利な動物の選択、（2）安価で下等な動物を利用した生体実験の多量実施、（3）比較的方法の応用、などの近代的研究方法を開拓した。この点に彼の業績の画期的意味がある。

5　ハーヴィのおもな限界は、その目的論的自然観であったが、これの克服には、ダーウィンの自然淘汰説をまたなければならなかった。

文献と註

（1）中村禎里「William Harvey とその生理学説」Ⅰ、『科学史研究』六八号（一九六三）、一四五―一四九ページ（本書Ⅱに「ハーヴィとその生理学説」として所収）。

（2）中村禎里「William Harvey とその生理学説」Ⅱ、『科学史研究』六九号（一九六四）、一八―二五ページ（本書Ⅱに「ハーヴィとその生理学説」として所収）。

（3）Bayon, H. P.: William Harvey, Part III, *Annals of Science*, Vol. 3 (1938), p. 440.

（4）ダンネマン（安田徳太郎・加藤正訳）『大自然科学史』二巻、三省堂（一九四一）、三四七―三四八ページ。

（5）Singer, C.: *A History of Biology*, Abelard-Schuman (1959), p. 105.
Nordenskiöld, E.: *The History of Biology*, Tuder (1928), p. 103.

（6）佐藤七郎「近代生物学史試論」『生物科学』一二巻一号（一九六〇）、三ページ。
（7）Singer, *op. cit.*, p. 133.
（8）Nordenskiöld, pp. 100, 103, なお『人体の構造』の解剖器具の図は、Singer, C.: *A Short History of Anatomy & Physiology from the Greeks to Harvey*, Dover (1957) の巻末に、人体構造図とともにのせられている。
（9）シュライオック（大城功訳）『近代医学発達史』創元社（一九五一）、四一ページ。
（10）Nordenskiöld, p. 102.
（11）*Ibid.*, p. 105.
（12）メイスン（矢島祐利他訳）『科学の歴史』上、岩波書店（一九五三）、一一二ページ、一三一ページ、二三五ページなど。
（13）Singer (8), p. 145.
（14）*Ibid.*, p. 152.
（15）Nordenskiöld, p. 107.
（16）Bayon, *op. cit.*, Vol. 4 (1939), p. 67.
（17）Leibowitz, J. O.: Early Account of the Valves in the Veins, *Jour. Hist. Med. Allied Sci.*, Vol. 12 (1957), p. 193.
（18）Singer (8), p. 151.
（19）中村（1）。
（20）中村禎里「ウイリアム・ハーヴェーの業績の特質について」『科学論報』二号（一九五九）、四五ページ。
（21）Harvey, W.: *De Circulatione Sanguinis* (1649), tr. by K. J. Franklin, Blackwell Scientific Publ.

(1958), pp. 55, 58.

(22)　デカルト（落合太郎訳）『方法序説』（一六三七）、岩波文庫、五一ページ。

(23)　Descartes, R.: *La Description du Corps Humain et de toutes ses Fonctions*, *Œuvres de Descartes*, ed. par C. Adam & P. Tannery, XI, J. Vrin (1967), p. 241.

(24)　*Ibid.*, pp. 242–243.

(25)　ハーヴィ（暉峻義等訳）『動物の心臓ならびに血液の運動に関する解剖学的研究』（一六二八）、岩波文庫（一九六一）、四二ページ。

(26)　Cole, F. J.: Harvey's Animals, *Jour. Hist. Med. Allied Sci.*, Vol. 12 (1957), p. 106.

(27)　ハーヴィ（25）、四七ページ、五八ページ、一〇四ページ。なおこの点についてくわしくは、中村禎里「ウィリアム・ハーヴェー『心臓と血液の運動』における研究方法」『科学論報』六号（一九六三）、三一一三四ページを参照されたい。

(28)　ハーヴィ（25）、四八ページ以降。

(29)　Harvey, W.: *Prelectiones Anatomiae Universalis*, tr. by O'Malley *et al.*, U. California P. (1961), p. 21. これはアリストテレスの『動物誌』からとられたものである。

(30)　ハーヴィ（25）、七四ページ。

(31)　Harvey (21), pp. 29–30.

(32)　*Ibid.*, p. 44.

(33)　Chauvois, L.: *William Harvey*, Hutchinson Medical Publ. (1957).

(34)　Harvey (21), p. 57.

(35)　*Ibid.*, p. 41. なお（34）（35）にかんしては、中村（2）を参照していただきたい。

(36) 佐藤七郎「私の科学革命観」『生物科学』一四巻一号（一九六二）、四七—四八ページ。

(37) 私のてもとにあるものをあげると、
ファリントン（出隆訳）『ギリシヤ人の科学』上、岩波新書（一九五三）、一六七ページ以降。

藤井義夫『アリストテレス』勁草書房（一九五九）、一一一ページ以降。

なお、アリストテレス学の権威であるロスの同様の見解が、上記ファリントンの著書の一七五ページにでている。

(38) ファリントン、一九二ページ。

(39) Harvey (29), p. 125.

(40) Harvey, W.: *De Motu Locali Animalium* (1627), tr. by G. Whitteridge, Cambridge U. P. (1959), p. 71.

(41) ハーヴィ（25）、一五五ページ。

(42) Harvey (21), p. 61.

ハーヴィ研究の現状

1 はじめに

ハーヴィにかんする研究は、この一〇年あまりのあいだに著しく進歩した。その原因は、一九五七年がハーヴィ没後三〇〇年にあたり、時期的な意味もあって、いらい彼の未公刊のノートが印刷されたり、彼の著作の良い現代語訳が出版されたり、現代では入手不可能になっていた現代語訳がリプリントされたりしたことにある。『心臓と血液の運動』*De motu cordis*（一六二八）のラテン語原文を付した新しい英訳本（1）が一九五七年に発行された。おなじく『血液の循環』*De circulatione*（一六四九）のラテン語原文付新英訳（2）も、一九五八年に出た。いずれも訳者はフランクリンである。ハーヴィの講義用ノート『一般解剖学講義』*Prelectiones*（一六一六―）はオマリらによって一九六一年に英訳（3）され、ひきつづきホイットリッジの英訳（4）も一九六四年に出版された。やはり講義用ノートの一部である『動物の場所的運動』*De motu locali*（一六二七）も、ホイットリッジにより一九五九年に英語・ラテン語対訳(5)で世に出た。『心臓と血液の運動』とともにハーヴィの代表作である『動物の発生』*De generatione*（一六五一）の現代語訳は、ウィリスのもの（一八四七）以後でていないが、そのウィリス訳(6)が、一九六五年にリプリントされた。

ハーヴィの業績に興味をもつ科学史家は、かならずしもラテン語に達者ではないし、ラテン語に堪能な科学史家といえども、博物館に眠っている門外不出の古原稿を丹念にいじくりまわすことは不可能であった。これらの点で、今や事態は大いに改善された。そしてまた、古原稿の校訂の過程そのもののなかで、すぐ後にのべるように、かなり決定的な発見がなされたのである。

そこで筆者は、この十数年間の研究に焦点をあてながら、戦後におけるハーヴィ研究の進歩を概括し、くわえて、いくつかの問題点における私見を付記したい。ただし今回は、ハーヴィの生理学説にかぎり、しかも進歩の趨勢のすじからはずれた研究についてはふれないことにする。ハーヴィの発生学にかんしては別の機会に報告したいが、とりあえず『動物の発生』のラテン語原文は入手しがたく、正確な現代語訳もあらわれておらず、（おそらく）したがって、『動物の発生』にかんする研究は少ないという事実だけを指摘しておこう。

話のいとぐちとして、さきほどの「かなり決定的な発見」から説明しはじめよう。ハーヴィの血液循環論が最初に表明されたのは、一六一六年に書かれた彼の講義ノート『一般解剖学講義』においてである、と長いあいだ考えられてきた。ノートにはつぎのように記されている。

水フイゴの二つの弁によって水を汲みあげるように、血液が、肺臓をとおって、たえず大動脈に運ばれることは、心臓の構造から明らかである。血液が動脈から静脈に移行することは、結紮から明らかである。したがって心臓の搏動は、血液の不断の循環運動をひきおこしている。

さて、このノートが一六一六年に書かれたものであるという定説にまず疑問をていしたのはアンダーヒル（一九〇五）であった（ベイヨン、一九三九）。最近になって、いっそうつっこんだ検討がはじまり、オマリその他（一九六一）がその先鞭をつけた。彼らによれば、ハーヴィが講義をはじめたのは一六一六年であるが、この講義は六年間でひとまわり完了することになっており、内臓にかんする講義は一六一八年におこなわれているので、血液循環についても、おそらくその年に述べられたはずである。ノートじたいは、一六・六年以後すこしずつ書きたされており、そのなかには例えば、一六二三年、一六二五年に死んだ人物の死体解剖にかんする言及や、一六二六年に出版されたリオランの著書の引用も含まれている。したがって血液循環の部分の記述年代も確定できないが、上記の講義のローテーションからいって、この記述がなされたのも一六一八年以後ではないし、一六一六年以前でもない。このようにオマリらは判断した。

ホイットリッジ（一九六四）はこの問題をさらにくわしく検討した。彼女もまた、『一般解剖学講義』が長いあいだに書きくわえられて完成された事実を確認したが、さらに彼女によれば、肝腎の血液循環の主張の部分の筆蹟が、ノートの他の多くの部分の筆蹟とあきらかに異なる。当該の部分の筆蹟は、むしろ一六二七年に書かれた『動物の場所的運動』の筆蹟に似ており、したがってこの部分は、一六二七年ごろ、あるいはさらに後にノートの本体に挿入されたものだ、と推定できる。

2 血液循環の成立年代

そこで、ひとつの大きな問題が提起された。つまり、ホイットリッジの発見は、ハーヴィの血液循環論が成立した年代をめぐるそれまでの定説の再検討を要請することとなった。

まずホイットリッジ以前の定説について説明しなければならない。ハーヴィは『心臓と血液の運動』(一六二八)の献辞において、じぶんの見解は九年あまりまえから医師たちの眼前で示されてきた、とのべている。したがって、血液循環論が遅くとも一六一九年に成立していたことは、ほぼまちがいない。ただし、血液循環論が、それ以前に成立していた可能性も、もちろん否定できない。少なくとも一六一六年には血液循環論は誕生していた、とすべての研究者は確信していた。なぜなら、上述の講義ノート『一般解剖学講義』は、一六一六年のものだとされていたからである。さらに二年さかのぼって、一六一四年にハーヴィが血液の循環を説いたことの「証拠」があった。ベイヨン(一九三八)が指摘したところによれば、パワーが一六五二年(ハーヴィ存命中)に書いた原稿に、ハーヴィの血液循環論は一六一四年に創始された、と記されている。

文献学的な推定は以上のとおりであるが、状況的証拠にもとづく議論によれば、実は血液循環論は、ハーヴィのパドヴァ時代(一六〇〇―〇二)にまで遡ることができる、とする説が有力であった。ショーヴォア(一九五七)、パチーニ(一九五七)、キルガー(一九六一)などが挙げる論拠をまとめるとつぎのようになろう。第一にハーヴィがボイルの質問にこたえて、血液循環の着想は、静脈弁の配置の方向性にかんする知識からきた、とのべた事実が知られている。ハーヴィのパドヴァ時代の師ファブリチオは静脈弁の発見者の一人である。キルガーらによれば、ハーヴィはパドヴァ滞在中、ファブリチオの教示にふかい印象をうけ、彼の心の中に血液循環の着想が胚胎する。第二に、肺循環の主張は明確に、体循環の主張もあいまいではあるが、当時のイタリアの解剖学者たち、たとえばチェザルピーノの著作にみられる。したがってハーヴィは、これらの著作を読んでいたにちがいない、とパドヴァ時代起源論者は強調する。

血液循環論の成立年代をめぐる以上さまざまな論議のうち、ホイットリッジの発見によって破られたのは、ハーヴィの講義ノート『一般解剖学講義』における記述の年代だけであろう。しかし、この証拠は、もっとも信頼度がたかいものであっただけに、議論の平衡がくずれはじめてきた。

ケインズ（一九六六）は、『一般解剖学講義』における弁の機能についての次のような主張は、血液循環論と両立しないという。

心臓や他の静脈において、弁は（脈搏伝達の方向と）反対の方向に配置され、脈搏をくいとめている。

ケインズの意見では、この議論は、静脈の働きが重力の方向にむかう血流の調節にあるというファブリチオの説のレベルにある。もしそうだとすると、第一に、一六一六年ごろにはハーヴィは血液循環論に到達していなかった、と判断できよう。そして第二に、ハーヴィはパドヴァ時代に静脈弁の存在を教えられたであろうが、その知識は、すぐには血液循環論にはむすびつかなかった、という結論がえられる。なおケインズは、パワーの記述は彼の誤認だとしりぞけ、血液循環論の成立期を一六一九年ごろに求める。

しかし筆者（未発表）は、『一般解剖学講義』における弁の記述が、非循環論的であるとはかならずしも思わない。ハーヴィによれば、脈搏は、心臓からおしだされる血流の血管壁への衝突によって生じる。そうだとすると、上の記述は、むしろ、血液が心臓から静脈には流れこまず、動脈にのみ流入すること、また静脈中では末端から心臓の方向にのみ流れることを明らかにしているのであり、血液循環の主張と両立すると考えられる。

いずれにせよ、血液循環が一六一九年以前に着想された可能性は依然として棄てられない、と筆者は結論したい。けれどもシンガー（一九五六）および筆者（中村、一九六三、一九六六）が強調したように、血液循環論の着想と実証は、べつの事件でありうる。血液循環の着想は、かなり早期に得られた可能性がつよいが、その着想が実証されたとハーヴィが確信するにいたった時期は、一六一九年ごろであるかもしれない。確信にたっしたのち、彼はじぶんの主張を公開しようと決意しえたのではなかろうか。

3　心臓とポンプとの類比

筆者（中村、一九六三、一九六六）は、ハーヴィを機械論者とみなす誤解を批判し、反証として次の諸点をあげた。第一に、機械論的思想が力学以外の学問にまで拡がるのは、一七世紀の第二四半期以後であるが、血液循環論の着想はおそらく一六〇〇年ごろになされた。第二に、ハーヴィはアリストテレス主義者であり、そのことはハーヴィの著作を検討すれば一目瞭然であろう。第三に、ハーヴィが心臓をポンプと類比していることが、彼が機械論者であることの証拠だとしばしば説かれているが、アリストテレスでさえ動物を操り人形に類比しており、機械との類比に深刻な意味を付与する理由はない。第四に、ハーヴィの力学的思想のあらわれとしばしばみなされている定量的測定なるものは、きわめて粗雑であり、たんなる予備的概算の意味しかもたない。

これらのうち第一点には、ホイットリッジ、ケインズの問題提起がかかわってくるが、いずれにせよ一六一九年には血液循環論は成立していたと考えられるので、筆者の議論はくずれない、と思われる。他の諸点のうち、第二点と第四点はあとまわしにし、まず第三点について検討することにしよう。ハーヴィの成功の原因を、心臓とポンプなどの装置との類比にもとめる主張は、ひろくゆきわたっている。ウッジャー（一九五二）、メイスン（一九五三）、バナール（一九五四）、佐藤（一九六〇）、原（一九六一）など、その例をあげればきりがない。ところで、これらの著作を一べつしてみて、そのいずれもハーヴィにかんする専門論文ではなく、通史のたぐいであることが知られよう。通史の著者たちは、ハーヴィに直接にあたっていないため、このような結果が生じたのであると思われる。

前章でのべたように、心臓と水フイゴとの類比は『一般解剖学講義』においてなされている。「心臓ポンプ説」から、ハーヴィが機械論者であったと論じる人たちは、もっぱらこの水フイゴ記述に依拠していた。したがってハーヴィの心臓ポンプ類比について語るのは、正確にいえばまちがいであり、心臓水フイゴ類比と表現されるべきであった。どうでもよい些細な差異のようだが、この差異は、二、三の研究者によれば、大きな意味をもつ。

そこで、水フイゴとポンプとの違いを説明しなければならない。ポンプとしてもっともありふれた型である押しあげポンプは、固定した円筒の中を弁つきのピストンが上下することによって、水を排出する仕かけになっている。一方水フイゴは、柔軟な弁と伸縮性の本体をもった装置であり、古代から冶金のための送風につかわれていた風フイゴの改変物である。バーサラ（一九六二）は、このような相違を指摘し、心臓はポンプにではなく、水フイゴに似ており、ハーヴィはもっとも適切なモデルを選んだ、と指摘した。

キール（一九六五）も、水フイゴのほうが、ポンプよりも心臓に似ていると認める。しかし水フイゴは、当時イギリスではほとんど使われていなかったので、ハーヴィがそれを見たとしたら、大陸旅行中においてであったろう。このように彼は考察し、さらに、心臓との類似性はおちるが、ハーヴィの念頭にあったのが、押しあげポンプであったかもしれないと論じる。ハーヴィの兄弟の家から二―三〇〇ヤード以内のところに、ロンドン橋名物の押しあげポンプがあった。キールの意見では、ハーヴィがこのポンプに興味をひかれたことは疑いない。ちなみにキールは、ハーヴィが『血液の循環』（一六四九）においても、心臓を押しあげポンプのピストンに類比していると述べているが、これは誤解である。彼はウィリスの訳をそのまま使ったので、こう誤解したのだが、ウィリス訳の piston of a forcing pump の部分のラテン語原文は sypho である。

この問題をとらえてウェブスター（一九六五）は、大いに議論を発展させた。ウェブスターも、心臓が押しあげポンプよりは水フイゴに似ているとまず認め、ハーヴィが機械的類比をおこなうさい、きわめて注意ぶかいのが通例だから、彼の念頭にあったのが押しあげポンプであるはずがない、と主張する。しかしバーサラが紹介したような水フイゴは一七世紀にはほとんど使われていなかった。ところが、うまいことにハーヴィが特殊なフイゴポンプを知っていたことを示す証拠がある。そこでウェブスターは、『血液の循環』のつぎの部分を引用する。

サイフォンの力と圧力により、水が鉛の導管に押しあげられるとき、排出される水の流れのようすで、この装置が一回一回圧縮されるのを見分けることができる。また、一回の圧縮にともなう水流ごとに、開始、進展、絶頂を区別することができ、その点で、切断した動脈の開口部でみられる状態に似ている。

ハーヴィはここで、切断された動脈から、血流が遠く近く奔出するさまを描いている。さきほどキールの説を紹介したときふれたように、ウィリスは上記引用文の「サイフォン」を piston of a forcing pump と訳した。ウィリスが「サイフォン」を押しあげポンプと理解したのには、それ相当の根拠がある。なぜなら、現義どおりのサイフォンが、圧縮されることはありえないし、水を押しあげたり、圧力の変化にしたがって水の流出の勢いを変じたりすることもありえない。文章の内容からいうと、この「サイフォン」は、ポンプでなければならない。とはいえ、「サイフォン」を「押しあげポンプのピストン」と訳すのは無理にすぎよう。

ウェブスターはそこで、「サイフォン」の語義について検討する。ハーヴィの時代「サイフォン」は二つの意味に使われていた。そのひとつは現義どおりのサイフォンであるが、あとひとつは、消防用のポンプ装置である。それは、革のフイゴによって連結された二つのベル状の真鍮の容器を本体とし、金属性の導管を上のベルの頂点から斜上方に突出させている。この装置は半分だけ水に浸され、底の弁をとおって水を内部に入れる。上のベルの内部にも弁が配置され、水が導管にむかうことを可能にしている。テコによって下のベルが上下し、フイゴが圧縮されるごとに、水が導管から斜上方に投射される。このように、当時の消防ポンプは、いかにも心臓に似ているし、『血液の循環』のサイフォンはもちろん、『一般解剖学講義』の水フイゴも、実は、このポンプを指すのではないか、とウェブスターは推定した。

さてつぎに、時間の要素をウェブスターにしたがって検討しよう。上記の型の消防ポンプがロンドンに現われたのは、一九二六年以後のことである。それゆえ、ハーヴィが心臓と水フイゴまたは消防ポンプとの類似に気づいたのは、一六二六年よりも後であろう、とウェブスターは主張し、ここで例のホイットリッジの研究を引用する。つまり、『一般解剖学講義』における水フイゴの記述が、ノート本体への後からの挿入であり、挿入時期は、一六二七年またはそれ以後であるとするホイットリッジの結論とウェブスターの見解は一致する。しかもなお、血液循環論の着想は遅くとも一六一九年にはえられていることも証明されているのだから、水フイゴと心臓との類比は、血液循環論の成立には関係ない、ということになってしまう。したがって、ウェブスターの結論はつぎのようなことになる。

多くの科学史家はハーヴィの「ポンプ類比」をとらえて、これが血液循環にかんするハーヴィの思索に関連していると想定したり、ハーヴィを機械論哲学の線上で理解しようとしたりしているが、この類比を注意ぶかく検討すれば、彼らの理解がまちがっていることがわかる。「ポンプ類比」は、ハーヴィのアリストテレス主義を過小評価しようと試みる科学史家の手で誇大化されている。

ほぼ同様の見解をキールやパーゲル（一九六七）もあきらかにした。とくにパーゲルは、ウェブスターの主張を受けいれ、さらに心臓をフイゴと類比したのは、なにもハーヴィがはじめてではない、と指摘した。ハーヴィの心臓運動論の打倒目標であったガレノスじしん、心臓をカジ屋のフイゴに類比している。ガレノスは、フイゴが空気を吸引するように、心臓は血液を吸引するのだ、という。

筆者の意見はこの章のはじめにのべたが、水フイゴまたはポンプとの類比を仰山に意味ありげに扱うのが第一におかしいのであって、ガレノスのような目的論者＝反機械論者にとっても、生体の働きのうち力学的に説明しやすい現象について、機械の比喩を使うのは、ごく自然だと言いたいのである。ハーヴィが、生命現象と機械との類比に大した意味をもたせておらず、それどころか、そうしてはならないと考えていたことを示す、決定的な証拠が、実は存在する（中村、未発表）。ハーヴィは『動物の発生』（一六五一）の序文において、ファブリチオが器官形成の順序を説明するさい、機械的な原理からの推論に逃げている、と批判している。ファブリチオは、器官の形成と家屋や船舶の建築との類比を利用したのだった。機械との類比でなくて、綿密な観察にもとづいて立論しなければならない、と説くハーヴィにとって、心臓と水フイゴ（またはポンプ）との類比に、どれだけの意味がありえたであろうか。

4　定量的測定

ハーヴィが機械論的生理学者であることの証拠のひとつは、彼が力学的方法、つまり定量的測定にもとづいて、血液の循環を証明した点にある、としばしば主張されてきた。ところが、この見解にかんしても、最近あいついで、何人かの研究者たちにより疑問がなげかけられた。

問題は四つの階梯にわかたれる。まずはじめに、ハーヴィの成功が、はたして測定にもとづくものであったかどうか、検討されなければならない。つぎに、第一点の答えがどうであろうと、ハーヴィじしんは、自分の測定の意味をどのように評価していたかが問題になろう。第三に、血液循環の研究におけるその意義は別として、ハーヴィがある種の測定をこころみたのは事実であり、その測定が、生物学史上どのような位置にあるか、考察されるべきである。第四に、いずれにせよハーヴィの測定は、どこまで彼の思想にとって本質的であったか、吟味しなければならない。

第一の点から検討すると、ペラー（一九四九）、とくに最近ではパーゲル（一九六七）が、血液循環論の成立のさい、測定がはたした役割を重要視している。ペラーについてはのちにとりあげるとして、パーゲルの主要な論拠は、『心臓と血液の運動』（一六二八）のなかのハーヴィの議論において、血液量の考察が軸になっているという点にある。しかし、『心臓と血液の運動』その他のハーヴィの著作をよく調べてみると、必ずしもそうはいえない。ハーヴィにおける測定の役割に最初に疑問をていしたのはキルガー（一九六二）であった。ハーヴィは、一定時間に心臓から排出される血液量が、体内で消費されるにはあまりに多いから、その血液は静脈を経て心臓に流れもどるにちがいない、と主張するのだが、キルガーは、ハーヴィが「測定」した血液流出量は、現在とられている値の三六分の一にすぎない、と指摘し、ハーヴィはバカバカしいほど不正確な測定を行なった、とのべている。

つづいてジェヴォンズ（一九六二）、筆者（中村、一九六三）、キール（一九六五）、ゲスリン（一九六六）が、ハーヴィの「機械論的測定」説にたいする疑問点をいくつか追加した。彼らの意見のうち、主要な部分だけを紹介することにしよう。第一に、ハーヴィがあげている数字のほとんどが、実は見当づけのための目分量であって、実際に測定がなされたのは、死体の左心室内の血液量と、ヒツジの全血液量だけである。しかもハーヴィの議論のすじみちで、この二つの測定量には、ほとんど重要性があたえられていない。第二に、ハーヴィの定量的な考察も、血流の一方交通などの定性的知見を前提としてのみ可能になっている。一定時間に心臓から流れでる血液がいくら多くとも、血液が逆流しえるものならば、その血液量が体内で消費されるにはあまりにも多すぎる、という結論は必ずしもでてこない。

このように、ハーヴィの成功の決定的原因が測定にあったとは考えられない。ではハーヴィじしんは、そのことを意識していたかどうか。これがさきほどあげた第二の点である。結論をさきにいえば、ハーヴィはそのことをなかば意識していた、と筆者（未発表）は考えている。まずハーヴィは『心臓と血液の運動』の第一四章で、

いくつかの計算と肉眼でみとどけた実証とによって、余のすべての仮説は確証された。

といっているが、筆者（中村、一九六三）がすでに指摘したように、おなじ『心臓と血液の運動』の第八章では、血液量の「測定」は、血液循環を実証した方法としてではなく、その着想の動機として語られている。ハーヴィの言葉を引用しよう。

もし血液が、動脈からふたたび静脈にどうかして帰って来ず、また右心室に帰って来ないならば、摂取した食物の液汁をもってしては、静脈がついには空虚になり、静脈の血液を残らず汲みだしてしまうことを妨止するにたりないのみか、さらに他方では、血液を過度に圧入された動脈が破綻するのをどうすることもできないことを察知した。そこで余は、血液がある種の運動、いわば循環運動をするのではないか、とみずから考えはじめた。

ここで、さきほどのべたペラーの主張について論評しておきたい。ペラーは、実は、定量的実験または測定が血液循環論を成立させた、とは言っていない。ハーヴィは定量的な推論を実験によってアポステオリに例証したのだ、というのがペラーの見解であり、それと筆者の主張との距離は相対的なものでしかない。

話を本すじにもどすと、ハーヴィは、血液量概算の前提として、定性的知見が必要であったことをも認めている。彼は、『心臓と血液の運動』でつぎのように語る。

心臓がいくらかの量の血液を（大動脈に）押しだすことは、……弁の構造についてのすべての証拠から認められる。……そこでヒトのばあい、一回の心搏にさいして心臓から押しだされ、弁の障壁のために心臓に戻ることができない血液量として、半オンスすなわち三ドラクム、あるいは少なく見つもって一ドラクムの値をとろう。

つまり、概算の前提として、心臓の弁の働きの発見、あるいは血液の一方交通の知識が客観的に必要であっただけでなく、ハーヴィじしんが、そのことを意識していたのだ。

ハーヴィが概算を血液循環の決定的な証明と考えていなかったことを示す、あとひとつの重要な根拠が存在する。それは『一般解剖学講義』における彼の血液循環説の叙述である。第一節で明らかにしたように『一般解剖学講義』のこの部分は、一六二七年以後、いいかえれば『心臓と血液の運動』の原稿と同時代またはその後に書かれたらしい。そうだとすると、『一般解剖学講義』における記述は『心臓と血液の運動』における議論のハーヴィみずからの手になる簡潔な要約とみなしてよい。一七二―一七三ページの引用をみていただければわかるように、そこでは、血液循環の証拠として、心臓の構造と結紮実験があげられており、測定については一言も費やされていない。

以上のようなわけで、ハーヴィの「測定」が粗雑な目分量概算にすぎず、ハーヴィもそれを決定的な手段だと考えていなかったとしても、それはそれで、生物学の研究への「量の導入」を試みた点で、生物学史的にみて重要ではないか、という議論もありえよう。これが本章冒頭であげた、問題の第三階梯であった。その点についてジェヴォンズ（一九六二）は、ハーヴィの先行者または同時代人がハーヴィのそれよりもはるかに明確な測定実験をおこなっている事実を指摘し、ハーヴィの「測定」が彼の功績とは言えない、と主張する。たとえばガレノスですら、一日の尿排出量と飲水量が等しいと記している。

筆者（中村、一九六三）は、ハーヴィが機械論者であったということはありえないが、力学の研究そのものが彼に影響をあたえ、ハーヴィをして血液量の概算を行なわしめたことはありうる、と述べたが、現在の筆者は、この点、再考慮してみたいと思っている。

最後に、本章冒頭にあげた第四の階梯として、ハーヴィの測定あるいは計算と、彼の自然観との関連の吟味が残されている。この問題では、つぎのキール（一九六五）の議論が重要であろう。キールによれば、近代力学を創始したガリレイの測定は、彼の自然観と不可分な、本質的な意味をもっている。ガリレイは、物体の性質を形、大きさ、量、運動などの第一性質と、味、香、音のような第二性質とに分け、第一性質だけが本質的で、しかも測定しうる、科学の対象となりうる性質だとみなした。一方、ハーヴィは、第一性質と第二性質を区別してもいないし、研究の対象を第一性質に限ってもいない。それゆえ、ハーヴィが測定をしたとしても、それが彼の研究方法において、本質的なものであるはずがない。キールはこのように論証する。血液循環の発見にさいし測定が大きな役割をはたしたと強調するパーゲルも、この点ではキールと意見がおなじである。パーゲルはいう。測定はハーヴィにとって、自然の象形文字を解読する鍵ではありえなかった。

ハーヴィの「測定」をめぐる議論全体について総括するとして、筆者は、つぎのジェヴォンズの意見に全面的に賛成したい。人びとは、近代科学の定量的方法の成功にひきよせて、ハーヴィにおける量的考察の意味を過大評価している。解剖学的証拠と動物実験とを結びつけた点で、ハーヴィは無比の才能を示した。そのうえハーヴィを、一九世紀的科学の英雄の墓に、無理して押しこむ必要があろうか。

5　ハーヴィとアリストテレス主義

ハーヴィがアリストテレス主義者であり、血液循環論の着想もアリストテレスの宇宙論の系譜につながると、精力的に説きつづけてきた有力な研究者はパーゲル（一九五一、一九五七、一九六七）であった。彼は自説の証拠として、第一に、血液循環論をふくむハーヴィの理論には、アリストテレスの宇宙論の基本的思想が浸透しているという。アリストテレスの宇宙論においては、天空界の円環運動こそ、もっとも高貴な運動であり、この大宇宙の運動を、小宇宙つまり人体が真似ようとつとめている。ハーヴィの先行者やハーヴィじしんの血液の循環論は、このようなアリストテレス主義の土壌に培われて誕生したのだ、とパーゲルは主張する。ハーヴィがアリストテレス主義者であることの第二の証拠としては、パーゲルはハーヴィの生気論をとりあげる。彼によれば、ハーヴィはその生理学において「霊魂」のような非物質的な実体に、大きな役割を与えている。さらに第三の証拠として提示されるのは、ハーヴィの認識論である。パーゲルは、『動物の発生』（一六五一）の序論におけるハーヴィの議論が、アリストテレスの『分析論後書』*Analytica posteriora* と『自然学』*Physica* のひきうつしだ、と指摘し、つぎのようにのべている。ハーヴィは、知識が感覚に発し、それが一定の秩序にしたがって科学的認識にいたる、と主張しているが、この点で彼は、アリストテレスとともにプラトン流の観念論と立場を異にしている。またハーヴィは、具体物から普遍にいたる分析的方法と、普遍から具体的な個物にむかう綜合的方法とを区別しており、このような方法論は、パドヴァにおけるアリストテレス主義のものであった。

以上のパーゲルの論点を順番にとりあげてゆこう。まず、ハーヴィの血液循環論がアリストテレス的宇宙論に由来するという見解の証拠に、パーゲルは、『心臓と血液の運動』(一六二八)からつぎのくだりを引用する。

余は、血液がある種の運動、いわば循環運動をするのではないか、とみずから考えはじめた。余は後にいたってそれが正しいことを見いだした。……この運動はアリストテレスが天候と雨とを天界の循環運動になぞらえたのと同じ意味において、循環運動と名づけてよいものである。

アリストテレス主義のようなハーヴィをとりまく時代の思潮が、合理的思惟よりも深層の意識において、ハーヴィの着想にある役割をはたした可能性は否定できない。けれども、この『心臓と血液の運動』のなかの叙述は、血液循環論のアリストテレス宇宙論起源説を支える証拠にはならない。じつはパーゲルは、不公正な省略引用法をこころみているのだ。上記の引用文だけを、全体の文脈からはずして読むと、ハーヴィはパーゲルが主張するとおり、アリストテレスの理論に循環の着想をえたのだと理解したくなる。ところが、このくだりの前に、第四節で引用した血液量概算にかんする記述の部分が位置してくる。くりかえしになるが再引しよう。

もし血液が、動脈からふたたび静脈にどうかして帰って来ず、また右心室に帰って来ないならば、摂取した食物の液汁をもってしては、静脈がついには空虚になり、静脈の血液を残らず汲みだしてしまうことを妨止するにたりないのみか、さらに他方では、血液を過度に圧入された動脈が破綻するのをどうすることもできないことを察知した。そこで余は、血液がある種の運動、いわば循環運動をするのではないか、とみずから考えはじめた。

つまり、「血液がある種の運動、いわば循環運動をするのではないか」という言葉は、文脈からいって、その前に書かれた血液量概算の議論を受けているのであり、原文ではパラグラフを改めて後に来ているアリストテレスの循環論には決して接続していない。したがってハーヴィからの省略引用に依存して、自説を裏づけようとするパーゲルの論法は、正当なものだとはいえない。

ところで、問題のアリストテレスへのハーヴィの言及について、パーゲルの解釈と別の理解がなされるべきだ、とする主張がある。ゲスリン（一九六六）によれば、ハーヴィは、ここで、血液循環のような生命現象も天候のような無生物界の現象もおなじメカニズムで説明できると考え、かくて生体の機能にメカニカルな分析を適用することに成功した。しかしゲスリンの意見も証拠不充分であろう。なぜなら、生命現象と非生物界における現象の共通性の示唆が、生命現象の物質性の主張だと同定することは必ずしもできない。逆に無生物界における生命原理の存在の主張であるかもわからない。ハーヴィのばあいはもちろん、アリストテレスのばあいでも、彼らの自然観が原始的な物活論であるはずはないが、アリストテレスやハーヴィの「目的をもった自然」という概念は、生物の働きになぞらえた自然解釈の産物だともいえる。

つぎにハーヴィの生気論について検討しよう。パーゲルは、たとえば、「血液はそれじたい霊魂である」というハーヴィの思想をとりあげるのだが、筆者（一九六四a）が明らかにしたとおり、「霊魂」は、ハーヴィにとってそれほど重要な実体ではない。とくに最後に書かれた『血液の循環』（一六四九）においては、霊魂はおろか、「精気」のようにより物質的な実体からも、生体内における特殊な役割を奪いさってしまった。筆者は、少なくとも晩年のハーヴィは、生気論から大きく遠ざかりつつあった、と考える。ただし、さきほどもふれたとおり、ハーヴィがアリストテレスとともに、生涯をつうじて目的論的自然観の信奉者であったことは疑えない。この点については、他の機会（中村、一九六四b）で論じたことがあるので、ハーヴィの言葉としては一例をあげるにとどめる。彼は『心臓と血液の運動』においていわく。

完全で神性をもった自然は、なにごとも理由なしにいたずらに行なわない。要求のないところ、どのような動物にも心臓をあたえはしないし、また心臓がはたすべき役割をもつ前に、心臓を創造するようなことはしない。

ハーヴィのアリストテレス主義にかんして、もっとも重要なのは、両者の認識論の一致であろう。

この点でのパーゲルの指摘は、完全に正しい。アリストテレスの考えでは、形相は質料からはなれては存在しえないから、具体的事物の研究による以外これを知ることはできない。この立場は、ハーヴィの研究活動においても、彼の思想においても一貫してみられる。前述の目的論者としての特徴をふくめていえば、アリストテレスとハーヴィの立場は、いわば、経験論的目的論とでもよぶべき共通項でくくられる。

6　ハーヴィにおける生理学思想の変遷

ハーヴィの初期の著作と後期のそれとを比較してみると、いくつかの問題点について、重要な変化がみられる。このことは、エントラルゴ（一九五七）、ショーヴォア（一九五七）、筆者（中村、一九六四a、一九六六）、ヒル（一九六四）により指摘されている。なかでも、もっとも系統的にこの問題を論じたのは、筆者の論文（一九六四a、一九六六）であるから、その要点をまず示しておこう。『血液の循環』（一六四九）を、ほぼ二〇年前に書かれた『心臓と血液の運動』（一六二八）および『動物の場所的運動』（一六二七）と比べてみると、ハーヴィは、第一に、精気が霊魂とむすびついているという初めの見解を撤回する。第二に、血液循環の役割のひとつは、精気を運ぶことにあるとする以前の主張を拒む。第三に、心臓の運動の原因を精気にもとめるかつての自説を暗に否定する。全体として変化は、生気論からの脱出の方向にむかうのだが、事のすべてを詳説する余裕がないので、ここでは第三の点を中心に論じたい。

『心臓と血液の運動』でハーヴィは、心臓の運動の基本は心筋の収縮であり、心筋の収縮は精気の働きにもとづくと考えた。しかも彼によれば心臓は、体のなかでもっとも熱い部分であり、血液はここで熱と精気を賦与され、それらを体の他の部分に配分すべく循環する。一方、その二〇年あまり後、『血液の循環』においてハーヴィは、心臓の運動の基本は、その拡張であると主張した。そして彼によれば、心臓の拡張は、みずからの熱によって湧きあがる血液の膨脹の結果にほかならない。つまり一六二八年と一六四九年のあいだにハーヴィは、心臓の運動機構について、見解の根本的な転回をおこなっている。では、その転回をもたらした原因はなにだろうか。この問題に、心臓と血液の主導―従属論がからんでいるとする認識においては、エントラルゴ、筆者およびヒルの意見は一致している。一六二八年のハーヴィはアリストテレスとともに心臓中心主義者であり、したがって心臓が血液を動かすと考えた。ところが、そののち何らかの理由によって、ハーヴィはアリストテレスの説からはなれ、血液中心主義に転じ、血液が心臓を動かすと信じるにいたった。

そこで、心臓中心説から血液中心説への転換が、なにによってもたらされたかが、大きな問題であろう。筆者（中村、一九六四a、一九六六）は、ハーヴィの見解の変化は、彼の観察の結果にもとづくのだ、と推定した。『動物の発生』（一六五一）においてハーヴィは、血液中心説の根拠として、ニワトリその他の胚で血液が最初にあらわれること、死につつある動物で心臓が止まっても血液はかすかに動いていること、冬眠中の動物は心臓の搏動を止めているのに生きており、しかも血液をふくんでいること、をあげている。以上の観察結果のすべてが正しいとはいえないけれども、ハーヴィが、これらの観察をじぶんでは正確だと考え、その観察が、血液中心説の形成にさいして一定の役割をはたしたことは否定できないであろう。にもかかわらず、二、三の観察結果にもとづいた合理的思索だけによって、ハーヴィが血液中心説に帰依したのだとも、必ずしも考えられないことが、つぎにのべるように明らかになってきたので、筆者の以前の見解には補足を必要としよう。

再検討のいとぐちとして、パーゲル（一九六七）の意見を紹介する。彼によれば、発生過程において最初にあらわれるのが血液であるとする主張は、べつに『動物の発生』にはじまったのではなく、ハーヴィの初期からの一貫した考えであった。パーゲルは、その証拠として『心臓と血液の運動』（一六二八）第四章の一部を引用する。ここではパーゲルの指摘のとおり、血液から心房が生成すると、あきらかに述べられている。ところがおかしなことに、おなじ『心臓と血液の運動』の第一六章と第一七章では、心臓が他のすべての部分の始源であると強調されている。第四章と第一七章の関係箇所を比較してみよう。

他の部分が現われるまえに、搏動する血液の滴点が出現する。滴点が大きく……なると、そこから心房が形成される（第四章）。

我われは、心臓の優位性についても、アリストテレスの意見に賛成しなければならない。そして、心臓が血管や血液などの始源であるかどうか問うことを慎まなければならない。……かくて、最初につくられた心臓によって、自然は、動物全体が形成され、養育され、完成される……よう意図する（第一七章）。

以上の引用から、ハーヴィの内面における、ある種の動揺がよみとられはしないだろうか。ハーヴィみずからの観察に由来する血液始源説と、アリストテレスの権威にもとづくアプリオリの心臓中心説とのあいだの動揺が、『心臓と血液の運動』に存在する、と筆者（未発表）は考える。おそらくハーヴィは、『心臓と血液の運動』以前に、発生過程の最初に血液があらわれる経過を観察したのであろうが、その観察結果が、心臓中心説からの離反に結びつくまでには、そして観察結果の正確さに自信をもつにいたるまでには、一定の時間が必要だったのであろう。

それでは、この一定の時間のあいだに、ハーヴィの内面には何がおきたのだろうか。ヒルは、『心臓と血液の運動』の一六二八年と『血液の循環』または『動物の発生』の一六五〇年前後のあいだに、イギリス市民革命が介在する、と指摘した。ハーヴィは『心臓と血液の運動』において、心臓を王になぞらえて、心臓中心説を表明しており、この類比は絶対君主制の支持を意味する、とヒルは論じている。さらに彼によれば、『血液の循環』と『動物の発生』における血液中心説は、制限君主制を含意する。けれども、このような議論には、一人の科学者の理論的変遷を、社会の変動と性急に短絡してしまう危険が感じられる。むしろ筆者は、時代全体の大きな流れ、つまりアリストテレス主義の凋落の影響を考慮にいれるべきだ、と考えている。

そのことに関連するが、筆者（中村、一九六四a、一九六六）は、心臓中心説から血液中心説への移行だけでは、ハーヴィの見解の変貌の全体をとらええない、と考えた。ここでデカルトが登場する。彼は『人体の記述』*De corps humain* において、ハーヴィの心臓運動論は、心臓を動かす力の実体を明らかにしていない、と批判した。『心臓と血液の運動』のハーヴィにとっては、その力の実体は、心筋にふくまれる精気である。したがって、精気という概念のあいまいさを、デカルトがついたのだといえよう。かくてデカルトが提出した代案は「熱機関説」であった。彼によれば、心臓に流入した血液は、心臓の熱をうけとって沸騰し、心臓を拡張させる。

ハーヴィは『血液の循環』で、デカルトの名をあげて、彼の説に反論をくわえた。しかし実際に反論の内容を検討してみると、それは反論というよりは妥協、妥協というよりは自説の撤回である。すなわち、『心臓と血液の運動』の心筋収縮説をとりさげ、血液沸騰説に賛意を表している。ただ、この時期のハーヴィは、すでに血液中心論者であったから、デカルトとちがって、心臓が血液を沸騰させるのではなく、血液がみずからの熱で沸騰する、と考えた。ハーヴィのデカルト反批判の実際上の内容は、まさにこの一点につきる。

念のためにつけ加えておきたいが、筆者は、デカルトの批判が、ハーヴィの心臓運動論の変化のクリティカル・ポイントだったと主張しているわけではない。またハーヴィが機械論者に変身したと論じているわけでもない。当時うつぼつとして興りつつあった機械論的自然観の影響が、ここまでも波及したのだ、と考えているのだ。

7　結　論

この論稿全体で、つぎの諸点を明らかにしようとした。

(1)　血液循環論の成立

ハーヴィの血液循環論は、いくつかの段階を経て成立したと思われる。まず彼は、静脈弁の配置と心臓の構造から、血流の一方交通の事実を知る。つぎに血流量の概算をおこなう。この二つの達成をつなぐことによって、ハーヴィは血液循環の着想をえた。ただし彼の意識の深層においては、アリストテレス流の宇宙論が作用していたかもわからない。さいごに、この着想の実証段階がくる。実証方法の詳細については筆者は、他の論文（中村、一九六三、一九六六）で考察したので、本稿ではほとんどふれなかったが、実証の段階で決定的な役割をはたしたのは結紮実験であった。

（2） 心臓運動論の変化

心臓運動論の変化は、つぎのようないきさつで進行したと思われる。まずハーヴィは、発生過程における血液の始源性を認めた。この知見が血液中心説に彼を誘う。一方彼は、精気の概念の重要性に疑問をもつ。ちょうどその頃、デカルトの「熱機関説」が出現した。ハーヴィの晩年における心臓運動論は、「熱機関説」と血液中心説の交配によって誕生したと思われる。

（3） ハーヴィの思想

ハーヴィは、基本的にはアリストテレス主義者であったし、彼の成功は、まちがいなく、アリストテレスの生物学のよき方法、経験的、実証的方法にもとづいている。ハーヴィが機械論者であったことは、彼の生涯をとおして一度もなかった。ただ彼は晩年になって、アリストテレス主義の退潮と機械論的自然観の進出の影響を、なんらかの形でうけはじめたと考えられる。しかしハーヴィの時代においては、機械論的自然観の影響は、生物学の進歩にとって有利であったとは、かならずしも言えない。一六四九年のハーヴィの心臓運動論は、デカルトの説に大幅に近づくとともに、一六二八年の正しい主張の放棄に到達した。

文　献

A　ハーヴィの著作の英訳

（1）Tr. by K. J. Franklin: *De Motu Cordis*, Blackwell Scientific Publications (1957).

（2）Tr. by K. J. Franklin: *De Circulatione Sanguinis*, Blackwell Scientific Publications (1958).

（3）Tr. by C. D. O'Malley *et al.*: *Prelectiones Anatomiae Universalis*, U. California P. (1961).

（4）Tr. by G. Whitteridge: *Prelectiones Anatomiae Universalis*, Livingstone (1964).

（5）Tr. by G. Whitteridge: *De Motu Locali Animalium*, Cambridge U P. (1959).

（6）Tr. by R. Willis: *The Works of William Harvey*, Johnson Reprint Corp. (1965).

なお、本文中および上掲著作表の *De Motu Cordis* は正確には、*Exercitatio Anatomica de Motu Cordis et Sanguinis in Animalibus* の略、*De Circulatione* または *De Circulatione Sanguinis* は *Exercitatio Anatomica de Circulatione Sanguinis* の略、*Prelectiones* は *Prelectiones Anatomiae Universalis* の略、*De Motu Locali* は *De Motu Locali Animalium* の略、*De Generatione* は *Exercitationes de Generatione Animalium* の略である。

B　研究書・研究論文

Basalla, G. (1962): William Harvey and the Heart as a Pump, *Bull. Hist. Med.* **36**: 467–470.

Bayon, H. P. (1938): William Harvey, Physician and Biologist, Part I, *Ann. Sci.* **3**: 59–82.

Bayon, H. P. (1939): Allusion to a "Circulation" of the Blood in MSS. Anterior to De Motu Cordis 1628, *Proc. Roy. Soc. Med.* **32**: 707–718.

Bernal, J. D. (1954): *Science in History*, Watts. 鎮目恭夫・長野敬訳（一九五五―五六）『歴史における科学』

Ⅰ—Ⅳ、みすず書房。

Chauvois, L. (1957): *William Harvey: His Life and Times: His Discoveries: His Methods*, Hutchinson Medical Publ.

Entralgo, P. L. (1957): Harvey in the History of Scientific Thought, *Jour. Hist. Med.* **12**: 220–231.

Ghiselin, M. T. (1966): William Harvey's Methodology in De Motu Cordis from the Standpoint of Comparative Anatomy, *Bull. Hist. Med.* **40**: 314–327.

原種行（一九六一）『近代科学の発展』至文堂。

Hill, C. (1964): William Harvey and the Idea of Monarchy, *Past & Present* (27): p. 54–72.

Jevons, F. R. (1962): Harvey's Quantitative Method, *Bull. Hist. Med.* **36**: 462–467.

Keele, K. D. (1965): *William Harvey*, Thomas Nelson.

Keynes, G. (1966): *The Life of William Harvey*, Oxford U. P.

Kirgour, F. G. (1961): William Harvey and His Contribution, *Circulation* **23**: 286–296.

Mason, S. (1953): *A History of the Sciences*, Lawrence & Wishart. 矢島祐利訳（一九五四）『科学の歴史』上・下、岩波書店。

中村禎里（一九六三）「William Harvey とその生理学説」Ⅰ、『科学史研究』六八号、一四五—一四九ページ（本書Ⅱに「ハーヴィとその生理学説」として所収）。

中村禎里（一九六四 a）「William Harvey とその生理学説」Ⅱ、『科学史研究』六九号、一八—二五ページ（本書Ⅱに「ハーヴィとその生理学説」として所収）。

中村禎里（一九六四 b）「ウイリアム・ハーヴェー　その生理学史上の地位」『生物学史研究ノート』一〇号、一—一三ページ（本書Ⅱに「ハーヴィ　その生物学史上の地位」として所収）。

Nakamura, T.（中村禎里、一九六六）William Harvey and His Theories of Physiology, *Jap. Stud. Hist. Sci.*(4): 143–161.

O'Malley, C. D. *et al.*(1961): William *Harvey Lectures of on the Whole of Anatomy*, U. California P.

Pagel, W.(1951): William Harvey and the Purpose of Circulation, *Isis* **42**: 22–38.

Pagel, W.(1957): The Philosophy of Circles—Cesalpino—Harvey, *Jour. Hist. Med.* **12**: 140–157.

Pagel, W.(1967): *William Harvey, Biological Idea*, S. Karger.

Pazzini, A.(1957): William Harvey, Disciple of Girolamo Fabrizi d'Acquapendente and the Paduan School, *Jour. Hist. Med.* **12**: 197–201.

Peller, S.(1949): Harvey's and Cesalpino's Role in the History of Medicine, *Bull. Hist. Med.* **23**: 213–235.

佐藤七郎（一九六〇）「近代生物学成立史・試論」『生物科学』一二巻、一―八ページ。

Singer, C.(1956): *The Discovery of the Circulation of Blood*, Dawbon & Sons.

Webster, C.(1965): William Harvey's Conception of the Heart as a Pump, *Bull. Hist. Med.* **39**: 508–517.

Whitteridge, G.(1964): *The Anatomical Lectures of William Harvey*, E. & S. Livingstone.

Woodger, J. H.(1952): *Biology and Language*, Cambridge U. P.

Ⅲ　ハーヴィをめぐる人たち

フランシス・ベーコンにおける生物学思想

ベーコンの方法論

バナールは、ベーコンがアリストテレス、プリニウスのような百科全書家の伝統に属している、と主張している[1]。ベーコンが、自然誌を、すべての研究の基本とした（2. 7. 6., *DO*, II. 10）という限りにおいて、彼は百科全書家であるといえるかもわからない。しかしベーコンが、その作成の必要を強調した自然誌は、アリストテレスからプリニウスにいたるまでの伝統的な自然誌と異なる。その相違点について、彼はしばしば熱心に説きあかしている（1. 4. 10, 2. 1. 3–2. 1 6, *DO*, I. 98–103, I. 111, II. 10, II. 27）。

ベーコンによれば第一に、アリストテレスいらいの自然誌は、自然的な種々相だけをふくんだ事実誌にすぎない。しかし自然の秘密は、擾乱されたとき、技術によって苦しめられたときに、その本性をあらわすのであるから、機械的実験をもふくんでいなければならない。ただし職人によってなされる機械的実験においては、彼らは、真理の探究を念頭におくのではなく、じぶんの仕事に関係がある事物にしか注意しない。そこで自然誌には、それじたいとしては無用であるが、原因と一般的命題との発見に役立つ実験をもとりいれるべきだ。

第二に、伝統的な自然誌は、動物、植物などの種的差異を説明すること、せんさくすることに努力してきたが、有益な自然誌は、その反対の方向、つまり事物における類似の研究、さらには自然における統一法則の発見にむかわなければならない。

第三に、プリニウスやカルダヌスやアルベルトゥスの著作は、記載事項の吟味に欠けており、寓話のたぐいや明らかな虚構にみちみちている。望まれる自然誌においては、しかるべき選択と判定がなされなければならない。

第三の点については論じるまでもないであろうし、事実、ベーコンの科学思想の根本は、最初のふたつの点に関係しているので、そのそれぞれについて、くわしくのべよう。

まず第一に実験の思想について。ベーコンは、直接の有用性をねらわない実験を「光をもたらす実験」とよび、それは絶対失敗しないという特殊な性質をもっている、とのべている。すなわち、この実験をこころみてえられる成果は、かならず何らかの知識をもたらす。そして結局は、この知識が、ひとまわり大きい有用性を示すようになる、とベーコンは確信していた (2. 8. 3, II. 99)。

私の考えでは、現在実験とよばれている活動には二重の意味があり、ベーコンの革新性は、このふたつの意味での重要性を、ともに強調したことにある。第一は、観察にたいする実験の意義であり、第二は、生産にたいする実験の意義である。応用にしばられず、自由に自然に働きかけて、その性質や法則性や変化のしくみを手に入れようという提案が、生物学の近代化の過程をすすめるうえで大きな役割をはたしたことは、他の機会でのべた(2)。

一般には、ベーコンは実験を慫慂しながらも、じぶんでは実験をこころみなかったといわれている。しかし『新機関』における記述をそのままうけとることができるとすれば、彼も実験をおこなっている。たとえば、アルコールを入れたガラスびんを火皿の上におく。ただし、びんの口には、空気をしぼり出した袋が、しっかり結びつけられている。このまま放置すると、アルコールの一部は気体にかわる。袋が帆のようにふくらんだ時に、ガラスびんを火からおろして、袋に孔をあけて気化した部分をとり去る。実験の前後に、アルコールが入ったびんの重さをはかり、この測定結果と袋の容積から、アルコールは気化することによって、一〇〇倍ほど膨脹する事実があきらかになった(II. 40)。

生物については、ベーコンは実験をしていない。ただし、『学問の進歩』『新機関』『新アトランティス』のいずれにおいても、生物学の実験の必要性がのべられている。たとえば、人体の働きを知るために、生きた哺乳類や鳥類の解剖実験が必要だと指摘しているところは、生理学や比較解剖学の進歩を反映し、予見している点で見事だといえよう(2. 10. 5, NA)。ベーコンによれば、人間の生体解剖はゆるされず、一方死ぬと生きている時の構造が変化してしまうので、獣類はその身体の諸部分が人間に似ていないふしがあるにもかかわらず、その解剖が必要なのである。なかんずく、動物体の除去実験を示唆していることは、注目に価する(NA)。

つぎにベーコンの自然誌における第二の主張にうつろう。彼は、自然誌は、自然における一般的法則をみいだすための準備として存在すべきだとした。私たちは、プリニウスはさておき、アリストテレスの『動物誌』は、諸動物間の些細な差異のみに拘泥していたわけではないことを知っている。しかしベーコンによれば、アリストテレスはあらかじめ結論に達していて、それを事物におしつけているにすぎない（I. 63）。ここでベーコンのいわゆる帰納法が顔をだしてくる。デイクステルホイスは、自然法則や原因を自動的にうるためには、ベーコンの整理表がなんの結果もうまなかった(3)といっているが、実はベーコンは、市井三郎が指摘したように(4)、完全な整理表をとおさなければ自然を認識できないと考えていたわけではない。彼は、二七種類の特権的事例をあげ、この事例を適用すれば、少数の事実でことがたりると言っているのだ（II. 21）。あえていえば、ハーヴィが血液循環を証明した結紮実験は、召喚の事例、つまり非可感的なものを可感的ならしめる事例にふくまれよう。したがって、単純枚挙による帰納という図式は、けっしてベーコンのものではない（2. 13. 3, *DO*, I. 105）。ベーコンの方法の核心は、実験誌をふくめた自然誌、とくに特権的事例の自然誌から、事物の法則や原因を追究することにあった。とすると、ハーヴィをはじめ、近代生物学の元勲たちの方法は、すぐれてベーコン的であったといいえる。

ベーコンの自然観

ベーコンは、じぶんの自然観の体系的な論述をこころみていない。しかし『新機関』にふくまれるいくつかのアフォリズムおよびその他の著作に、断片的に彼の自然観が示されている。

ベーコンは、アリストテレス的な自然観とデモクリトス的な自然観の両方を論難している。彼によれば、アリストテレスの目的因は、人間活動をとりあつかう科学をのぞいていうと、科学を進歩させるよりは堕落させる（2.7.7, II.2）。またアリストテレスの形相は作為的なものであり、このような形相よりは、デモクリトス学派のように、物質とその配置、配置の変化、その作用、運動の法則に注目すべきである（I.51）。一般にアリストテレスの自然哲学は論理学に従属せしめられており、彼の説には物体や経験のにおいがない。

このようなアリストテレス批判は、全面的には当たっているといえないが、ともかく辛辣であるのと比べて、デモクリトスの自然哲学にむけられた批判は、はるかに温和である。

デモクリトス学派は、他のだれよりも深く自然を探究した（I.51）が、彼らの考えかたは、機械的技術によって生じる光景の影響をうけた、思考の空虚な概括に由来する（I.66）。彼らが重きをおく動力因や質料因は、法則を伝達する運搬器にすぎず、これらの原因を知っても事物の法則を知ったことにはならない（II.3）。またデモクリトスの原子論は、真空の存在と質料の不変性という誤った仮定にもとづいているため、まちがいをおかしている（II.8）。そこでベーコンは、結局、実際に存在している粒子におもむくべきだという。たとえば、彼の考えによれば、熱は粒子が争う運動であり、燃焼は粒子が物体の小孔をさしつらぬく現象にほかならない。

要約すると、ベーコンは基本的には粒子論的機械論者であったが、真空の存在を否定し、質料の転換を主張する点で、古典的原子論者よりはアリストテレスに近く、デカルトにひとしい、といえる。

上記のようなベーコンの自然観は、彼の生物観にどのように反映しているだろうか。進化（また非進化）と発生に問題をしぼって、しらべてみよう。

まず、生物界における相同器官の適応現象について四肢の例をとり、ベーコンの考えをアリストテレスのそれと比較してみる。アリストテレスは『動物の部分』で、「魚類の体には四肢がついていない。……自然はよけいなこと、無駄なことをけっしてしない。魚類は泳ぐためにつくられているからには、鰭をもっており、歩くためにつくられていない以上、足をもっていない」といっている(5)。ベーコンの同時代人であるハーヴィも、アリストテレスとほぼ同じ解釈をおこなっている(6)。ところが、この問題にかんするベーコンの叙述は、それらと異なる。「魚類の鰭と四足獣の足とは符合的事例……である。したがって宇宙の構造においては、生物の運動はたいてい四肢……によっておこなわれるように思われる」(II. 27)。

符合的事例というのは、自然界における実在的実質的類似、自然に根拠をおいた類似を意味するのであって、このくだりには目的論的色彩はまったくなく、ただ自然界の一般的共通性について語っているにすぎない(7)。しかし同時に、アリストテレスにおいてみられる形相に主導された生成変化の思想も消去されてしまっている。ベーコンは、各種生物間の類似と移行について、つぎのようにのべている(I. 66)。

「人間は、自然の自由な活動を考察するとき、動物、植物、鉱物のもろもろの種に出くわし、そのことからして、容易につぎのような考えをいだくようになる。すなわち自然界には事物の基本的な形相があり、その他の多様性は、自然がその作用を成就しようとするさいの障害と過誤から……生じるものだと考えるようになる。」すると、「人間の精神はそれらに満足してしまって、いっそう堅実な研究をなそうとしなくなる。」

この批判が、アリストテレス的な自然の階段にむけられていることはあきらかであろう。ベーコンじしんが生物の種類の移行について、どのように考えているかは明らかでない。しかし、無生物の反応と生物の感覚とが、本質的に同じであるという主張（II. 27）、腐朽物と植物との中間に苔があり（I. 6. 11, II. 30）、魚類と鳥類との中間にトビウオが、鳥類と四足獣とのあいだにコウモリが、そして四足獣と人間とのあいだにサルが位するという主張（II. 30）、人間の理性と動物のりこうさが近接しているとする意見（II. 35）などから、ベーコンも、自然の階段に近い思想をもっていたと想像される。しかしここでも、アリストテレスが理念的なものであるにしろもっていた生成変化の思想が消えていることを知るのである。

ちなみにオスボーンは、ベーコンが進化論者であったかのように書いている[8]が、それは誤解である。オスボーンがあげる第一の論拠は、上述の中間的存在の記述である。これらの記述が進化の思想をふくんでいないことは、すでにのべた。第二の論拠としてなされたオスボーンの引用をみると、ベーコンが種の異常な変化をみとめているかのようであるが、ここでベーコンがいう「種」は、生物の種ではなく、一般的な存在の種類を意味する。ただし『新アトランティス』で、ある草木を人工的に他の草木に変える計画が語られている。けれども、これを本来の意味での進化の思想ということができるかどうか疑わしい。

つづいて個体発生にかんするベーコンの考えかたをたずねよう。アリストテレス[9]からハーヴィ[10]にいたるまでは、発生過程において器官はしだいに形成されてゆき、より初期に形成される器官のために、おくれて現われる器官が形成されるとされていた。彼らの学説は、目的論的後成説と名づけられよう。

ベーコンにおいても、形態形成は後成説的に考えられており、その意味でデモクリトスの前成説とは異なっている。ベーコンは同化について「動物、植物のそれぞれの部分は……まず最初は共通のあるいはほとんど共通の液汁を多少の選択とともに吸引し、つぎにそれを同化して、それじしんの本性に転化させる」(II. 48) とのべ、眼、鼻、脳、肝臓などが、すでにパンや肉のなかにふくまれているというパラケルススの思想を排している。では形態形成はいかにしてなされるか。ベーコンは、それは精気の働きによるのだと言う (II. 40, II. 41)。精気はもし物体のなかに拘留されると、それを柔らげとかす。物体から解放されると縮めかわかす。拘留も解放もされないまま精気が、可触的部分を支配し、この可触的部分が精気の導くままについてゆくようになると、形態形成が進行しはじめる。ただしここでいう精気は、不可触の稀薄な空気様のものを指すのであって、霊的な存在を意味するわけではない。可触的な部分との間の相互転化が可能な存在である。

ベーコンが形態形成についてのべている箇所はあとひとつある。動物の形態が、胎内のヒダやミゾによってつくられるというテレシオの意見を、「軽率で無知」であるとこきおろし、ではヒダもミゾもない卵殻の中で、形態が形成されるのは何故か、と反問している (II. 50)。ただしベーコンは、物体と物体とのあいだの運動の調整が、形態形成に関係していることは認める。

以上のべたとおり、ベーコンはあきらかに前成論者でも、目的論的後成論者でもない。いわば機械論者後成論者とでもいうべき最初の人はデカルトであろうが、ベーコンはその方向へ一歩近づいている。精気に粒子性をあたえ、その運動能力の根源が熱であるとすれば、デカルト的後成説がうまれる。すでにのべたように、ベーコンは、熱をはじめさまざまな現象を粒子の運動で説明している。また彼は、無生物と対比して、動物は本来熱をもった存在だと考えている(II. 12, II. 13)。ベーコンの主張を一貫させれば、動物の内部では、その本質からいって、粒子の熱運動がおこなわれていなければならない。ところが不思議なことに、ベーコンの粒子説は生物体の説明においては全然姿をあらわさない。精気が粒子性のものであるかどうかについても、明言していない。デカルトにいたる過程で重要なことは、生物精気の粒子性の確認、いいかえればその物質性の確固とした定立であろう。

結論としてつぎのことがいえる。ベーコンは、アリストテレス主義者というよりは機械論者であるが、デカルトほどには徹底していない。このような立場を反映して、彼においては、生物進化の思想は、萌芽的にも存在しない(11)。個体発生についていうと、変化の思想がみられる。それは目的論的なものではないが、デカルト的な機械論の域にも達していない。しかしいずれにせよ、彼の時代における生物学の水準および哲学的環境を考慮にいれれば、ベーコンの生物学思想は、当時としてはきわめて近代的で健全な性格をもっていたといえよう。この事実は、彼の科学思想、自然思想の先進性を示す。

文献と註

ベーコンの著書からの引用に際しては、つぎの規則にしたがい、記号を本文中のかっこ内に示した。たとえば、アラビア数字で 2. 1. 3 と連記した場合は、『学問の進歩』(一六〇五)第二巻一章三節からの引用を意味する。ローマ数字とアラビア数字を I. 48 のように並記した場合は、『新機関』(一六二〇)第I部アフォリズム四八からの引用を意味する。*DO* および *NA* は、それぞれ『大革新の区分』(一六二〇)、『新アトランティス』（一六二七、死後出版）の略である。

(1) バナール（鎮目恭夫訳）『歴史における科学』みすず書房（第三版、一九六五）、二六〇ページ。

(2) 中村禎里「ウイリアム・ハーヴェー　その生物学史上の地位」『生物学史研究ノート』一〇号、一一―一三ページ（本書IIに「ハーヴィ　その生物学史上の地位」として所収）。

(3) フォーブス／デイクステルホイス（広重徹他訳）『科学と技術の歴史』みすず書房（一九六三）、一六八ページ。

(4) 市井三郎「イギリス科学論の原型と変容」武谷編『自然科学概論』2、勁草書房（一九六〇）、六三―七六ページ。

(5) Aristotle: *De Partibus Animalium*, 695b.

(6) Harvey, W.: *De Motu Locali Animalium*, tr. by G. Whitteridge, Cambridge U. P. (1959), pp. 70–71.

(7) ベーコンには、目的論的自然観は原則として存在しない。私が検出できたかぎり、ただ一箇所「なにものもむだにしない自然」(2. 23. 40) とのべられた部分があるが、アリストテレスやハーヴィの著書における「目的をもった自然」にかんするおびただしい主張にくらべると問題でない。内容からいっても、ベーコンのこの断片は、構造的な性質のものではない。

(8) オスボーン（弓削達勝訳）『進化論とそれ以前』照文堂（一九三九）、一三九―一四四ページ。

(9) Aristotle: *De Generatione Animalium*, 742a, 742b.

(10) Harvey, W.: *De Motu Cordis*, 暉峻義等訳『動物の心臓ならびに血液の運動に関する解剖学的研究』（一九六一）、一四一ページ。

(11) ただし、自然発生の思想は、はっきりとしている (1. 4. 5, II. 40, II. 41, II. 48)。

デカルトのハーヴィ評価

（1）すでに何度も指摘し、またハーヴィ研究家の見解がほぼ一致したところによれば、ハーヴィはけっして生物機械論者ではなかった(1)。

（2）ハーヴィが機械論者であるとする主張者は、血液循環論にたいするデカルトのたかい評価を強調し、しばしば「ハーヴィ－デカルトの生物機械論」といった表現を採用する。そこで、デカルトがどのような観点からハーヴィを評価したのか吟味してみたい。

（3）デカルトは、少なくとも次の四つの論稿で、血液循環についてふれている。

（a）『人間論』*Traité de l'homme* (1632)(2)

（b）『方法序説』*Discours de la méthode* (1637)(3)

（c）『人体の記述』*La description du corps humain* (1648)(4)

（d）『情念論』*Passions de l'âme* (1649)(5)

これらのうち、(c)(d)においてはハーヴィの名があげられている。(b)では、「イギリスの一医師」が血液循環を発見した、と記されているほか、オリジナル・テキストおよびアダム・タンヌリ版では、当該個所の欄外にハーヴィの名が書かれている。デカルトがメルセンヌにあてた手紙によれば、デカルトはハーヴィの『心臓と血液の運動』*De motu cordis*(一六二八)を読む前に(a)を書いた(6)。しかし彼は、『心臓と血液の運動』の存在を知っていた。

さてハーヴィを機械論者とする主張の根拠は、(i)「ポンプ・アナロジー」、(ii)「定量的実験」を彼がこころみた、という点にある。これらは実は、「ハーヴィ＝機械論者」説の根拠にはならないことが、すでに明らかになっている。しかし、ハーヴィと同時代人であるデカルトがすでに、ハーヴィを機械論者と誤解していたかもわからない。この点を念頭におきながら、デカルトの主張をしらべよう。ただし(d)においては、循環について詳しくは述べられていないので、(a)(b)(c)を検討の対象にする。

(4) まず第一に、(a)(b)(c)のいずれにおいても、デカルトの議論の力点は、循環よりもむしろ心臓の運動の仕組みにあり(7)、ここで彼の機械論者としての面目が大いに発揮されるとともに、ハーヴィの説は拒否される(8)。ハーヴィの心筋の自発的収縮に心臓運動の原因をもとめたが、デカルトは心臓の熱による血液の沸騰にその原因をもとめた。とくに(c)においては、デカルトがハーヴィの説を執拗に批判しているのが印象的である(9)。かくて、生物機械論者としてのデカルトは、みずからが最重要視する論点でハーヴィと連帯の意をあらわしているどころではない。その逆である。

(5) (b)においてデカルトは、ハーヴィが循環を証明した方法を紹介しているが、デカルトが引用しているのは、結紮実験、血管切断実験および弁の存在の観察だけであって、「ポンプ・アナロジー」や「定量実験」については、彼はひと言もふれていない。結紮や血管切断は、外科医には珍しからぬ実験だ、と彼は述べている(10)。したがってデカルトは、ハーヴィが機械論的思考のもちぬしだ、と見なしていたとは思えない。むしろハーヴィの方法は、伝統的医学の方法の適用だと考えている。

(6) その他デカルトは、循環論の根拠として、つぎの点に論及する。(a) においては、循環の直接の実証的根拠は示されていない。ここでの彼の見解は、静脈内、心臓内、動脈内の血液の一方通行の主張から、演繹的に導き出されたという形をとっている。つまり、静脈弁、心臓弁、心臓エンジンの血液駆動力だけが、循環の論証に役だっているにすぎない(11)。(c) においては、デカルトは、(a)(b) であげられたことの他、脳と生殖巣で動脈と静脈が接合しているという根拠をつけ加えた(12)。

(7) 以上のうち、デカルトとハーヴィの両者の主張に共通する循環の根拠は、すべて実験生理学的および解剖学的な根拠であり、いずれも一六世紀中葉に復活した解剖学の流れをくむ成果にもとづいており、生物機械論にはなんの関係もない。生物機械論に関連する心臓＝熱機関説は、デカルトだけのものである。

(8) では、デカルトが、血液循環論に、心臓運動論ほどではないにしても、とにかく大きな意義を認めたのは何故だろうか。

そこで、次の三つの仮説を提出したい。

（i）デカルトは、生物体内の機能を説明するさい、しばしば弁に決定的な役割を荷わせている。彼は、心臓と静脈のほか、筋肉、神経、胆嚢、咽喉、大腸においても弁が存在し機能すると主張し(13)、これによって上記諸器官の働きの説明をたすける。しかし筋肉の出入口の弁は小さすぎて不可視であるという(14)。それゆえ、デカルトの生物機械論にとって、可視な弁の配置により実現される生体機能、つまり血液循環の存在は、意図的に強調されるべきであった。

（ii）デカルトの自然学における運動論、すなわち渦動論にとって、血液循環はきわめて適切な事例であった。

（iii）デカルトが採用した心臓＝熱機関説において、この熱機関が作動するためには、血液循環がその前提として不可欠である。つまり、血液がたえず心臓に入り、またそこから出てゆかなければ、熱機関は止まってしまう。そのかぎりにおいて、デカルトは血液循環論を重視した。

（9）さて、仮説（i）から順番に検討しよう。（i）の弱点は、次の事実にある。デカルトは、著作（c）において、胚発生にさいしての循環の形成過程にかんし、以下のように述べる。

血液は二つの入口（大静脈と肺静脈）をとおって心臓に入りこみ、拡張することによって再びその入口から出ようとするが、同じ入口に後から入ってくる他の血液は、さきの血液がその入口から出ないように妨げる(15)。

弁は、この後で、しかも上述の血液の運動の力学的結果としてはじめて形成される。したがって、がんらい弁は、血液循環を可能にするのではなく、それを確実にする働きを果たしているにすぎない。理論的にも時間的にも循環は弁の存在の前にある。デカルトの思考にかんする以上の推測にもし誤りがなければ、血液循環を彼が重視した理由の一つとして、仮説（i）が依然として捨てられないとしても、それだけでは不満足になろう。

(10) 弁が存在すると否とにかかわらず、血液は循環しうるとすると、血液循環は発生過程のどの時期から開始されるのだろうか。発生の端緒は、生殖液の混合である。そしてその当初においてすでに、生殖液が心臓原基と脳原基のあいだを循環しはじめる。心臓原基（やがて心臓）から出る生殖液（やがて血液）は、直線状に進むが、進んだ先つまり脳原基の部分の生殖液の抵抗にあってもとに戻る。ついで、心臓と生殖器官原基のあいだにも、同じような血液の運動がはじまる。しかし、生殖液（血液）は、脳・生殖器官原基から、心臓原基（心臓）にむかって、来た道をそのまま通って戻るのではない。

心臓は、上方下方にむかい動脈内に、たえず新しい血液を送っているため、血液は円環状の道をとおって心臓に戻らざるをえない(16)。

このような主張は、デカルトが他の著作で非生物的運動について述べた、いくつかの論述と明らかに関連がふかいと思われる。

宇宙におこる全運動は、なんらかのしかたで環状であることを認めておかなかったら困難であろう。すなわち、一つの物体は自分がいままで占めていた場所を去るとき、他のある物体が占めていた場所にはいる。そして後者は、また別のものの占めていた場所を占め、以下同じように最後の物体、つまり最初の物体の残した場所を、その瞬間に占める物体にまでおよぶ(17)。

デカルトはここで具体例として、魚の運動にともなう水の循環、および樽の上口を開いた時の樽の中のブドウ酒の落下をあげている(18)。

循環の形成過程にかんするデカルトの見解が、少なくとも一六四八年当時の彼にとって、渦動論と不可分の関連にあることは、上記の引用から容易に推察されよう。この点にかんしホールは、デカルトが渦動論および置き換え (displacement-replacement) モデルを発生に適用した、と指摘している(19)。けれども問題がなお残る。胚における循環でなくて、成体における循環の記述についても、渦動論とのつながりを示す根拠が、デカルトの著作に見出されるであろうか。著作（a）（b）（c）において成体の血液循環についてふれたくだりには、意外なことに置き換えモデルの表現がふくまれていない。ただし栄養について述べられた場所で、置き換えモデルがあらわれる。

動脈が拡張すると、それにふくまれていた血液の小部分は、動脈分枝終端から発し、骨、肉、膜、神経、脳その他固形部分を構成するある種の繊維の基部を、あちこちで打つ。……かくて血液の小部分は、それらを少し前に押し、代わってそれらの位置を占める(20)。

ここまでを見ると、あたかもデカルトは、血液と固形部分との間の置き換えにもとづき循環が生じると主張しているかのように思われる。ところがそうではない。前記引用につづいて、「動脈が収縮すると、これら血液小部分の各おのは、それらがあった場所に留まる」(21)と記されており、栄養のしくみが語られていることがわかる。

では、栄養と循環のあいだには全然関係がないのか。もちろんそうではない。

さきに述べた方法で、毎回固形部分と結びつくことができるのは、血液の部分のうちごく僅かである。大部分は動脈の終端から静脈にもどる。……（静脈に移行した）血液の大部分は心臓にもどり、そして再びそこから動脈へと移る。したがって身体内における血液の運動は不断の循環にほかならない(22)。

循環は、血液と固形部分とのあいだの置き換えにより成立するのではなく、血液が固形部分のわきをすどおりすることによって成立すると、デカルトは考えているようである。ホールは、デカルトの渦動論と血液循環論のあいだに内的関連が存在すると考えついたと思われるが、上記の事情が頭にあって、その主張をエクスプリシットには示さなかったのであろう。この問題にかんしていえば、私も、私が推察するホールの心境の範囲内に留まらざるをえない。

(11)　最後の仮説（iii）を吟味しよう。著作（b）の次のくだりは、この仮説に説得力をあたえる。デカルトは、「心臓および動脈の運動……は、われわれが動物において観察する第一の、そしてもっとも一般的な運動である」(23)と述べ、心臓運動論を詳細に展開したのち、論じる。

しかしもし人びとが、このように静脈内の血液が不断に心臓に流れこみながら、なぜ少しも涸渇しないのか、また心臓を通過したすべての血液が動脈に入るのに、なぜ動脈は血液で溢れることがないのかをたずねられるならば、私はそれに答えるのにイギリスの一医師によって書かれたところをもってすればよい(24)。

つまりデカルトは、彼がもっとも重視する心臓運動論を可能にする補完物として、血液循環論にふれたのだ、と少なくともここでは判断されよう。それゆえ仮説(ⅲ)は否定されない。

(12) そこで、この問題にかんする暫定的な結論を下したい。仮説(ⅰ)(ⅱ)(ⅲ)はいずれも捨てられない。デカルトの自然学全体のなかで、最も重要な意味をもちうるのは仮説(ⅱ)であろう。仮説(ⅱ)をかりに採用すると、仮説(ⅰ)はその一部に包摂される。なぜなら血液循環のばあいに見たとおり、弁は、人体内または人体内外間における渦動運動に一定の形を与えるための手段にすぎない。仮説(ⅲ)も、仮説(ⅱ)に包摂されるとする見解もありえよう。なぜなら、現代の生物学の観点にたてば、心臓は血液の循環(渦動)を実現するための手段である。けれどもデカルトの生理学においては、そう言いきるわけにはゆかない。くりかえし指摘したように、デカルトにとって心臓の運動は、それじたい生物機械部品の標本として重要性をもち、さらに精気形成の予備過程でもあり、基本的な意義をもつ。また、弁の存在は、心臓の運動をも助けるから、仮説(ⅰ)は仮説(ⅲ)にも包摂されるといえなくはない。

けっきょく、確実性が最大の仮説は（iii）であり、デカルトの血液循環論は、おそらく、これと渦動論との交差点に位置していると思われる。

(13)　本稿全体の要約と結論を与えておこう。議論全体のなかで、デカルトにおける血液循環論の意義の検討に、過半のスペースがさかれてしまったが、議論の長さは論証の手続きの難易に依存しており、論題の重要度には比例しない。むしろ私の強調点は前半にある。ハーヴィが機械論者であるとする根拠薄弱な説は、逆説的にきこえるかもしれないが、しっかりした根拠を有さないために、論駁されにくい一面を持っていた。しかし冒頭でのべたとおり、ここ一〇年あまりの実証的研究をつうじて、この主張は、つぎつぎにあやふやな足場をさえ失ってきた。しかるに「デカルトもハーヴィを評価したではないか」という、「ハーヴィ＝機械論者」説のやはりあやふやな根拠が残っていた。私は本稿で、デカルトはけっしてハーヴィを機械論者あつかいにしておらず、むしろ機械論者としてのデカルトの本領がもっともあらわに発揮された心臓運動論では、彼はハーヴィの説を否認していることを明らかにした。血液循環論は、目的論的・質的自然観、生命観の枠内にも、また機械論的自然観、生命観の枠内にも収まる。デカルトがハーヴィの血液循環論を評価した理由は、それじたいが機械論的な見解だったからではなく、それがデカルトの機械論的な見解にも役だつからであった。

文献と註

（1）次の総説を参照されたい。
中村禎里「Harvey 研究の現状」『生物学史研究』一六号（一九六九）、一―一四ページ（本書Ⅱに「ハーヴィ研究の現状」として所収）。

（2）Descartes, R.: *Traité de l'Homme, Œuvres de Descartes*, ed. par C. Adam & P. Tannery, XI, J. Vrin (1967), pp. 119–215, とくに p. 217.

（3）Descartes, R.: *Discours de la Méthod, Œuvres*, VI (1965), pp. 1–78, とくに pp. 50–52（桝田啓三郎他訳『世界の大思想』7、河出書房新社〔一九六五〕、七三―一一七ページ、とくに一〇五―一〇六ページ）。

（4）Descartes, R.: *La Description du Corps Humain, Œuvres*, XI, pp. 217–290, とくに pp. 238–239.

（5）Descartes, R.: *Passion de l'Ame, Œuvres*, XI, pp. 291–497, とくに p. 332（野田又夫他訳『世界の名著』22、中央公論社〔一九六七〕、四〇九―五一九ページ、とくに四一五―四一六ページ）。

（6）*Ibid.*, Tome II (1969), pp. 500–501.

（7）注（23）参照。

（8）このいきさつについては、次の論文を参照していただきたい。
中村禎里「William Harvey とその生理学説」Ⅱ、『科学史研究』六九号（一九六四）、一八―二五ページ（本書Ⅱに「ハーヴィとその生理学説」として所収）、とくに二一―二二ページ（本書一三六―一四一ページ）。

（9）Descartes (4), pp. 241–244.
なおこの点にかんしては、次の論文でふれられている。

中村禎里「ウイリアム・ハーヴェー　その生物学史上の地位」『生物学史研究ノート』一〇号（一九六四）、一—一三ページ（本書IIに「ハーヴィ　その生物学史上の地位」として所収）。

(10) Descartes (3), p. 51（『世界の大思想』7、一〇六ページ）。

(11) Descartes (2), pp. 124–127.
ちなみに、ここでのデカルトの議論の順序は次のとおりである。（a）心臓の運動、（b）静脈内・動脈内における血流、（c）血液の固形部分への同化、（d）循環。

(12) Descartes (4), p. 239.

(13) Descartes (2), pp. 135–136, 201, Descartes (4), pp. 279–280.

(14) Descartes (4), p. 280.

(15) *Ibid.*, p. 279.

(16) *Ibid.*, p. 257.

(17) Descartes, R.: *Le Monde, Œuvres de Descartes*, Tome XI (1967), p. 19（『世界の名著』22、八八ページ）。
ほぼ同じような表現が、下記にも見られる。
Descartes, R.: *Principia Philosophiae, Œuvres*, VIII-1 (1964), p. 58（『世界の大思想』7、二七二ページ）。

(18) Descartes, *Le Monde*, pp. 19–20（『世界の名著』22、八八—八九ページ）。

(19) Hall, T. S.: Descartes' Physiological Method: Position, Principles, Examples, *Jour. Hist. Biol.*, Vol. 3 (1970), pp. 53–79.

(20) Descartes (2), p. 126.

(21) *Ibid.*, p. 126.

(22) *Ibid.*, p. 127.

(23) Descartes (3), p. 46 (『世界の大思想』7、一〇四ページ)。

(24) *Ibid.*, p. 50 (同一〇五ページ)。

ロウアーの生理学

1　はじめに

近代科学の成立過程を解明するさい、興味の焦点のひとつは、その思想的背景、なかでも近代科学と機械論的自然観との共軛関係に集まるであろう。しかしすでに何回もくりかえし指摘したとおり、ウィリアム・ハーヴィは機械論者ではなく、むしろ基本的にはアリストテリアンであった(1)。彼は晩年において（血液循環の実験的証明に成功した時期よりかなり後になって）、アリストテレスにたいする部分的批判を強めてゆくが、それにしてもハーヴィの立場は、終始機械論哲学とは無縁であったと思われる。一方、王立協会草創期における科学者・医師のかなりの部分が、機械論者であったこともまちがいない。そこで、イギリスの生理学におけるアリストテレス主義から機械論への転回が、いかなる経過で、いかなる原因でなされ、また生理学・生物学の新知見に機械論がいかに関連したかが問題であり、本稿においては、この問題へのひとつの接近としてロウアー（Richard Lower 一六三一—九一)の『心臓論』*De Corde*(一六六九)(2)をとりあげる。

2 呼吸の機能

ハーヴィは『血液の循環』(一六四九)において、循環の発見および若干の実験結果にもとづき、動脈血と静脈血の差異を否定してしまった(3)。この主張は、上記実証的根拠をまたずとも、心臓の血液活性化作用を否定し、一方アリストテレスいらいの伝統にしたがい肺臓の働きを血液冷却作用に限るという一六四九年におけるハーヴィの理論的立場からの当然の帰結であった。けっきょくハーヴィは、循環の役割を熱と栄養の分配に限定するのだが、この誤りを突破する決定的なポイントは、肺臓の機能の証明でなければならなかった。よく知られているとおり、この方面でフックやボイルが一連の実験にもとづき、空気中の有効成分が生命の維持に必要であると証明した(4)のだが、その結論をうけてロウアーは、つぎの実験と観察をこころみる(5)。

(1)動物の気管を切り、栓をして結紮する。そののち頸動脈を切ると、出てくる血液の色は暗い。

(2)しめ殺した動物の左心室、大動脈の血液の色は暗い。

(3)しめ殺した動物の肺臓に空気を吹き込み、肺動脈に血液を流し入れると、肺静脈から出てくる血液の色は鮮かである。

(4)体外にとられた動脈血は、熱を失っても暗い色にならない。このことは血液の色の変化が熱によるのではないことを示す。

(5)　静脈血を容器にとると、その表面は空気にふれて鮮かな色に変わる。容器に入れてかきまわされた静脈血の色は全体として鮮かになる。

(6)　血液は暗い色の状態で肺臓に入り、鮮かな色に変わって肺臓から出てくる。

以上の実験・観察にもとづきロウアーは、第一に、心臓の精気または熱が静脈血を動脈血に変えるとする伝統説・デカルト説(一六二八年のハーヴィの見解でもある)を拒み、第二に、動脈血と静脈血のあいだの差異を認めない一六四九年のハーヴィ説の誤りをも示すことができた。

なおロウアーは、じぶんもかつては、肺静脈にふくまれる血液は静脈血であり、心臓における化学変化によって生じた熱が静脈血を動脈血に変える、と信じていたむね告白している。この過誤の原因として彼は、実験の技術的失敗、および彼の師ウィリスの権威の影響をあげる。そして実験技術の改善(前記の三番目の実験の実施)がフックに負うと明らかにしている(6)。いずれにせよロウアーの成功は、周到に仕くまれた実験的研究によってもたらされた、と言うことができよう。

3　心臓運動の仕くみ

ハーヴィは『心臓と血液の運動』(一六二八)において、心臓の運動の仕くみは心筋の収縮にあることを、組織学、解剖学、比較解剖学、発生学上の観察、生体観察および生理学の実験にもとづき明らかにした。しかしながら、そのほぼ二〇年後ハーヴィは『血液の循環』(一六四九)において、かつての自説を撤回し、心臓の運動の仕くみの一半は、心臓内に流入した血液の沸騰にある、とするにいたった。ハーヴィの主張の変化の原因のひとつは、彼が、心臓ではなく血液こそが生命の本源であり、血液は精気そのものだと考えはじめたことにある(7)。デカルトからの批判の影響もあったかもわからない。デカルト(『人間論』一六三三ほか)は、心臓の熱により引きおこされた血液の沸騰に、心臓の運動の原因を求めた(8)。

しかしデカルトの元来の生体運動論についていうと、彼は、脳から神経をとおって骨格筋に流入した精気が、筋肉を収縮・弛緩させると考えている(9)。したがってデカルトは、この仕くみを、心臓の運動にも適用してよかったはずである。むしろそうした方が、デカルトは、みずからの生理学の首尾一貫性を誇示しえたであろう。では、なぜデカルトはそうしなかったのだろうか。まず第一に、現実にデカルトが採用した心臓運動の仕くみは、蒸気機関に似ていて、動物機械論者である彼にふさわしかった、といえる。しかし、彼の骨格筋運動論もまた充分機械的であるから、心臓の運動にかぎって、この仕くみを斥けた根拠は、この第一点からは出てこない。第二に、デカルトの骨格筋運動論は、これらの筋肉が一対の拮抗筋から成りたつことを前提としている。もちろん心筋は、そのような単純な構成を持たない。けれどもデカルトの才智をもってすれば、心筋についても拮抗筋モデルに近い仕くみを構想することは、困難でなかったであろう。

そこで、つぎの第三点が決定的な意味をもつ、と筆者は考える。すなわちデカルトは、心臓には神経が分布していない、と主張する(10)。この見解はデカルト個人のものではなく、ハーヴィをふくめ一六三〇年代においては、生理学者のあいだで一般的な意見であったらしい。いずれにせよ、心臓に神経が分布していないとすると、心筋への精気の流入は不可能であり、したがって心筋の運動は生じえない。かかるがゆえにデカルトは、心臓の運動を骨格筋の運動と同じ方式で説明することができず、それ以外の機械的な仕くみを案出せざるをえなかったのだと思われる。

さてロウアーはどうであったろうか。彼は明確に一六二八年のハーヴィ説に戻った。彼がそうするためには、デカルト説と一六四九年のハーヴィ説の両方の根拠をくつがえさなければならない。まずデカルト説にたいするロウアーの見解の関連を考察しよう。

第一に、心臓における神経の分布を確認したことが、決定的な役割を演じたと思われる。またロウアーは、デカルトと同じく神経を流れる精気が骨格筋の運動をひきおこすという理論を採用していた。したがって、心臓における神経の分布を認め、この点でのデカルトの誤りを訂正したロウアーは、ほとんど自動的に、心臓運動の仕くみを心筋の運動に帰することができたのであろう。彼はいう。「もし血液が自力で動くのだとしたら、心臓の筋肉や神経がなぜ必要か」(11)。第二に、デカルトによれば、心臓に入った静脈血は、熱の働きで蒸溜され動脈血に精製される。つまり彼は、静脈血の動脈血への変化と、心臓の運動とが、同一の過程の二つの現われだと見なす。しかしロウアーは、静脈血活性化の場所は心臓ではなく肺臓である事実を証明した。それゆえ、心臓における静脈血の活性化にともない、これを原因とする心臓の運動もありえない。

つぎに、一六四九年のハーヴィ説にたいするロウアーの態度を見ておこう。この時期のハーヴィは、血液を血液たらしめる本質的な要素は精気である、と論じている。だからこそ血液は、みずから沸騰して心臓を拡張する働きを示しうるのだ。ところがロウアーは、精気が脳・神経に局在し血液には存在しない(12)、と考える。したがってロウアーは、ハーヴィの主張に賛成するわけにはゆかない。

では、ロウアーが、精気を血液から神経に移した原因はどこにあったろうか。回答はむしろ簡単である。ガレノスいらいの伝統説は、がんらい神経内を移動する動物精気が筋肉の運動をひきおこす、と主張していたのであり、デカルトもロウアーも、その線上に自説をたてていたにすぎない。むしろ、ハーヴィのほうが特殊だったといえよう。ハーヴィも、初期には精気が神経を伝わると認めていたが、同時にアリストテレスに深い影響をうけていたので、動物体における心臓および循環系の役割をたいへん重く視ている。しばしば引用されるとおり、ハーヴィは心臓を王にたとえた(13)。一方ロウアーの時代には、アリストテレスの影響はいちじるしく後退しており、そしておそらくウィリスの研究成果の恩恵にも浴して、彼は、脳・神経系の重要性にかんする印象を、ハーヴィのばあいよりも遥かに強くもっていた。ロウアーは、脳が、身体のより劣った部分にたいし、王のように支配している、と考えている(14)。したがって、この問題にかんして彼に必要であったことは、おそらくハーヴィの心臓あるいは血液中枢説批判につきたであろう。

そのハーヴィの血液イコール精気説は、ひとつには、発生過程で最初に血液が出現し、その血液は自発的に運動をはじめるという、彼の観察に根拠をおいている。ロウアーは、この観察は事実に合わないと指摘した(15)。ハーヴィには利用できなかった顕微鏡が、ここで誤った観察の是正に役だったのかもしれない。

4　ロウアー対デカルト

以上あきらかにしたように、ハーヴィ、デカルト、ロウアーの三者の立場の関連は、かなりこみ入っている。この絡みあいを少し解きほぐしておこう。

はじめに、ロウアーが、創立期の王立協会の僚友であった多くの科学者・医師とおなじく、機械論者であったかどうかを検討しておきたい。

まずハーヴィの諸著においてはアリストテレスの著作からの肯定的引用が異常に多い。ロウアーにおいては、アリストテレスは全く引かれていない。一方、デカルトからの影響は充分示唆される。たとえばロウアーが採用した、栄養成分の生体内における選択のカギ－カギ孔適合モデル(16)は、デカルトの主張(17)とひとしい。

ところで、そもそも生物学における機械論とはなにか。この点については別に論じたことがあるが(18)、ここで問題としてとりあげているのは、生命現象の擬機械的説明、または力学的説明（今後たんに機械論とよぶ）である。生物体の働きのうちの一部、生命現象のうちの一部をメカニカルに説明したからといって、その説明者が機械論者であるとはいえない。生命現象のうち、四肢の運動のように元来メカニカルでもある働きをメカニカルに説明したくなるのは、機械論者ならずとも当然のなりゆきであろう。アリストテレスにせよガレノスにせよ、生命現象の一部をメカニカルに説明している。生物体を全体として機械として説明しようとする努力があるかどうかが、機械論者とよぶにふさわしいか否かを判断する目印となるであろう。機械論者の議論においては、全生体機能あるいは一般性の著しい生体機能について、実証なしにでも敢てメカニカルな説明を与えようとする熱意が、議論のなかに洩れて見えるにちがいない。

ではロウアーのばあいはどうか。生体内における栄養の選択的配分は、基本的な生体機能のひとつであり、しかも直観的には機械の働きと類比されない現象だから、なんらの実証もなしに、この機能を栄養の粒子と器官のあいだの形と大きさの適合関係で説明しようとするロウアーの熱意は、彼が大きく機械論に傾いている事実をものがたる。ロウアーは、栄養諸成分の質的差異、諸器官の質的差異を、大きさ・形のような第一次性質に帰着させようとした。

しかし一方、彼は、機械論者としても割り切れない一面をも示す。デカルトにたいする態度にしてもそうで、あとで引用するパワーとちがって、彼の著作にはデカルト賞讃の辞は見当たらない。むしろ心臓運動および血液活性化の問題においては公然とデカルトを批判する(19)。なによりも印象的なのは、ロウアーの文章には、しばしば目的論的な色彩をおびた表現がなされている点である。たとえば彼は「ヒトの囲心腔がつねに横隔膜と接着していることの目的因と動力因は何か」と問い、呼吸運動を助ける器官配置との関連で、目的因を説明する(20)。

以上の論点をより明確にするため、ロウアーとほぼ同時代人であり、おなじ王立協会の会員であった医師パワー(Henry Power 一六二三—一六八)の立場を彼の著書『実験哲学』*Experimental Philosophy*(一六六四)によってしらべ、これとロウアーの態度を比較検討しよう。

まずパワーによれば、動物は一種の自動機械(automata)であり(21)、巧みにつくられた機械(engine）にたとえられる(22)。機械であるのは動物だけでなく、自然はひとつの「大きな機械」にほかならず、それは時計に類比される(23)。このようなパワーの主張が、少なくとも部分的にはデカルトの影響下に形成されたことは、『実験哲学』の随所にちりばめられたデカルト賞讃の辞からもうかがい知られよう。「永遠に尊敬されるべきデカルト」「比類なきデカルト」「力学の深遠な大家デカルト」(24)等々。これらの讃辞で飾られながら引用されるデカルトの学説は、運動論、流体論、宇宙論、光学、物質の第一性質論など、広範な分野にわたる。したがってパワーは、科学において、自然現象のメカニカルな説明のみを求め、目的論的説明には興味を示さない。「新しい哲学は、自然現象を経験的感覚的に描き、事物の原因を……不可謬の機械学的説明からみちびきだす」(25)。

パワーは他方では、初期王立協会の一員として当然のことながらベーコンの徒でもあり(26)、上の引用からも明らかなとおり経験論者であった。とはいえパワーが、かなり型にはまったデカルト主義者であることは疑いをいれない。

そこでロウアーに戻ると、彼はパワーのように型にはまったデカルト主義者でも、機械論者でもないし、さりとて他の××主義者でもなかった。機械論的傾向を顕著に示しつつも、生物学者にとってかなり本能的な発想である目的論的説明もすてていない。ロウアーは、各部分が全体にたいしてヌキサシならぬ地位を占めるような体系的理論を大切にする型の科学者ではなかったと思われる。その点で彼はハーヴィに近い。そこで、ロウアーとハーヴィの関係に考察の対象を転じよう。

5　ロウアー対ハーヴィ

両者の関係を考えるさい、見逃しえないのは、両者の研究方法の酷似であろう。ロウアーの血液の活性化と呼吸の関係を証明した諸実験は、ハーヴィの実験方法(27)を彷彿させる。

第二節であげた(1)の気管結紮は、血管結紮実験に似ている。(3)の実験でロウアーは、肺動脈から血液を人為的に押し流しているが、ハーヴィも肺循環の存在を証明するために、肺動脈に水を押し流している。(4)(5)は、容器に動脈血、静脈血を入れて変化をしらべる実験だが、ハーヴィは、動脈血が精気を放出しないことを示すため、動脈血と静脈血を容器に入れ比較する実験をこころみている。ここでは省略するが、心臓運動論においても、ロウアーは、ハーヴィがなしたのと同一または類似の実験をあげている。

ロウアーの論文中において、「偉大なるハーヴィ」(28)にたいする彼の敬意は充分読みとれる。しかし他方では、心臓運動論その他にかんしてロウアーは、ハーヴィを公然とあるいは暗示的に批判する(29)。かいつまんで言うと、ロウアーはハーヴィに方法のうえで大きな影響をうけながら、後者の説を絶対化することもなかった。この点で、ロウアーのハーヴィにたいする尊敬は、パワーのデカルトにたいするそれと、異質のものであったと思われる。

6　結論

ロウアーは、ハーヴィとちがってアリストテリアンではなかったし、機械論哲学の影響も濃厚に受けているようであるが、そのことが彼の研究を有利にしたとは言いがたい。彼は、特定の哲学体系には束縛されず、生物学者らしい発想にもとづき、巧みに案出された実験をつうじて、静脈血の活性化の仕くみを解明した。彼の成功の原因はこれらの点にあると思われる。この点で、柔軟な機械論者ロウアーの態度は、柔軟なアリストテリアンのハーヴィの態度に等しい。ただし、さきに述べたとおり機械論はロアウーの成功をたすけなかったが、アリストテリアニズムはハーヴィの成功を助けた(30)。

筆者は、一七世紀における近代科学の成立が、全体としては特定の体系的哲学と不可分の関係にあったかどうか疑わしい、と考える。あえて力学と生物学に共通の契機を求めるとすれば、近代科学を成立せしめた思想は、実験の思想であると言うほかない。この立場にたてば、ロウアーは、ハーヴィとともに、近代生物学・生理学の成立史上、きわめて注目すべき人物であろう。

註

(1)　中村禎里「William Harvey とその生理学説」I、『科学史研究』六八号（一九六三）、一四五―一四九ページ（本書Ⅱに「ハーヴィとその生理学説」として所収）。

中村禎里「Harvey 研究の現状」『生物学史研究』一六号（一九六九）、一―一四ページ（本書Ⅱに「ハーヴィ研究の現状」として所収）。

中村禎里「近代科学の成立過程」、中村・里深文彦編『現代の科学・技術論』三一書房（一九七二）、五―四九ページ（本書Ⅰに所収）。

（2） Lower, R.: *Tractatus de Corde item de Motu & Colore Sanguinis et Chyli in eum Transitu* (1669), in *Early Science in Oxford*, Vol. 9 (1932).

（3） この間の事情については、つぎの文献を参照されたい。
中村禎里「William Harvey とその生理学説」Ⅱ、『科学史研究』六九号（一九六四）、一八―二五ページ（本書Ⅱに「ハーヴィとその生理学説」として所収）。とくに二〇ページ（本書一三三―一三四ページ）。

（4） つぎの文献にくわしい。
Wilson, L. G.: The Transformation of Ancient Concepts of Respiration in the Seventeenth Century, *Isis*, Vol. 5 (1960), pp. 161–172.
Mendelsohn, E.: *Heat and Life*, Harvard U. P. (1964).

（5） Lower, pp. 164–169.

（6） *Ibid.*, pp. 163–164, 167–168.

（7） 中村（3）、とくに二一―二三ページ（本書一三六―一四三ページ）を見ていただきたい。

（8） Descartes, R.: *Traité de l'Homme, Œuvres de Descartes*, ed. par C. Adam & P. Tannery, XI, pp. 123–126.

（9） *Ibid.*, pp. 133–138.

（10） *Ibid.*, p. 138.

(11) Lower, p. 64.

(12) なおこの精気は、省略せずに記せば動物精気であり、食物の発酵により生じる。その他に血液を賦活する空気中の要素の存在も認められているが、この要素は静脈血には（ほとんど）含まれていないから、それが血液の沸騰の原因になるはずがない。

(13) Harvey, W.: *De Motu Cordis et Sanguinis* (1628) の献辞、暉峻義等訳『動物の心臓ならびに血液の運動に関する解剖学的研究』岩波文庫（一九六一）、一七ページ。ただし、いうまでもなくハーヴィの脳にかんする見解は、アリストテレスのそれと全く同じ、というわけではない。『一般解剖学講義』*Prelectiones* (1616) においてハーヴィは、心臓と脳を比較し、心臓の方が生物界においてより広く支配しているが、脳の方がより完全な存在である、と認めている。

(14) Lower, p. 92.

(15) *Ibid.*, pp. 68–69.

(16) *Ibid.*, pp. 200, 219.

(17) Descartes, pp. 121–122, 123, 127, 129.

(18) 中村（1）（一九七二）。

(19) Lower, pp. 60–61, 64.

(20) *Ibid.*, pp. 7–8.

(21) Power, H.: *Experimental Philosophy* (1664), rep., Johnson Reprint (1966), pp. 58, 184.

(22) *Ibid.*, pp. b, b2, b3, 36, 36.

(23) *Ibid.*, p. 193.

なお、ここでパワーは、技術者のみが時計の働きを説明しうると言っているが、デカルトは『哲学の原理』

（一六四四）とくにそのフランス語訳（一六四七）において、すでにこれとほとんど同じ比喩を使っている。桝田啓三郎他訳『世界の大思想』7、河出書房新社（一九六五）、三四〇―三四一ページ。

（24）Power, pp. 36, 73.

（25）*Ibid.*, p. 192.

（26）『実験哲学』第一巻、第二巻のトビラは、『新機関』*Novum Organum* からの引用で飾られている。他にもたとえば、「学識ふかいベーコン卿は、理解の眼は感覚の眼とおなじといっている」(*Ibid.*, p. 82) のような言及がある。さらに、精気の自然遍在性を説くパワーの主張もベーコンの見解に近い。

（27）この件については、中村（1）（一九六三）、一四七ページ（本書一二〇―一二一ページ）、同（3）（一九六四）、二〇ページ（本書一三一―一三三ページ）を参照されたい。ただし、肺動脈に水を注入する実験についてはふれていない。この実験は、ハーヴィのつぎの著書に記されている。
Harvey, W.: *De Circulatione Sanguinis* (1649), trans. by K. Franklin, C. C. Thomas (1958), p. 72.

（28）Lower, p. 155.

（29）*Ibid.*, pp. 2, 68, 154, 168.

（30）中村禎里「ウイリアム・ハーヴェー　その生物学史上の地位」『生物学史研究ノート』一〇号（一九六四）、一―一三ページ（本書Ⅱに「ハーヴィ　その生物学史上の地位」として所収）。中村（1）（一九七二）。

ウィリスとロウアーの生理学説

——とくに心臓運動論について

1　はじめに

一七世紀のなかばは、解剖学、生理学におけるひとつの転換期であった。ハーヴィの手で、組織的な実験が生物学ではじめて実施され成功を収めたのについで、機械論的自然観の波がこの分野にもおしよせてくる。ハーヴィじしんはアリストテリアンとしての傾向をつよくもっていたが、しかしハーヴィのほぼ半世紀あとに生まれたボイルら王立協会の主要メンバーは、すでに機械論の洗礼をうけている。この間、思想的変動と実証的研究の蓄積のなかで、生理学はどのような歩みを示したか。この分野では力学などとちがい、医化学派の伝統もからみあっており、事態はかなり複雑である。心臓の運動および血液の活性化にかんする議論を例にとり、上記の問題点をいくらかでも明らかにするのが本稿の目的である。

2 ハーヴィとデカルトの心臓運動論

ハーヴィの説　一七世紀の中葉には、二つの心臓運動論が対峙していた。ひとつはハーヴィが『心臓と血液の運動』*De motu cordis*（一六二八）において提示した見解(1)で、心臓の運動は心筋の自発的収縮による、とするものであった。この説は、組織学、解剖学、比較解剖学、発生学上の観察、および生理学の実験に根拠をおいている。たとえばハーヴィによれば、心臓は筋肉性であり、その運動は骨格筋の運動に似ている(2)。また心臓を体外にとりだしたり断片にきざんだりしても、自発的収縮をつづける(3)。あとひとつはデカルトが『人間論』*De l'homme*（一六三二）において記し(4)、『方法序説』*Discours de la méthode*（一六三七）で公表した(5)意見であり、彼はこれらの著作で、心臓のなかの血液の膨脹によって心臓の運動を説明しようとした。なお、血液は膨脹にともない活性化されて動脈血に生成する。このデカルト説は、他の論文で示したとおり、ほとんど実証的根拠を有しない(6)。すでに筆者は、晩年のハーヴィがデカルトの批判になかば屈した経過を明らかにした(7)。ハーヴィは『血液の循環』*De circulatione*（一六四九）で、心臓の運動のうち拡張が基本的な相であり、その機構は心臓内における血液の膨脹に帰せられる、と主張した。ただし彼は、収縮運動の機構については依然として、心筋の自発的収縮を採用している(8)。

おなじく筆者が指摘したとおり、ハーヴィは、デカルトへの譲歩だけを動機として自らの心臓運動論を修正したのではなかった。一六二八年と一六四九年のあいだに、ハーヴィの心のなかで、おそらくより根本的に変革的な動きがあった(9)。一六二八年のハーヴィは、生命の本源を心臓にもとめ、心臓が血液を動かしかつ活性化すると考えた。ところが一六四九年になると、彼は、血液こそが生命の本源である、と自説を改めた(10)。この晩年の説の経験的根拠は『血液の循環』に先立って書かれた『動物の発生』において提出されている(11)。すなわち、第一に、発生過程で血液が最初に出現すること、第二に、死につつある動物で心臓の運動が止まっても血液はかすかに動いているのが見られること、第三に、冬眠中の動物は心臓の搏動を行なわないのに生きており、しかも血液をふくんでいること、などがあげられている。これらの経験的「事実」をもとにしてハーヴィは、最初に生じ最後に死ぬのは血液であり、それゆえ血液こそが生命の本源だと論じる。そしてこの血液本源説と整合するためには、血液が心臓を動かすべきであり、その逆であってはならない。一六四九年のハーヴィはまた、血液の循環およびその他のいくつかの実験結果にもとづき、動脈血と静脈血の区別を否定してしまった(12)。この主張は、実験的根拠をまたずとも、彼の学説の基本からの必然的帰結でもあっただろう。つまり、心臓の血液活性化作用を否定し、一方アリストテレスいらいの伝統に従い肺臓の機能を血液冷却作用にもとめた以上、静脈血と動脈血を区別する理由は失われる。

デカルトの説　つぎにデカルト説について簡単に検討しよう。さきに述べたようにこの説はほとんど実証的根拠をもたなかった。では彼はなぜそのような根拠薄弱な説を展開したのだろうか。この疑問にこたえるには、彼の元来の生体運動論をしらべなければならない。デカルトは、骨格筋については、脳から神経をとおって流入した動物精気が筋を収縮させる、と考えている(13)。したがって彼は、この機構を、心臓の運動にも適用してよかったはずである。むしろそうした方が、デカルトは、みずからの生理学の首尾一貫性を誇示しえたであろう。なぜ彼はそうしなかったのか、まず第一に、現実にデカルトが採用した心臓運動の機構は蒸気機関に似ていて、動物機械論者としての彼にふさわしかったといいえる。しかし、彼の骨格筋運動論もまた十分機械的であるから、心臓の運動にかぎってこの機構をしりぞけた理由は、この第一点からはでてこない。第二に、デカルトの骨格筋運動論は、これらの筋が一対の拮抗筋からなりたつことを前提としている。もちろん心筋は、そのような単純な構成をもたない。けれどもデカルトの才智をもってすれば、心筋についても拮抗筋モデルに近い機構を案出することは、困難でなかったろう。現にまもなくロウアーは『心臓論』*De corde*（一六六九）において、心筋が多くの拮抗筋対からなる、という説を提出しているのである(14)。

そこで、つぎの点が決定的な意味をもつ、と筆者は考える。すなわち一六三二年のデカルトは、心臓には神経が分布していない、と主張する(15)。もし心臓に神経が分布していないとすると、心筋への精気の流入は不可能であり、したがって心筋の運動は生じえない。かかるがゆえにデカルトは、心臓の運動を骨格筋の運動とおなじ方式で説明することができず、それ以外の機械的仕組みを構想せざるをえなかったのだと思われる。

以上の二説、すなわち「心筋収縮説」と「血液膨脹説」のうちで一七世紀なかばには、おそらくデカルトの盛大な影響力のもとで後者が有力であった。ところが一六七〇年前後に出版されたウィリスの『血液の燃熱』*De sanguinis incalescentia*（一六七〇）、『筋肉の運動』*De motu musculari*（一六七〇）およびロウアーの『心臓論』（一六六九）を見ると心筋収縮説がふたたび採用されている。ウィリスについてはいくらかあいまいな点があるが、ロウアーの意見はいっそう明確である。そこで、本稿で筆者は、両者の諸著作における心臓運動論の記述をあとづけ、血液膨脹説が廃棄されるにいたった事情を解明したい。

3　ウィリスの心臓運動論

一六五九年のウィリス　ウィリスがもっとも初期の論文『発酵論』*De fermentatione*（一六五九）および『熱について』*De febribus*（一六五九）を書いた時期においては、心臓の運動についてつぎのような見解が示されている。「血液の運動と熱は、主として二つのもの、すなわち血液じたいの性質と組成……および心臓にそなえられている発酵素に依存する。」「血液は精気および硫黄性物質を多くふくむので、きわめて発酵性に富むようになっているが、心室に入ったときいっそう激しく泡だち燃える。」「血液が心室に入ると、血液のタガがゆるみ、活動性の粒子とくに精気性、硫黄性の粒子が……他の部分から離れて四方に膨脹しようとする。」「心臓内の発酵素は、心臓をとおる血液を大いに稀薄化し、泡だたせ、熱くしてとび出させる。……その方法は……もっとも学識ぶかい人びと、エント、デカルトその他によって説かれている」(16)。

けっきょくここでは、心臓の運動機構が、デカルト方式、つまり心臓内における血液の膨脹によって説明されていることが明らかであろう。ただしデカルト説とともに医化学派の見解も混入されている点は見のがせない。ウィリスによれば、血液は精気のほか硫黄性物質をふくむからこそ、発酵素の作用を受けて稀薄化し膨脹する。

なお、後に一六七〇年のウィリスの主張と比較をおこなうさい必要なので、血液の色彩にかんする一六五九年の彼の説明を紹介しておこう。ウィリスは言う。「血液の赤い色が生じるのは、おそらく硫黄性物質の溶解によってである。」食物に由来するこの「硫黄性物質がわずかしか溶解していないときには、血液は水っぽく薄くなり」その発酵能や帯熱能が弱くなる。「静脈から採られた血液が容器のなかで冷却すると……より純粋で硫黄性物質を多くふくんだ部分は、表面に集まり……鮮やかな赤色を呈する」(17)。

すなわち、この時期のウィリスは、動脈血と静脈血の色彩の相違にはあまり注意をはらわず、血液一般の色彩の原因を機能との関連で考察し、その鮮赤色を食物由来の硫黄性物質の溶解に帰した。

一六六四年のウィリス　つぎに『脳の解剖』*Cerebri anatome*（一六六四）を書いた時期のウィリスの見解をしらべる。この著作でウィリスが強調する重要な点の一つは、心臓実質の筋肉性とその筋肉への神経分布の事実である。彼はつぎのように論じている。「心臓の実質は繊維性の肉であり、したがってそれは筋肉とよばれるべきであって、柔組織や凝固物質ではない。それゆえこのばあいにも、他の筋肉とおなじように、それを構成している固有の繊維が、局所的な運動、恒常的な振動をひきおこす。」「何人かの解剖学者は、心臓に属する神経が存在するか否かを疑っている」(18)が、心臓に迷走神経、交感神経および回帰神経が分布していることは、解剖学的観察から明白である(19)。けれども、心臓に分布する神経の数は比較的少なく、それをつうじて供給される動物精気の量は、心臓の継続的な運動をひきおこし維持するには十分でない。「神経によって運ばれるのは、運動と活動の刺激にすぎない、というのは、刺激の働きをなすためには、少数の神経とそのなかを流れるわずかの動物精気でことが足りる」(20)。具体的にいうと、「心臓内の繊維や神経を流れている動物精気は、流入する血液から多くの硫黄性小体をうけとり、両心室壁を拡張する。……動物精気は完全に充満すると、爆発するように揺れ動いて、心臓全体の収縮をひきおこす」(21)。

一六五九年と一六六四年のあいだに、ウィリスの心臓運動論は、デカルトの説から遠ざかりはじめた。すでに述べたように、デカルトが示した心臓運動の血液膨脹説においては、動物精気は何の役も演じない。自説を成立させた当時のデカルトによれば、心筋には神経は分布していない。ウィリスは、まず、みずからの解剖学的研究にもとづき、心筋への神経の分布をみとめた。そうであるからには、心臓運動で神経は一役買わねばならない。しかし一方ウィリスは、医化学的に解釈されたデカルト説から完全には絶縁することができなかった。彼は、心臓への神経分布が少ないという根拠のもとに、依然として血液における硫黄性物質の役割を認めつづける。ただし心臓の運動はもはや血液の独演の舞台ではない。一六五九年の著作では血液の成分として働いた精気は、今や神経をつうじて心筋に入ってくる動物精気にとって代わられる。

さらにあとひとつ、重要な見解の変更があった。すなわち『脳の解剖』においてウィリスは、心臓の運動から発酵素を締めだしてしまった。彼の定義によれば、発酵とは、異質の物質が混在した物体において、とび出そうとする軽い物質と、それを抑えようとする重い物質とが相争うことによって生じる(22)。そして先に引用したように、血液のタガがゆるみ、塩性物質や土性物質などの重い物質の抑制をはねのけて、精気や硫黄性物質が膨脹し心臓を動かす、というのが一六五九年のウィリスの説であった。

ところが一六六四年にウィリスが示した心臓運動の化学的機構は発酵現象の範疇に属さない。事実『脳の解剖』の当該部分において、発酵素への言及はまったく見られない。心臓運動における発酵素の役割喪失は、けっきょくは、心筋への神経分布の確認からの論理的帰結であった。なぜなら、神経からやってきた動物精気の役割を承認すると、心臓の運動をひきおこす化学反応を血液の構成物質内での相互作用だけには限定できなくなってしまう。神経液の物質と血液の物質とのあいだの相互作用は、もはや上記の定義による発酵ではないし、したがってこの反応は発酵素を必要としない。なお、ここでウィリスが発酵にかわって採用した爆発モデルは、ガッサンディからの借用である。

一六七〇年のウィリス　つづいて『血液の燃熱』（一六七〇）および『筋肉の運動』（一六七〇）の時期のウィリスの見解を検討しよう。これらの論文においては、一六六四年にすでに示された意見の変化にそい、新たな根拠をあげてこれを強化しようとした議論のほか、べつの点での意見の新規の変更をも読みとることができる。

まず前者について考えてゆきたい。一六六四年の『脳の解剖』においてすでに、心臓の運動の原因から発酵の役割はしめだされた。一六七〇年の論文ではこの件にかんして新しい根拠が追加される。第一に、密閉された容器内で発酵させると熱が生じるが、空気を通じると熱は生じにくい。また、発酵にさいし、真空中においては泡だちが激しい。一方、動物の血液の熱は、空気との関係で発酵のばあいと逆のあらわれかたをする。動物の生存には空気が必要であり、動物を密閉状態に放置すると、やがて死んで冷たくなる。ウィリスは以上の根拠を、燃焼と呼吸にかんするボイルの実験を引用しながら述べている(23)。第二にウィリスは、通常の状態で血液は異質の物質の混合から成りたってはいない、と主張し、一六五九年の自説を否認した(24)。この変説が実証的基礎をもってなされたとは必ずしも思えないが、いずれにせよ、血液が単一の物質から構成されているとすれば、血液の発酵は不可能である。

さて、新しく出現した意見の変更は、つぎの諸点にみられる。第一に、心臓の運動機構としての爆発から、血液の熱の発生機構が分離された。一六五九年のウィリスにおいては、血液は心臓内で発酵し、熱くなるとともに心臓を拡張する、と考えられていた。一六六四年の著作においても、脳から流れてくる動物精気が、「心臓内の血液の運動とそれへの熱の付与」に影響する(25)、という表現がみられ、依然として血液は、心臓内で熱せられる、と考えられている。しかし一六七〇年になるとメンデルソン(26)およびホール(27)がすでに指摘しているとおり、ウィリスは、血液の熱の生成を燃焼との類比で考察するようになる(28)。動物の生存にかんする上記のボイルらの実験は、おなじボイルによる燃焼実験の結果と並行関係をもつ。すなわち燃焼は、動物の生命および体熱とおなじく、真空中ではたちまち終熄してしまう。

第二に、一六七〇年のウィリスは、「『発酵論』においては、炎の維持のために硝石性栄養の受容が必要であるとは記さなかった」と述べ(29)、訂正の意をあらわしている。すなわち、血液熱生成の燃焼モデルの採用によってはじめて、空気中の硝石性物質の重要性に、彼は印象づけられたのであろう。第三に、血液の色彩の変化にかんするウィリスの見解を検討しよう。さきに述べたとおり、一六五九年のウィリスは、血液の鮮赤色の原因を、それに溶解している硫黄性の物質に帰した。しかるに一六七〇年になると彼は、つぎのように論じている。「血液じしんは（肺循環の過程で）いちじるしい変化をこうむる。右心室から出て肺動脈に入る暗紫色の血液は、すぐに肺臓から戻り赤くなり炎の色のように輝き、左心室、大動脈へと流れてゆく。」暗紫色の静脈血が赤色の動脈血に変化する「直接の原因は、血液に硝石性空気が付加することにある」(30)。このように主張したウィリスは、第四節で示すロウアーの実験（一六六九）について詳しく紹介し、自説がロウアーの実験にもとづくのだと認めている。

第四に、血液の熱について燃焼モデルを採用し、血液の燃焼のさいの空気の必要を承認し、さらに硝石性空気による血液の活性化の場所を肺臓に求めたからには、つぎの結論がみちびきだされる。血液に熱をあたえる場所も肺臓でなければならない。ウィリスによれば「硫黄性粒子とまざり、それとともに燃えている空気の硝石によって、血液はいちじるしく稀薄化し、じっさいに膨脹して炎となり、肺静脈と大動脈の通路のなかで急激にふくれあがる」(31)。第五に、以上の諸点からつぎの見解が不可避的にえられる。すなわち、心臓はたんなる血液の駆出機関であって、それ以外の作用をもたない。「熱を付与される場所（肺臓）から体内のすべての部分に、後者から前者に、血液は永続する経路によって運ばれる。このために心臓のマシンまたはエンジンが必要である。心臓は……肺臓であらたに熱を与えられた血液を受けとり、それを燃えたままの状態で体のすべての部分に押しやり、そして体の各部分から戻ってくる燃えおわり半分消えた不燃性の液をふくんだ血液を受けとって……肺臓に送りだす。……心臓はたんなる筋肉にすぎないけれども、この課題をはたすために……血液の循環に役だっている」(32)。

しかしこの決定的な点において、一六七〇年のウィリスの意見には医化学派の思想が残存していた。

なぜなら、心臓の運動は依然として動物精気と血液中の活性物質との相互作用の結果である、と主張される。とはいえ、この件についてもウィリスの見解は多少とも変化せざるをえない。血液内の活性物質は、一六六四年には硫黄性物質と断定されたが、一六七〇年の彼の説はすこしちがう。活性物質が「硫黄性の液か硝石性の液か」は、「感覚によっては知られないので、この粒子について性急なそして積極的な主張をしようとは思わない」というのが当時の彼の考えであった(33)。ここにもボイルおよびロウアーの実験の影響を見てとることができよう。

4　ロウアーの心臓運動論

一六六五年のロウアー　ウィリスが脳と神経の解剖をこころみていた時代、ロウアーが彼の助手であったことはよく知られている。フォスター(34)、フランクリン(35)などは、『脳の解剖』はむしろロウアーの創意による業績である、と主張した。しかしハイアロンズとメイヤー(36)、メイヤーとハイアロンズ(37)およびイーラー(38)は、研究の方向づけは明らかにウィリスの役割であったと主張している。メイヤーとハイアロンズが指摘するように、ボイルにあてた一六六一年の手紙で、ロウアーはウィリスが指導者であったことを認めており、おそらく基本的には後者のグループの説が正しいと思われる。いずれにせよ、一六六〇年前後にウィリスとロウアーのあいだには密接な協力関係が存在したことに、疑いをさしはさむ余地はない。また一六七〇年前後においても、両者はたがいに他方の著作を引用しあっているので、意見の交換は続いていたのであろう。

ロウアーの最初の著作は『トマス・ウィリスの研究業績』*Diatribae T. Willisii*（一六六五）である。この著作で彼は、ハーヴィ、グリスンおよびウィリスの説にむけたミアーラの批判にたいし反論をよせているが、これを読んでうける印象は、論旨の混乱と首尾の不一貫である。その原因の一つは、この著作が論争的論文であるため、ロウアーの議論が批判の対象であるミアーラの論旨のペースにのせられて、まとまりにくくなったことにあるだろう。あと一つの原因は、ロウアーが上記三人のイギリスの生理学者の説に無批判であり、三者のあいだの意見の対立、および同一人の別の著作のあいだにみられる矛盾に目をふさいでいる事実にもある。『トマス・ウィリスの研究業績』は一六六五年に発表されたのに、そこにもられている見解の内容は、一部の例外をのぞくと一六六四年の『脳の解剖』にではなく、一六五九年の『発酵論』・『熱について』に近い。もともとこの著作は、ウィリスの『熱について』の弁護のために書かれたのだからそれは当然だといえないことはないが、ロウアーは、あたかも『熱について』の時期のウィリスの説と『脳の解剖』の時期のウィリス説の相違に気がついていないかのごとくである。あるいは、『トマス・ウィリスの研究業績』の原稿の大部分は、発行年よりかなり以前に、少なくとも『脳の解剖』より前に書かれたものかもしれない。

『トマス・ウィリスの研究業績』におけるロウアーの説の紹介に入りたい。まず、この論文のある部分で彼は、血液が心臓において熱せられ膨脹することを認め、つぎのように述べている。「血液は心臓の内部を通過するとき、心臓にそなえられている硝石硫黄性の発酵素によって活発になり、燃えるようにして稀薄化する」(39)。

この見解は、一六五九年のウィリス説にほぼ等しいといえよう。ところがこの型の血液膨脹説とともに、別の型の膨脹説が、おなじ『トマス・ウィリスの研究業績』のなかで並存している。それは血液の自然による膨脹説、つまり一六四九年のハーヴィ説である。この時期のハーヴィは、心臓内での血液の膨脹を発酵の直喩で説明しているが、けっして発酵素の存在を主張しているわけではない。むしろ血液の膨脹と発酵の相違について語っている(40)。第二節においても述べたように、当時のハーヴィは、血液が生命の本源であるから、それはみずからの熱で稀薄になり膨脹して心臓を拡張する、と考えていたのであり、一六五九年のウィリスのように発酵素の作用で血液が熱せられるとは主張しなかった。したがって同じ膨脹説でも、ウィリス説とハーヴィ説は明らかに両立しない。にもかかわらずロウアーは、ウィリス説のみならず、一六四九年のハーヴィ説をも強力に擁護する(41)。

ロウアーは、血液が本源的であることの根拠として、つぎの二点をあげる。第一に彼は、「血液が最初に生じることとは、孵化しつつある卵の検査による解剖学的観察から明らかである」と主張する(42)。第二にロウアーは、「ハーヴィは、心臓搏動がすべて止まってしまったのに、心臓内の血液にある種の波動とひそかな震動が存在するのを見た」と述べている(43)が、このハーヴィの観察への言及はまちがいなく肯定的である。上記第一点、第二点ともに、第二節で記したとおり、『動物の発生』および『血液の循環』におけるハーヴィの記載そのものであった。

ところが混乱は以上にとどまらない。『トマス・ウィリスの研究業績』においてロウアーは、四年後すなわち『心臓論』におけるみずからの心臓運動論を予告するかのような表現をも与えている。「心臓じたいが繊維と筋によってきわめて強くつくられ、力づよく収縮し血液を動脈に押しやるには、脳に発し神経をとおってやってくる動物精気が豊富に流れこんで心臓の繊維を活動……させなければならない」(44)。ここで引用した一六六五年のロウアーの見解は、一六二八年の『心臓と血液の運動』のハーヴィ説および一六六四年の『脳の解剖』以後のウィリス説に近い。心臓への神経の分布と動物精気の流入を認めている点では、一六二八年のハーヴィ説より一六六四年のウィリス説にいっそう似ている。だから、ここにはウィリスとロウアーによって進められた脳と神経系の解剖の成果が反映しているといえよう。けれども心筋の運動に関与する化学的物質として動物精気だけをあげ、血液中の硫黄性物質を持ちださない点では、一六六九年のロウアーじしんの説にいちばん近い。

要約すると、『トマス・ウィリスの研究業績』におけるロウアーの心臓運動論は、一六二八年のハーヴィ説、一六四九年のハーヴィ説、一六五九年のウィリス説、一六六四年のウィリス説、および一六六九年のロウアー説の混乱したモザイクである。ただしそのなかで、主として表面に姿をあらわしているのは、一六四九年のハーヴィ説と、一六五九年のウィリス説だと言うことができる。一六六五年のロウアーは、一六五〇年代までのイギリスの生理学の伝統に身を委ねながら、六〇年代になされた脳神経系の解剖学における成果を手がかりにして、自己の独自の主張を模索しつつあった、というのが真相だと思われる。

血液の色彩についても、ほぼ同様のことがいえる。ロウアーは『トマス・ウィリスの研究業績』で、つぎのように主張する。「血液は肺臓においても静脈中にあるときと同じように見える、と確言することができる。左がわの心臓の内部において、血液の加熱または混和はとりわけ完成される。……血液の色彩と濃度のちがいが心臓内の小さな炎または発酵素によることは、すでに反論の余地がないほど明らかである」(45)。

ここでロウアーは、静脈血と動脈血の相違を実験によって示そうとした。「生きている動物において、動脈を切って採りだされた血液は、すべて炎上しているように赤くなっている。しかし静脈からおなじように採りだされた血液は、表面だけが赤く、残りは暗い色に変質している」(46)。

この実験と同じ型の実験が、後述のように、一六六九年の著作でロウアーが呼吸の血液活性化作用を証明したときの重要な根拠となった。一六六五年のほうのこの実験は、静脈血でも表面だけは赤い原因を追究することを怠った点において、一六六九年の実験におよばなかった。それでも一六六五年の実験において、将来のロウアーが進むべき方向を示すきざしが見える。そのことは、呼吸にかんするつぎの議論を念頭におけば、なおさら納得されやすい。彼は「吸息は血液が沸騰するときに生じて血液を冷却する」と論じる一方、「若干の人びとが考えるように、吸息は硝石性の栄養によって血液の活性を回復させる」可能性を承認している(47)。後者の可能性の確証、すなわち空気中の硝石性物質と結合することによって静脈血が動脈血に変化することの発見こそ、一六六九年の著作におけるロウアーの最大の功績となったのである。

一六六九年のロウアー　一六六九年に発表された『心臓論』においてロウアーは、一六六四年とくに一六七〇年のウィリスとおなじく、あきらかに心筋収縮説の立場にたっている(48)。それゆえそのさいロウアーにとって、デカルト説あるいは一六五九年のウィリス説の型の血液膨脹説を批判する必要があった。しかしそれだけではなく、一六六四年、一六七〇年のウィリスが負っていた以外のべつの責任をも、一六六九年のロウアーは負わなければならない。その四年前に『トマス・ウィリスの研究業績』でロウアーが、一六四九年のハーヴィ説をも支持する論陣をはっていたからには、この型の血液膨脹説をも彼は批判の対象にのぼせる責任を有していた。ウィリス旧説およびデカルト説にたいする批判については、第三節における一六六四年、一六七〇年のウィリスのばあいと共通な部分が多いので簡単に述べるにとどめたい。

この点でのロウアーの議論のうち主要な部分はつぎの二点に要約される。第一に、心臓における神経の分布の確認である。彼は言う。「もし血液が自力で動くのだとしたら、心臓の筋肉と神経はなぜ必要か」(49)。心臓における神経の分布の意義をみとめ、このことを多少とも心臓の運動機構と関連させる点では、一六六四年以後のウィリスと一六六九年のロウアーは共通しているが、ロウアーは、神経分布の意義をウィリス以上に重視する。ウィリスは一六六四年以後においても、神経をとおってくる動物精気単独では、心臓を運動させるには十分でないと考え、血液中の硫黄性物質に大きな活動の余地をあたえた。けれども一六六九年のロウアーは、心臓の運動機構については硫黄性物質を無視し、動物精気だけで心臓の運動を十分説明できる、とする。「心臓の運動は神経への（動物精気の）流入によってのみひきおこされる」(50)。第二に、デカルトおよび一六五九年のウィリス説によれば、心臓に入ってきた静脈血は熱せられて動脈血に精製される。つまり彼らにとって、心臓の拡張運動と静脈血の動脈血への変化は、同一過程の二つの現われにほかならない。しかしまもなく示すようにロウアーは、静脈血活性化の場所は心臓ではなく肺臓であることを証明した。心臓において静脈血が活性化されないのであれば、それと一体をなすような心臓の運動もおこなわれえない。

つぎに、一六四九年のハーヴィ説にたいするロウアーの態度を見ておこう。一般的にいってハーヴィは、アリストテレスの影響をふかく受けて、動物体における心臓および循環系の役割をたいへん重くみている。しばしば引用されるとおり、ハーヴィは心臓を王にたとえた(51)。ロウアーの時代には アリストテレスの影響はいちじるしく後退しているが、それでも一六六五年のロウアーは、心筋を「高貴な筋肉」とよぶ(52)。しかし脳の優位はしだいに明確になる。一六六九年の『心臓論』ではロウアーは、「脳じしんは、王が臣下にたいするように、身体の他のすべての部分を支配する」と述べる(53)。ここにはアリストテレス思想の後退とともに、もちろん脳神経の解剖学の成果も反映していよう。いずれにせよ、かくてハーヴィの心臓本源説およびその系としての血液本源説の思想的基盤はくずれてゆく。

なかでもハーヴィの血液本源説は、胚発生過程において血液の分化と運動が最初にはじまり、心臓が止まった動物においても血液の動きは残る、という観察にもとづいている。そして既述のとおり、一六六五年のロウアーは、この観察を支持したのであった。ところが『心臓論』においてはロウアーは、この支持をすべて撤回するにいたった。彼は主張する。胚発生開始期における血液の運動は「血液をとりまいている膜（の運動）に帰せられる。」「心室が死んだのちの大静脈における血液の揺動は……血液の自律運動ではなく血管の局所的収縮による」(54)。こうしてロウアーは、ハーヴィの観察が事実とあわないことを指摘したが、このさいハーヴィには利用できなかった顕微鏡が、誤った観察の是正に役だったのかもしれない。パワーは、『実験哲学』*Experimental philosophy*（一六六四）において、ニワトリ胚で血液の運動がはじまるまえに、二心室二心房の心臓が完全にできあがっている、と述べている(55)。ロウアーが、みずから胚の顕微鏡観察をこころみなかったとしても、同国人でしかもおなじ王立協会に属するパワーの観察結果を知ることができたろう。

ロウアーは、血液本源説を否認すべく、あとひとつ興味ぶかい実験結果を提出している。彼はつぎのように述べている。「血液の沸騰が血液の運動を助けるかどうかを確かめるために……イヌの心臓から血液を抜き、そのかわりに比較的稀薄化しにくく、また沸騰しにくい他の液体を、同量静脈をつうじて注ぎこみ、心臓の運動が弱まらず続くかどうか調べようと思った」(56)。彼がこの実験で血液のかわりに注入した液体は、ブドウ酒、ビール、スープであるが、いずれのばあいも心臓は運動を続けた(57)。

血液の色彩の変化にかんする問題に移ろう。第二節で記したとおり、一六四九年のハーヴィは動脈血と静脈血の差異を否認し、デカルトおよび一六五九年のウィリスは静脈血が活性化されて動脈血に変わる場所は心臓であると考えた。これらの誤りを突破するための決定的なポイントは、肺臓の機能の証明であった。ロウアーは一六六九年の『心臓論』において、つぎの実験と観察の結果を発表している(58)。(1) 動物の気管を切り栓をして結紮する。そののち頸動脈を切ると出てくる血液の色は暗い。(2) しめ殺した動物の左心室および大動脈の血液の色は暗い。(3) しめ殺した動物に空気を吹きこみ、肺動脈に血液を流し入れると、肺静脈から鮮赤色の血液が出てくる。(4) 体外にとられた動脈血は、熱を失っても暗い色にはならない。このことは血液の色の変化が熱によるのではないことを示す。(5) 静脈血を容器にとると、その表面は空気にふれて鮮赤色に変わる。容器のなかでかきまわされた静脈血の色は、全体として鮮赤色になる。(6) 血液は暗い色の状態で肺臓に入り、鮮赤色に変わって肺臓から出てくる。

以上の実験および観察にもとづきロウアーは、第一に、静脈血が心臓において熱せられ動脈血に変わるとするデカルト説、一六五九年のウィリス説を拒み、第二に、動脈血と静脈血のあいだの差異をみとめない一六四九年のハーヴィ説の誤りをもただすことができた。なおロウアーは、自分もかつては、肺静脈にふくまれる血液が静脈血であり、それが心臓で熱せられて動脈血に変わる、と信じていたむね告白している(59)。もちろん、かつての自説とは、『トマス・ウィリスの研究業績』における彼の主張を意味する。その過誤の原因としてロウアーは、実験の技術的な欠陥、およびウィリスの権威の影響をあげる。そして実験技術の改善（前記の第三番目の実験でなされた空気のふきこみ）はフックに負うと明らかにしている。

5　ウィリスの生物学思想

ウィリスと医化学説　第三節で述べたように、ウィリスは一六五九年から一六七〇年のあいだに、しだいにデカルトの心臓運動論から離れ、また彼の医化学的な見解もいちぶ変化してゆく。ではウィリスにおいて、生命現象の説明原理はどのような性質のものであったろうか。彼は『発酵論』で、自然の事物の説明原理として三つの立場を示す(60)。第一はアリストテレス思想とくに四要素説、第二は原子論、第三は化学者によって導入された原質説である。ここでウィリスは、原質として精気、硫黄、塩、水および土をあげる。彼によれば、第一のアリストテレスの立場は、自然現象の説明に役だつが現象を救うだけである。原子論の主張は、事物の機械的な理解をくわだて、自然を労働の道具に類比し、科学におけるいくつかの困難を解いたが、一方、自然現象について我われの感覚からあまりにも離れた観念をもちこんだ。かくてウィリスは、けっきょく「化学者の説」に好意をよせる。したがって彼の生命観も医化学的である。一般的にいって、彼の立場からみれば、身体内における諸変化は、いずれも化学変化の過程にほかならない。彼は『発酵論』でつぎのように論じる。「あらゆる臓器にはさまざまな性質の発酵素が存在し、その助けによって、乳糜、動物精気……がつくられる。また、血液を完成し、血液を他の体液に変え、血液から老廃物を分離するのに役だつ発酵素も存在する」(61)。

ウィリスにとって、生物体は、発酵素、試薬および化学器具をふくむ化学実験室あるいは醸造工場に比すべき存在であった。動物精気の生成過程を例にとると、脳と付属神経は、ワインを蒸溜するときのガラスのランビキとその上に付いたスポンジに相当する。脳柔膜をおおう血管はランビキに吊り下がっている蛇行管のようである。これらの方法で「化学的錬金術師の手になるように」動物精気は抽出される(62)。

では、このような医化学的生命観は、第三節で示したウィリスの功績に有効であったろうか。一六六四年以後の心筋収縮説の採用は、主として、心筋に入る神経の確認によるのであって、この点は医化学思想には関係がない。むしろ彼が最後まで、心臓の運動への「硫黄性物質」の介入をほとんど捨てることができなかった事実に注目すべきであろう。心臓の運動の問題にかんするかぎり、医化学的な思想は、生理学への彼の貢献になんらの役割をも果たさなかったと言ってよい。

ウィリスはやがて、血液の熱を燃焼モデルによって説明するようになるが、ここでボイルらの新しい型の実験科学者の影響が働いていることは第三節においてすでに指摘した。イーラー(63)によれば、ウィリスはペティと一六五〇年ごろから、フックとも一六五三年から知りあいであった。しかしながらメイヤーとハイアロンズ(64)が述べているように、ウィリスと王立協会の中心メンバーとのあいだの関係は、かならずしも親密だとはいえなかった。本稿の内容から知られるとおり、ウィリスは王立協会の中心メンバーの研究成果を十分尊重しているにもかかわらず、やはり両者のあいだに科学思想の相違があったことは、否定できない。ウィリスは、おそらくパラケルスス主義者であった薬剤師のイール夫人の手伝いをしていた学生時代いらい、医化学派の影響をつよく受けており、この傾向から彼は一生ぬけきれなかったと思われる。

ウィリスと機械論哲学

つぎにウィリスと機械論哲学との関係を検討しよう。初期の彼は、心臓の運動機構にかんする自説の正当性を示すために、デカルトの名前を使ったことは第三節で述べた。またおなじ第三節で指摘したとおり、ハイアロンズとメイヤー(65)によれば、一六六四年以後のウィリス説すなわち心臓収縮の爆発説は、ガッサンディに負うところが大きい。いずれにせよ、ウィリスにおける機械論は二つの部分にわけて考えるべきであろう。

その第一は粒子論である。この思想は、ウィリスにはっきりと認められる。ただし粒子論じたいはルネサンスの物活論の傾向のなかですでに復活をはじめており、それがいわゆる機械論者に固有のものだとは、必ずしも言えない。イーラー(66)は、ウィリスの粒子論は医化学派とくにバソの影響によると示唆している。しかし彼の粒子論思想は、心臓運動論におけるデカルトとガッサンディの影響にも接続しているはずである。さらに一六七〇年になってウィリスが、血液の熱の説明根拠を発酵モデルから燃焼モデルに切りかえたさいにも、ボイルの粒子論が一役買っているようである。第三節で示したとおり、真空中では発酵の泡だちが激しい事実などが、ボイルが明らかにした実験結果として引用され、動物の熱は発酵に起因するのではないことが、そこから帰結されている。要するに総体的にみると、粒子論は、心臓運動論において真相に近づく方向のみに作用したとは言えないし、また逆に真相から遠ざかる方向にのみ作用したとも考えられない。

第二は、機械類比の自然観ないし生命観である。このばあいには、研究方法との関連で議論しなければならない。まず医化学的思想は、ある点で「機械論的研究方法」に結びつく。ウィリスによれば、物質の成分を蒸溜その他の方法で分別してゆくことが可能であり、化学的分析の方法は、この点で機械の分解に似ている。「物質は固定し安定した原質からなっており、メカニックエンジンのように部品に分割しても、その機械をそこなうことなく、ただちにもとの全体に戻すことができる。」『発酵論』においてウィリスはこのように主張している(67)。

では、化学的分析法は、いかなる成果をウィリスにもたらしたであろうか。この方法は、化学そのものの分野ではもちろん大きな貢献をなしたであろう。しかし、ウィリスの生理学では、せいぜい、体外に放置した血液がひとりでに血清と血餅にわかれるのを見たこと(68)が、それであると言えば言えるていどであろう。けれども、実験法としてではなく類比的説明法としての「化学的分析法」は、ウィリスにおける医化学的生命観の構成を可能にした。体内における分別過程をつうじて、血液や動物精気の生成、体液の多様性が実現される、と彼は考えた。

分析的研究方法と機械の分解との類比は、『筋肉の運動』においても述べられている。「時計やエンジンの動きをしらべようとする人は、その機械じたいを部品にわけ、単一の仕組みを考察するであろう。そしてその現象のすべてではないとしても、主な原因と性質を知ることを疑わないであろう。同様にして、筋肉の構造と部分、および運動する繊維の構造、機能、変化をしらべるために、それが目前にもたらされたとき、その運動機能の方法と原因を明らかにすることを断念すべきだろうか」(69)。

ここでウィリスは、解剖学的分割認識の重要性を主張している。ウィリス以前の生理学において解剖学的方法が大きな貢献をなしたことについては、筆者はハーヴィを例にあげて何度も論じたことがある(70)。ウィリスの研究活動にかんしても、脳と神経の研究においては直接に、心臓運動論においても間接に、解剖学がはたした役割の大きさは十分明白であろう。

実をいうと、化学および解剖学における分析的方法が、機械論的自然観の影響のもとに成立したとは、到底おもわれない。なぜなら化学的分析法も解剖も、機械論的自然観がヨーロッパの知的世界で有力になるまえに、しかも前者についてはパラケルスス、後者についてはハーヴィのような非機械論者の手で、十分発展していたからである。ただしウィリスが、機械論哲学の影響をいくらか受けることによって、分析的方法の正当性をいっそう強く確信したことは、ありうる。なお、ウィリスの医化学的生命観ないしは化学実験室類比の生物観と、上記機械類比の生命観とのあいだの関連が、当然問題になる。もちろん、化学実験室には、ガラス器その他の機械が配置されている。この点からいって、機械類比の生命観は、医化学的生命観に包まれて現われうる、と言ってよい。前項でとりあげた動物精気生成の議論にてらしても、ウィリスのばあいには、そのことが確認できよう。それにしても彼は、自分の性向が哲学癖から縁どおいと認めており(71)、二つの生命観の関係について、つきつめて考えたりすることはなかったろう。

6　ロウアーの生物学思想

生命観　ロウアーは、彼の研究生活をウィリスのもとではじめたのであるから、思想的な面でもウィリスの影響を受けたであろうことは、想像にかたくない。『心臓論』においてロウアーは、食物が消化され乳糜と糞に分離する過程においても、また乳糜が精気、硫黄性物質、粘性物質、塩液、焦性物質、煤などに分離する過程においても、二つの要因すなわち発酵と機械的分離の働きがなされている、と主張する(72)。第一の要因はウィリスの思想の継承だといえるが、第二の要因はべつの性質を示すものである。栄養と糞の「分離がいかなる方法でなされるかについては、腸の内壁のさまざまな孔が、乳状のクリームだけを通すように配置され、形をあたえられていることによってのみ、理解される。より粗大な部分は、腸の孔に似ていないし対応もしていない。」「乳糜は……さまざまな孔や開口に相応して……諸器官に加えられる」(73)。以上のように言うとき、ロウアーは、栄養諸成分の質的差異、諸器官の質的差異を、大きさ、形のような第一次性質に帰着させようとしている。

ウィリスはすでに『発酵論』において、血液はスポンジで濾過され動物精気のみが脳にとりこまれる、と述べており、ロウアーも、『トマス・ウィリスの研究業績』で、より漠然としてではあるが同趣旨の見解を示している(74)。けれども『心臓論』のロウアーは、栄養分別の鍵‐鍵孔モデルを、より明確により全面的に展開したのであった。そしてこのモデルは、じつはデカルトによってつとに用いられていた(75)。これらの点を考慮すると、ロウアーの主張には、機械論的な面がかなり濃厚であると、おそらく言えるだろう。

しかしそもそも、生物学における機械論とはなにを指すべきだろうか。この点については別に論じたことがある(76)が、ここでとりあげているのは生命現象の擬機械的説明である。生物体の機能のうち一部をメカニカルに説明したからといって、その説明者が機械論者であるとはいえない。生命現象のうち四肢の運動や心臓の運動のように、がんらいメカニカルでもある機能をメカニカルに説明したくなるのは、機械論者ならずとも当然のなりゆきであろう。アリストテレスにせよガレノスにせよ、生命現象の一部をメカニカルに説明している。生物体を全体として擬機械的に説明しようとする努力があるかどうかが、機械論者とよぶにふさわしいか否かを判断する目印となるであろう。機械論者の議論においては、全生体機能、あるいは一般性のいちじるしい生体機能について、実証なしにでもあえてメカニカルな説明をあたえようとする熱意が、議論のなかに洩れてみえるにちがいない。

ではロウアーのばあいどうか。生物体内における栄養の選択的配分は、基本的な生体機能のひとつであり、しかも直観的には機械の働きと類比されにくい生命現象である。したがってなんらの実証もなしに、この機能を栄養粒子と器官のあいだの形と大きさの適合関係で説明しようとするロウアーの熱意は、やはり彼が機械論に大きくかたむいている事実を物語る。けれども、栄養粒子のよりわけ機構は、化学実験室の濾過装置となら直観的に類比可能である。現にウィリスは、動物精気の選択的透過機構としてスポンジ類比を採用した。この点を考慮すれば、ロウアーの機械論的傾向は、やはり化学実験室類比の生物観に包摂される、と結論できよう。要するに彼は、型にはまった機械論者ではないし型にはまった医化学者でもない。またさりとて他の××主義者でもなかった。ウィリスにくらべロウアーは、医化学的傾向をいっそうわずかに示し、機械論的傾向をいっそう顕著にあらわしているが、各部分が全体にたいしぬきさしならぬ地位を占めるような体系的理論を大切にするデカルト型の学者ではなかった。そして医化学思想も機械論も、ロウアーの心臓運動論、血液活性化論では、大した役割をはたしていない。

実験的方法　ウィリスとロウアーの生物学思想において、あとひとつ重要なのはハーヴィ的な実験の方法の継承と展開である。ウィリスも多くの実験をこころみている。もっとも広くなされたのは、血管にインキを注入し血管の分布をしらべる実験であった(77)。この方法によって彼は、脳の各部分における血管の分布を明らかにすることができた。

ロウアーの実験は、いっそう組織的で巧妙である。彼は医学史上では、輸血実験を最初におこなったので有名であるが、この輸血実験の着想は、ロウアーじしんが認めている(78)ように、イヌの血管内から血液をぬき、そのかわりにワインやビールを注入した彼の実験からきている。そしてワイン、ビールの注入実験は、おそらく上記ウィリスのインキ注入実験の変形であろう。インキ注入実験も、もしかしたら、ウィリスの助手であったロウアーの着想によるのかもしれない。一方、血液の活性化と呼吸の関係を証明したロウアーの諸実験は、ハーヴィの実験方法を彷彿せしめる。第四節であげた（1）の気管結紮は、腕の血管結紮実験(79)に似ている。（3）の実験でロウアーは肺動脈から血液を押し流しているが、ハーヴィも肺循環の存在を証明するために肺動脈に水を押し流している(80)。（4）（5）は、容器に動脈血、静脈血を入れてその変化をしらべる実験であるが、ハーヴィは、動脈血が精気を放出しないことを示すため、動脈血と静脈血を容器に入れ比較する実験をこころみた(81)。

ここでは省略するが、心臓の運動機構についても、ロウアーはハーヴィがなしたのと同一または類似の実験をおこなっている(82)。

7 要約と結論

以上、心臓運動論を中心に、ウィリスとロウアーの生理学説を検討してきた。両者をふくめ、本稿でとりあげた著作における心臓の運動機構の説明は、表1で示される。ウィリスとロウアーの初期の心臓運動論を、両者の後期の説と比較すると、血液膨脹説から心筋収縮説への移行が確認される。それをすすめたのは、解剖学的諸観察および生理学的諸実験であった。この過程で、両者の医化学的思想は多少とも後退し、機械論的生命観の影響は少しは増大したといえるかもしれないが、それらの変化は、生理学説そのものの変化ほどには著しくない。またいずれにせよ、思想レベルでの変化が、生理学説の変化の原因になっているとは考えられない。最近、科学上の学説の変化について、思考枠の変化の先導性を

表1

著　者	発表年	心臓の運動機構	関与する主な物質
ハーヴィ	1628	H	bp
ハーヴィ	1649	B・[H]	bw
デカルト	1632	B	hw
ウィリス	1659	B	bp・bl・f
ウィリス	1664	H	np・bl
ウィリス	1670	H	np・(bl∨bt)
ロウアー	1665	B・[H]	bw・np・f
ロウアー	1669	H	np

ただしH: 心筋収縮説, B: 血液膨脹説, bp: 血液由来の精気, bl: 血液由来の硫黄性物質, bt: 神経由来の硝石性物質, bw: 血液由来の熱, np: 神経液由来の精気, hw: 心臓由来の熱, f: 発酵素, [　] 内は従属的に主張されている説.

強調する科学史家が少なくない(83)が、生物学のように即物性のつよい科学においては、思考枠先導の局面ばかりを強調することはできないように思われる。

註

(1) Harvey, W.: *De motu cordis et sanguinis*, ed. K. J. Franklin, Blackwell Scientific Publ. (1957), p. 137.
(2) *Ibid.*, pp. 135–136.
(3) *Ibid.*, p. 144.
(4) Descartes, R.: *Œuvres des Descartes*, ed. C. Adam & P. Tannery, XI, J. Vrin (1967), pp. 123–125. ただし、*Passions de l'âme*（一六四九）においてはデカルトは、心臓への神経の分布をみとめている。
(5) Descartes, R.: *Œuvres*, VI (1965), pp. 49–50.
(6) 中村禎里「ウイリアム・ハーヴェー　その生物学史上の地位」『生物学史研究ノート』一〇号（一九六四）、一―一三ページ、（本書Ⅱに「ハーヴィ　その生物学史上の地位」として所収）、とくに六ページ（本書一五七―一五八ページ）。
(7) 中村禎里「William Harvey とその生理学説」Ⅱ、『科学史研究』六四号（一九六四）、一八―二四ページ（本書Ⅱに「ハーヴィとその生理学説」として所収）、とくに二一―二三ページ（本書一三六―一四一ページ）。
(8) Harvey, W.: *De circulatione sanguinis*, ed. K. J. Franklin, Blackwell Scientific Publ. (1958), p. 146.
(9) 中村（7）、一九―二〇ページ（本書一三一―一三五ページ）。

(10) Harvey (8), p. 151.
(11) Harvey, W.: *The Work of William Harvey*, tr. R. Willis, London (1847), repr. Johnson Reprint (1965), pp. 374, 376.
(12) Harvey (8), pp. 126–127.
(13) Descartes (4), pp. 133–138.
(14) Lower, R.: *De corde*, London (1669), in *Early Science in Oxford*, Vol. 9, Dawsons (1932).
(15) Descartes (4), pp. 138.
(16) Willis, T.: *Of feavers*, London (1684), pp. 49, 54.
(17) *Ibid*., pp. 49, 51.
(18) Willis, T.: *The anatomy of the brain*, London (1684), p. 124.
(19) *Ibid*., p. 123ff.
(20) *Ibid*., p. 124.
(21) *Ibid*., p. 110.
(22) Willis, T.: *Of fermentation*, London (1684), p. 1.
(23) Willis, T.: *Of the accension of the blood*, London (1684), pp. 24–25.
(24) *Ibid*., p. 22.
(25) Willis (18), p. 132.
(26) Mendelsohn, E.: *Heat and life*, Harvard U. P. (1964), p. 48.
(27) Hall, T. S.: *Ideas of life and matter*, Vol. 1, U. Chicago P. (1969), p. 319.
(28) Willis (23), pp. 22–24.

(29) *Ibid.*, p. 25.

(30) *Ibid.*, p. 25.

(31) *Ibid.*, p. 25.

(32) *Ibid.*, pp. 25–26.

(33) Willis, T.: *Of musculary motion*, London (1684), p. 34.

(34) Foster, M.: *Lectures on the history of physiology*, Dover (1970), pp. 270–271.

(35) Franklin, K. J.: The work of Richard Lower, *Proc. Roy. Soc. Med.*, Vol. 25 (1931), pp. 113–118, とくに p. 114.

(36) Hierons, R. & A. Meyer: Some priority questions arising from Thomas Willis' work on the brain, *Proc. Roy. Soc. Med.*, Vol. 55 (1962), pp. 287–292, とくに p. 387.

(37) Meyer, A. & R. Hierons: On Thomas Willis's concepts of neurophysiology, II, *Med. Hist.*, Vol. 9 (1965), pp. 142–155, とくに pp. 149–150.

(38) Isler, H.: *Thomae Willis*, Hafner (1968), pp. 105–107.

(39) Lower, R.: *Diatribae Thomae Willisii Vindicatio*, London (1665), p. 115.

(40) Harvey (8), pp. 146, 151, 154.

(41) Lower (39), p. 33ff.

(42) *Ibid.*, p. 39.

(43) *Ibid.*, p. 35.

(44) *Ibid.*, p. 124.

(45) *Ibid.*, p. 118.

(46) *Ibid.*, p. 117.
(47) *Ibid.*, p. 125.
(48) Lower (14), p. 60ff.
(49) *Ibid.*, p. 64.
(50) *Ibid.*, p. 88.
(51) Harvey (1), p. 115.
(52) Lower (39), p. 124.
(53) Lower (14), p. 92
(54) *Ibid.*, pp. 68, 70.
(55) Power, H.: *Experimental philosophy*, London (1664), repr. Johnson Reprint (1966), p. 60.
(56) Lower (14), p. 66.
(57) *Ibid.*, pp. 66–67.
(58) *Ibid.*, pp. 164–169.
(59) *Ibid.*, pp. 163–164, 167–168.
(60) Willis (22), p. 2.
(61) *Ibid.*, p. 12.
(62) *Ibid.*, p. 12, Willis (18), pp. 69, 72.
(63) Isler, pp. 16–17.
(64) Meyer, A. & R. Hierons, pp. 144–148.
(65) Meyer, A. & R. Hierons: On Thomas Willis's concepts of neurophysiology, I, *Med. Hist.*, Vol. 9

(1965), pp. 1–15, とくに pp. 5–6.

(66) Isler, pp. 61–63.

(67) Willis (22), p. 8.

(68) Willis (16), p. 51.

(69) Willis (33), p. 32.

(70) 中村禎里「William Harvey とその生理学説」I、『科学史研究』六八号（一九六三）、一四五—一四九ページ（本書IIに「ハーヴィとその生理学説」として所収）、とくに一四八ページ（本書一二二—一二三ページ）。

中村（6）、七ページ（本書一五八—一六〇ページ）。

中村禎里「近代科学の成立過程」、中村・里深文彦編『現代の科学・技術論』三一書房（一九七二）、五—四九ページ（本書Iに所収）、とくに二四ページ（本書二六—二七ページ）。

(71) Willis (22), p. 2.

(72) Lower (14), pp. 193, 200, 215–220.

(73) *Ibid.*, pp. 200, 219.

(74) Lower (39), p. 30.

(75) Descartes, R. (4), pp. 121–123, 127, 129.

(76) 中村（70）（一九七二）、三六—四二ページ（本書四〇—四六ページ）。

(77) Willis (18), pp. 71, 72, 83, 85, 179.

(78) Lower (14), pp. 172–173.

(79) Harvey (1), pp. 176–181.

（80）　Harvey (8), p. 157.

（81）　*Ibid.*, pp. 126–127.

（82）　Lower, R. (14), p. 66.

（83）　Kuhn, T. S.: *The structure of scientific revolutions*, U. Chicago P. (1962)、中山茂訳『科学革命の構造』みすず書房（一九七一）。

機械論的生命観の系譜と現状

1　動物＝時計の比喩（1）——ハーヴィとデカルト

機械論的生命観のもっとも単純な種類は、生物をなんらかの機械にたとえる見かたである。機械論的生命観が頭をもたげてきた一七世紀においては、当時最高に精密な機械と考えられていた時計と動物との類比が、さかんにおこなわれた。しかし、動物の働きを時計じかけの動きにたとえる立場が、最初から機械論そのものであったかというと、それは事実に反する。

血液循環の発見者として有名なハーヴィ（William Harvey 一五七八—一六五七）は、『動物の発生』（一六五一、ただし草稿はもっと古い）のなかで、つぎのような趣旨の主張をしている。磁針は南を指す。時計は日夜時間を示す。これらのものは、それを構成している物質的要素以上の、より神聖な性質を分与されていると認めるべきである。いわんや、生物体においてはなおさらである。

ハーヴィはここで、物質は神的な力をやどしているおかげで、物質固有の限度をこえた働きをあらわす、と主張している。時計の運動は人工的な運動であるが、時計の材料である金属そのものは時間を示すことができない。時計のような人工物のばあい、その材料である物質固有の限度をこえた働きを可能にする力として、ハーヴィが念頭においていたのが何であるか、はっきりしない。彼は、時計を製作する職人、それをセットする利用者を頭にえがいていたのかもしれないし、また時計－人間系を支配している神を示唆したのかもわからない。ともかくも、ここで私が言いたいのは、時計と動物との類比は、必ずしも単純な機械論にむすびつくとは限らない、ということである。ハーヴィのばあい、生物が非物質的な存在に支配されていることを説明するために、動物＝時計比喩がもちいられた。

さて、動物と時計を類比した機械論者の代表はデカルト（René Descartes 一五九六―一六五〇）である。彼は『方法序説』（一六三七）のなかで、心臓の運動を時計の運動にたとえ、時計の運動が、平衡錘、歯車等の位置と力によって生じるように、心臓の運動は心臓の構造、弁、血液の性状、心臓の熱によって必然的にうまれるのだ、と説いている。デカルトは、このように動物と共通な人体の働きは、すべて機械の働きと同等のものと考えた。ただ人間においては、動物や機械とちがって精神と言葉があたえられている、というのが彼の意見であった。

機械論的生命観を評価するさい、それが誕生した歴史的な流れを無視してはならない。さきに引用したハーヴィの意見からも容易に推察されるように、当時においては、自然とくに動物の働きにおいて未知の部分は、「神的な力」によるとして、それを説明する努力が放棄される傾向があった。一方、デカルトが考えたように動物が機械であるなら、その仕くみはすべて経験的、合理的に理解され、人間の支配下におかれることになる。一般に機械論は、人間の知識と力の進歩にかんする楽観論と縁がふかい。

デカルトは、人間と動物に共通な身体の働きを機械との類比で説明したが、精神の働きだけは別に考えざるをえなかった。この立場にたつと、人間において、精神が身体の働きに影響をあたえたり、逆に身体の働きが精神に影響をおよぼしたりする事実の説明が必要になる。彼は脳の松果腺が両者の仲だちをすると推論したが、この説明は杜撰で多くの支持をえることができなかった。

たとえば、精神が松果腺をつうじて身体を動かすとなると、運動量保存則が破産してしまう。デカルトが運動量保存則の提唱者であっただけに、この矛盾は彼にとって苦しいところであった。彼は、精神は身体の運動をひきおこすのではなく、脳神経系を通る精気の運動の方向を変え、こうして筋肉の運動を支配するのだ、と抗弁した。つまり精神の身体への働きかけは運動の方向を変えるだけで、運動量は保存されると考えて、難点をすりぬけようとしたのである。しかしそれでもデカルトの解決は説得的でなく、この問題の解明は、その後、哲学者および生理学者の宿題として残されることになった。

2　動物＝時計の比喩（2）——ライプニッツとラ・メトリ

デカルトが迷いこんだ袋小路から脱するための提案が、一七世紀の終わりから一八世紀のなかばにかけて、いくつかなされた。ここではライプニッツ（Gottfried Wilhelm Leibniz 一六四六—一七一六）およびラ・メトリ（Julien Offray La Mettrie 一七〇九—五一）の意見を紹介しよう。

ライプニッツの説の第一の要点は、動物は機械ではない、と主張したことにある。彼によれば、生命と精神と理性的精神のあいだには連続があり、動物の精神を否定するデカルトの理解はたいへんな間違いをおかしている。いいかえれば、動物と人間のちがいは程度の問題にすぎない。第二にライプニッツは、身体と精神を切りはなすことはできない、と考えた。ライプニッツとデカルトの立場をもっと一般的に対比すると、デカルトは、自然界（生物をふくむ）は一定の形をもった物の拡がりである、と論じたが、ライプニッツはそれの理解には物の拡がりだけではなく力の概念（精神をふくむ）が必要である、と主張した。

さて動物および人間において、精神と身体が不可分にうまく関連しあっているとしたら、それは、どのような仕くみによって成りたっているのだろうか。この問題こそ、デカルトが人間論において追いこまれた袋小路であったが、ライプニッツは、ここで唯一の真の脱出路を発見したと信じた。彼によれば、自然界においては運動量が保存されるだけでなく運動の方向も保存される。したがってデカルトの学説を採用するかぎり、矛盾からのがれることはできない。そこでライプニッツは、神が自然界を創造したとき、精神と身体の変化が相応的におこなわれるように予定したため、現在でも両者が一見うまく相互作用しているかのようにみえるのだ、と主張した。

予定調和説とよばれているこの主張を説明するさい、ライプニッツは精神と身体の関連について時計の比喩をもちだしている。彼によれば、二個の時計の針が完全に一致しているばあい、その仕くみは三通り考えられる。第一の仕くみは、両方の時計が相互に影響をおよぼしあい、針の動きを調整しあう方法である。第二は、人間が両方の時計をたえず監視しており、もし両者の針のあいだにずれが生じたら、針の位置をなおす方法である。第三は、二個の時計は非常に精巧につくられたので、永遠に両方の針の動きが一致するばあいである。第一の例は、いうまでもなくデカルトの説で、すでに破産している。第二の例は、マルブランシュ（Nicolas Malebranche 一六三八―一七一五）などが唱えた機会原因説を指す。マルブランシュは、精神または身体の一方の運動を機会として神が介入し、他方をそれにあわせて動かす、という説明を採用した。ライプニッツは、機会原因説は神の奇蹟にたよる御都合主義に他ならないと批判し、第三の例に対応する予定調和説によってのみ、すべてが正しく理解されると強調したのであった。しかしこの比喩は、あくまで説明の便宜のために使われたのであって、彼は動物が時計のような機械と同じだと考えたわけではなかったことは、さきに記したとおりである。なお、以上のライプニッツの説は、『実体の本性および交通ならびに精神物体間に存する結合についての新説』（一六九五）、『実体の交通にかんする説の第二解明・第三解明』（一六九六）、『理性にもとづく自然および恩恵の原理』（一七一四）、『単子論』（一七一四）などに述べられている。

つぎにラ・メトリであるが、彼は一八世紀フランス啓蒙思想家の一分流としての唯物論者を代表する人物である。その『人間機械論』（一七四七）の論旨は、要するにデカルトの動物機械論を人間にまでおしひろげたことにある。ライプニッツによる否認とまったく逆の方向から、ラ・メトリはデカルトの動物機械論を拒否したのである。ライプニッツは「動物も機械ではない」と主張したが、ラ・メトリは「動物だけが機械なのではない」と断じた。『人間機械論』の数か所に、人間と時計の類比がでてくる。彼によれば、人間の身体は巨大な時計であり、非常な技巧と数奇をこらしてつくられている。また人間のサルにたいする関係は、精巧な時計の粗悪な時計にたいする関係にほかならない。総じて、動物だけでなく人間も機械であるとするラ・メトリの説の根拠のひとつは、精神の働きが身体的条件によって左右される事実であった。たとえば、体質・睡眠・健康と病気・飲食と飢餓・性・妊娠・年齢などの精神状態にたいする影響があげられている。あとひとつの根拠は、人間と動物との発生学的、解剖学的類似である。脳の体積としわの数は人間がいちばん多いが、それも比較的にいっての話であり、人間についでサルの脳が大きく、しわも多い。さらにラ・メトリは、人倫の存在が人間を動物から区別する理由にはならないと指摘し、人間はばあいによっては動物よりも残酷だし、人倫と称するものも利己的な動機にもとづいて成立する、と論じた。

3　時計から人工臓器へ

ライプニッツの力としての生命・精神の説とラ・メトリの人間機械論は、一八世紀後半までの生命論における二本の柱であったといえよう。両者は、ラマルク（Jean Baptiste Lamarck 一七四四―一八二九）によって動的な唯物論として統合され、進化論をうみおとした。すでにライプニッツは諸動物と人間の精神の連続を、ラ・メトリはおなじく脳の構造の連続を主張していた。動物は内的な力によって下等なものから高等なものへと進化してゆく、とラマルクは主張したが、その力が非物質的なものだとは決して見なさなかった。彼は『動物哲学』（一八〇九）のなかで、動物は内的な力によって運動するので受動的な機械ではない、と述べている。おそらくラマルクにとって、動物は、能動的にみずからを発達させてゆく特殊な機械だったのである。

このようにラマルクは、一八世紀末までの生命観を集約したのであるが、同時に一九世紀に展開する思想を予知している。彼は動物において、動力機と一体化した作業機を直観した。すでに見たようにライプニッツは、動物体は力と不可分であるゆえに機械ではない、と強調したのだが、彼の世代は水車のような原始的なものをのぞいて動力機を知らなかった。けれども一八世紀末から、イギリスを先頭に産業革命の時代に入りこむ。蒸気機関とこれに連結した作業機のシステムは、構造と拡がりをもつだけでなく、力の発現と転換の場でもある。もしライプニッツがワットの機関で動く機械を見たら、あるいは乾電池を内蔵した電気時計を知ったら、そこに力と構造が一体化した動物を発見しただろうか。

構造が存在し力が働いても、知能がともなわなければ、その機械は高等動物や人間に類比できないであろう。しかしコンピュータは、特定の知的活動においては人間よりもすぐれている。もしラ・メトリがいま生きていたら、コンピュータを見て、やはり人間は機械だ、と手を拍ち快哉を叫ぶだろうか。

けれども考えてみれば、個々の機械の進歩・改良の歴史は、その機械が人間や動物にしだいに接近する歴史ではなかった。飛行機を例にとろう。飛行機の翼とか胴体とかの部品の表現に、初期の発明家たちの発想のもとが残っている。彼らは、最初には鳥類をまねて、可動性の翼を人間の腕にくくりつけ、腕の動きに応じてはばたく翼で空を飛ぼうとしたのだった。そののちの発達は、飛行機の構造・形態とその飛翔の仕くみが、しだいに鳥類の型から遠ざかってゆく過程であったといえよう。この例から、つぎの二つのことがわかる。第一に、動物や人間の身体をまねて始まった機械は、動物体や人体の全体としての働きでなく、そのうち特定の働き（上の例では飛翔能力）だけをひきだし、それだけを肥大させ、高度化してゆく。第二に、動物体や人体のまねといっても、仕くみのうえでは必ずしもまねしない。むしろ別の仕くみで、動物体や人体のばあいとおなじ働きを発揮する方向に、機械は発達していくようである。

こうなると、機械が進歩すればするほど、人間または動物を機械と類比する根拠が失われてゆくように思われる。エネルギー源と動力機と作業機にコンピュータを装備したシステムは、たしかに働きのうえでは動物や人間に似ているだろう。その点では時計など一七世紀の人びとに感銘をあたえた機械よりも、はるかに動物らしく人間らしくなっている。しかし、このシステムは、形態と構造の視点で動物や人間との類似性を考えると、時計の時代から少しも進歩を示していない。時計の新鮮な印象が人びとに動物機械論の幻想をもたらしたよき時代は終わった。二〇世紀のわれわれが得たのは動物でも人間でもなく精密なモンスターだったのである。

けれども、この世紀のなかばになって、新たな動物機械論の基盤が誕生した。それは人工臓器の研究である。人工臓器の研究のひとつの眼目は、生体臓器のシミュレーション・モデルをつくることにある。この立場は、最初から機械と動物を同一視することをあきらめ、偽物であることを意識したうえで、動物の身体のまねをしようとする。人工臓器の研究は、動物体との仕くみの類似を捨てて、働きの類似だけを追う点で、一般機械の発達経過とおなじである。動物体の特定の働きだけを取りだして高度化をねらう点でも同様である。しかし人工臓器は独立した機械ではない。それは動物体や人体のなかに埋めこまれ、特定の臓器の働きを代行し、身体の全体と調和しなければならない。仕くみの上でのちがいはどうあれ、働きにおいて生体臓器に十分近接しているならば、機械の一種である人工臓器の集合は身体に似ているであろうし、身体は機械だという説は捨てられなくなるであろう。

今のところ人工臓器の働きはまだ一面的で、生体臓器がもつ働きの多面性をまねできていない。現在の人工腎臓は老廃物の排出はおこなうが、血圧の調節などの働きはそなえていない。おそらく人工臓器は、生体臓器がもっている微妙な多面的合目的性を完全にまねし終ることはできないだろうが、その極限にむかって、どこまでも接近してゆくだろう。このような人工臓器の研究と適用の背後にある思想は、いわば進行性の動物機械論・人間機械論であろう。つまり、身体を、既存の機械とではなく、到達目標である仮想上の機械と等置する主張であろう。

4 還元論・分析的方法・決定論

動物機械論とは、狭義には動物を機械と類比または等置する立場である。しかし機械論という表現には、さまざまの思想や主張がこめられている。現在では機械論という表現は、動物＝機械類比よりは、生命現象は物理学・化学の言葉で説明しえるとする立場（還元論）の意味により多く使われている。もし動物や人間の身体が機械と完全におなじならば、生命現象は、機械の働きと同様、とうぜん物理学・化学の言葉で説明できるはずである。けれども理想的な人工臓器にしても、その働きが生体臓器にひとしいのであって、形態や構造をふくめて生体臓器にひとしいのではない。だからこの線においても、生命現象の物理学・化学還元論は捨てられない、といえるだけである。しかし代謝・調節・成長・生殖・分化・遺伝のような基本的な生命現象が分子のレベルに根づいていることが証明されれば、還元論は生物学において固有の地域を支配したことになろう。

機械論という表現は、またべつの意味にももちいられる。それは分析‐総合法である。この方法は古代ギリシアのアリストテレス（Aristoteles 紀元前三八四—三二二）においで一応体系だてられたが、近代的な研究方法としては一五—一六世紀のパドヴァ大学で、医学との関連において洗練されていった。なお、パドヴァ大学はヴェサリウス（Andreas Vesalius 一五一四—六四）をはじめとする革新的解剖学者の伝統で、当時知られていた。さて解剖とは文字どおり体を解きわかつ作業であり、身体を部分に分けて研究し、それらの成果をまとめて全体としての身体の仕くみを明らかにしようと試みる。しかし現在では、身体を器官に分けて研究するだけでなく、組織やこれを構成する細胞、さらに細胞器官にまで分けて生命現象が追求される段階にたっした。たとえば超遠心分離器を利用して細胞をさまざまな分画に分ける。このばあい、細胞器官間の位置関係は破壊されており、細胞器官じたいもかなり崩れてしまう、という難点があるが、やはりこの方向は伝統的な解剖学的分析法の延長上にあると言えよう。この型の分析‐総合法は、解剖学からでたのであるから必ずしも動物機械論とむすびつかない。にもかかわらず、それがしばしば機械論的方法とよばれるのは、機械の分解‐組立作業と似ているからである。機械はすべて部品からなる。いったんできあがった機械が故障したばあい、部品に分解して故障箇所を点検し、それが終わったのち、再構成することができる。この点で分析‐総合法は機械のあつかいに似ている。しかし一方、細胞分析の例からもわかるように、解剖の方法においては機械のばあいとちがって部分へのきれいな分割はできないし、したがって総合の作業においても、たんなる部分の総和につきない何らかの措置が必要である。

身体から生体臓器を摘出し、そのかわりに独立につくられた人工臓器を入れこむ作業は、解剖学からはじまった分析－総合法と機械の分解－組立操作を複合し、後者の優位にむかって進む。もし生体臓器のより多数を、しだいに人工臓器に置きかえてゆくならば、その極限において誕生する人工動物・人工人間については、完全に分解－組立方式が可能である。この点でも人工臓器の方法は、進行性の機械論を背後にかくしているのである。

機械論という表現が意味する最後の内容は、決定論である。つまり一定の原因からは必ず一定の結果が生じるという説である。人工臓器をふくめた機械の働きは決定的でなければならないし、そうでなければ機械は人間による操作の対象にはならない。かりに機械の働きが予想に反したとしても、その狂いの原因を追及することによって補正することができる。しかし人間は、自由な意志をもった実存的存在である。外囲の要因によって、一義的に人間の行動は決定されるわけではない。ところが一面、人間が自然界の一構成員であるなら、決定論的な法則にしたがうべきであろう。

決定論か自由意志かという難問は、ちがったレベル間の混同による無意味な命題だとする説や、検証不能だから無意味な命題だとする説などによって、一応かたづけられている。しかしこの二者択一命題は、上記のような論理学的解決によってはすまない、無気味な不安に人びとをおちいらせる凄みがある。生体臓器がつぎつぎに人工臓器に置きかえられ、さいごに脳もまた人工頭脳に座をうばわれたとき、進行性機械論は、この不安を解消することができるだろうか。

Ⅳ　生物学史の断章

ソヴィエト哲学と生物学

1 問題意識

二〇世紀の思想のなかで包括性の指向がもっとも強力だったのはマルクス主義であった。マルクス主義とくにその存在・認識論である弁証法的唯物論が、生物学をも同化しようとしたのは当然であった。この同化包括の過程で、マルクス主義の影響下にあった生物学者の見解が変化したか。またマルクス主義、とくにその哲学がいくらか改変されたか。このことを一九三〇年前後のソ連の思想界の動きのなかに瞥見したい。ただし問題の焦点を主として進化論のあつかいに集中する。

上記の問題に回答が可能であるためには、弁証法的唯物論・自然弁証法がひとつの実体をもった学説でなければならない。つまりそれは、状況に応じていくらでも内容を融通できる無限定な雰囲気であってはならない。

2 歴史的経過の概要

一九三〇年前後におけるソ連思想界の動きを検討するばあい、いくつかの事件を念頭におくべきである（年表参照）。

直接には第一に、一九二四年にはじまり一九二九年に終結したティミリャゼフ派とデボーリン派の哲学論争が大きな意味をもっている。なおこの論争で、前者は論敵から機械論者とよばれていた。第二に、一九三〇・三一の両年、デボーリン派とミーチン派のあいだで哲学論争がたたかわされ、デボーリン派は「メンシェヴィキ化しつつある観念論者」として批判されてしまう。

これらの論争の発生と収拾の過程において、二つの事件が背景の道具だてとして重要な役割を演じたと思われる。そのひとつは、エンゲルスの『自然弁証法』の公刊（一九二五）、およびレーニンの『哲学ノート』の発行（一九二九）である。この二つのノートは、おそらく論争の結末に大きな影響をおよぼした。あとひとつは、一九二八年からはじまる第一次五カ年計画の開始である。スターリンのイニシアティヴによる五カ年計画の着手と進行の過程で、政治的思想的統制が強化され、ミーチン派による「二つの戦線における闘い」、つまりデボーリン、ティミリャゼフ両派にたいする批判は、このような状況において思想統制の機能をおおいに発揮した。

関連年表

1878	『反デューリング論』
1883	マルクス死
1895	エンゲルス死
1896	『労働の役割』刊
1905	第1次ロシア革命
1906, 7	スターリン『無政府主義か社会主義か』
1909	レーニン『唯物論と経験批判論』
1915	レーニン『カール・マルクス』
1917	ロシア大革命
1922	レーニン『戦闘的唯物論の意義』
1924	レーニン死
1924	スターリン『レーニン主義の基礎』
1924	ティミリャゼフ派対デボーリン派論争開始
1925	『自然弁証法』刊
1925	レーニン『哲学ノート』第1部刊
1927	トロツキー除名
1928	第1次5カ年計画開始
1929, 30	レーニン『哲学ノート』刊
1929	デボーリン派勝利
1929	ブハーリン第1次除名
1930	デボーリン派対ミーチン派論争開始
1930. 12月	スターリン，ミーチン派を支持
1931	ミーチン派勝利
1936	大粛清開始
1936	ルイセンコ抬頭
1938	ブハーリン処刑
1938	スターリン『弁証法的唯物論と史的唯物論』
1948	ルイセンコ派勝利
1953	スターリン死

3　ティミリャゼフ派

生物学および関連事項にかんするティミリャゼフ派の主張は、およそ表1のとおりである。ただしこのグループは一枚岩であったのではないから、表1はたんに傾向を示すにすぎない。そのことはデボーリン派の見解についてもいえる。一般にティミリャゼフ派においては、文字どおり機械論への傾斜がいちじるしく、自然科学者の多くをその支持者として結集したといわれている。パブロフ学派やフロイト学派への好意的態度、ゲシュタルト学説にたいする批判は、一応この傾向のあらわれだと理解できる。とくに注目すべきことは、生命の物理・化学還元論である。ペロフ(2)は、生命はタンパク質の存在形態をあらわしつつ、化学・物理学に還元される、と主張している。

ティミリャゼフ派の機械論の強調点が物理・化学還元論にあったと解釈すれば、獲得形質の遺伝の主張においても、彼らの首尾一貫性を認めることができよう。しかし後述するとおり、ここには目的論への危険もひそんでいた。一方、ダーウィンの選択説は物理・化学還元論ではない。しかも当時形成されつつあった総合説が、獲得形質の遺伝を認めない遺伝学者によって主としてになわれていたため、ティミリャゼフ派は、反射的に自然選択説やメンデル遺伝学に批判的態度をとることになったのだろう。なおティミリャゼフ派は、獲得形質遺伝の否認は人種理論にむすびつく、とレンツの例をあげてデボーリン派を攻撃している（ペロフ(2)）。

機械論者のイデオローグ、たとえばステパーノフ、ティミリャゼフ、アクセリロドもまた、弁証法的唯物論の代表者と自認していた。しかし彼らの哲学において、政治的・思想的教条の拘束は比較的弱かったと思われる。彼らの哲学形成期に、マルクス主義哲学の絶対的権威としては『反デューリング論』しか存在しなかった。エンゲルスのこの著作の一八八五年版序文は、自然科学の諸事実に迫られて自律的に弁証法的自然観が形成されうることを認め、ティミリャゼフ派を鼓舞する効果をもっていただろう。さらにティミリャゼフ派が活動しはじめたころ公刊されたレーニンの『戦闘的唯物論の意義』（一九二二）は、党に所属する哲学者と自然科学的唯物論者の同盟を提案し、上記とおなじような精神的支持をティミリャゼフ派の哲学者・自然科学者にあたえたと思われる。

　特殊な問題についていうと、生命はタンパク質の存在様式である、とする『反デューリング論』の有名な規定は、還元論者を激励し、また一八九六年におおやけにされていたエンゲルスの『労働の役割』は、獲得形質の遺伝を主張する根拠とされた。

表1　ティミリャゼフ，デボーリン，ミーチン各派と生物学

	ティミリャゼフ派	デボーリン派	ミーチン派
生存競争説	－？	＋	－？
獲得形質の遺伝	＋	－	＋
外因による遺伝的変化	＋	＋	＋
ワイスマン説	－	－	－
ド・フリス説	－	－	？
メンデル遺伝学	－？	＋	－
物理・化学還元論	＋	－	－
パブロフ学説	＋	－	＋
フロイト学説	＋	－	－
ゲシュタルト理論	－	＋	－

（＋は肯定，－は否定）

4 デボーリン派

デボーリン派の主張も表1に示されている。進化論以外の問題についてさきにふれておこう。ゲシュタルト学説の支持は、いうまでもなく要素還元に批判的なデボーリン派の立場からみて、うなずかれる。生物学における反還元論的傾向は、ザヴァドフスキー(5)において明瞭である。彼の論文は「生物進化過程における物理学的なものと生物学的なもの」と題されているにもかかわらず、『反デューリング論』『自然弁証法』における生命のタンパク質規定にはまったく言及していない。

つぎに進化論にかんしていうと、遺伝学者のかなりの部分がデボーリン派に結集していた。彼らはメンデル遺伝学と自然選択説のがわに立っていたが、さきに述べたように獲得形質の遺伝説にくらべると、自然選択説には還元論的傾向はよわい。そして彼らは、適応的な獲得形質の遺伝論にひそむ目的論に反発した。しかし表1を見ればわかるとおり、デボーリン派も外因の遺伝的影響をみとめている。それを、消極的に承認しているのではなく、積極的に強調しているのだ。とくにマラーの人為突然変異にたいする評価はきわめてたかい。ただし、外因による遺伝的変化も、選択作用をへなければ進化は不可能だ、というのがデボーリン派の立場であった。これに関連して、ワイスマンにたいする批判もはげしい。遺伝的変化が内部から発生するという説は目的論につながる、とみなされたのであろう。

なおデボーリン派またはこれに近い立場から、比較的はやく(一九二七?)発表されたスレプコフ(1)の論文においては、獲得形質の遺伝について見解を保留し、現在および将来の実証的研究にこの点の解決を委ねる、という態度が示されている。スレプコフが具体的にあげているのは、カンメラーの実験とマラーの研究であり、この段階では、外因による突然変異と獲得形質の遺伝が、分明には区別されていなかった可能性がある。

デボーリン派がティミリャゼフ派を攻撃するばあいにも、イデオロギー的な意味づけがなされることがあった。ザヴァドフスキー(6)は、ティミリャゼフ派における生存闘争説否認の傾向は、労働者階級の勢力増大により、ブルジョアジーが生存闘争の原則に恐怖をいだいていることの反映だ、と糾弾している。

デボーリン派の主張の形成とその勢力拡張にさいしては、エンゲルスの『自然弁論法』(一九二五刊)の摂取が大きな役割をはたしたと思われる。レーニンの『哲学ノート』のうち、ヘーゲル論理学にかんする部分を利用することも、おそらくできた。これらをもとにして、公式の「弁証法的唯物論」が形成されはじめた。

一般的には断片27(一八七四、断片番号については後述)において、エンゲルスが自然科学者の哲学無視を批判していることが、デボーリン派の哲学者を勇気づけたであろう。生物学の問題にかんしては、『自然弁証法』におけるダーウィン説への強力な支持、とくに自然選択説の偶然・必然の弁証法の強調、さらに獲得形質遺伝にたいする評価の(ほとんど)欠如は、ティミリャゼフ派を批判するのに有力な武器となった。

ここで暫定的・仮説的な評価をくだしておこう。弁証法的唯物論・自然弁証法の実体は、『自然弁証法』の公表・普及・祖述によって成立した。全体としてみればデボーリン派のほうがこれに忠実であり、上述のとおりこの派の勝利には『自然弁証法』がかなりのていど貢献したと考えられる。しかしデボーリン、ティミリャゼフ両派のあいだの論争はほぼ学問の枠内で完結しており、両者がともに、学問の発展にそくして『自然弁証法』の内容における陳腐化を指摘することができた。またとくに重要なことであるが、『自然弁証法』その他絶対的権威の著作が、科学者・生物学者の実地の研究を規制していたとは思われない。

とはいえ、たとえば遺伝学者のかなりの部分がデボーリン派にくみしたのは、かならずしも必然的な理由があってのことではない。一九二九年の決算以前には、デボーリン派あるいはこれに近い立場のなかにも、カンメラーの実験に関心をよせるものがいた。ダーウィン自身のばあいでわかるように、獲得形質の遺伝の承認は自然選択説の否認に直結しない。にもかかわらず遺伝学者がデボーリン派に属した事実は、論争全体が集団的な対立としてたたかわされる習慣が、問題の多面的な柔軟な検討を妨げたことを示唆する。学問的な対立にイデオロギー的な意味付与がいちぶなされたのも、この状況にあっては避けがたかった。

5　エンゲルスのダーウィン論

エンゲルスの『自然弁証法』が、弁証法的唯物論・自然弁証法に確たる実体をあたえ、それと生物学との関連において重大な役割をはたしたことがわかったので、エンゲルスのダーウィン評価をまとめておこう。なお「自」は『自然弁証法』の略、そのあとの数字は、ソ連マルクス・エンゲルス・レーニン研究所が付した断片番号である。また「反デ」は『反デューリング論』の略。

A　生物界の発展法則としてのダーウィンの進化論

（i）マルクスへの手紙（一八五九）

（ii）ラヴロフへの手紙（一八七四）

（iii）マルクス追悼（一八八三）

（iv）『共産党宣言』イギリス版への序文（一八八八）

B　ダーウィン進化論における反目的論、偶然性と必然性の弁証法

（i）マルクスへの手紙（一八五九）

（ii）自43

（iii）自167

C　生存闘争・自然選択の概念

（i）自168、生存闘争概念を過剰繁殖にもとづく闘争に限定することが必要。この概念なしに自然選択は成立。

（ii）ラヴロフへの手紙（一八七四）、生存闘争・自然選択を進化の事実の一時的で不完全な表現と理解。

（iii）自169（一八七五）、進化を生存闘争で総括するのは何もいわぬと同然。生存闘争説は生物界に移入されたマルサス主義。人類の階級闘争は生存闘争に還元不可能。

(ⅳ) 反デ（一八七八）、ダーウィンがよくしらべないでマルサス学説を受け入れたのは失敗だったが、マルサスの眼鏡で見なくても生物界に生存闘争は存在。

(ⅴ) 反デ（一八七八）、ダーウィンは自然選択に過大の適応範囲をみとめ、それを種の変化の唯一のテコと主張。

(ⅵ) 反デ（一八七八）、今後の研究により、進化論の個々の説が修正されることは不可避。

(ⅶ) 反デ（一八七八）、資本家間、産業間、国家間の競争は、ダーウィンの種内生存競争がいっそうの狂暴さをともない人類社会に移されたもの。動物本来の立場が、人類発展の頂点として出現。

D　獲得形質の遺伝

(ⅰ) 自168、生物は気候その他の諸条件にしたがって変化。その変化のうち環境に適応した個体のみが生存。

(ⅱ) 反デ（一八七八）、ダーウィンは変異の原因の追究を軽視。

(ⅲ)『サルが人間になるにあたって労働がはたした役割』（一八七〇年代末）、人間の手の動きの柔軟性が獲得され、これが遺伝され、代をへるにしたがって増大。


以上一見して、『種の起原』出現直後の一八五九年から晩年の一八八八年にいたるまで、エンゲルスの進化論理解にはおよその一貫性が存在したことがわかる。マルクスはエンゲルスへの手紙（一八六八）で、ダーウィンは進化を偶然に依存させている、と批判しているが、これは上記B（ⅱ）（ⅲ）においてエンゲルスが、自然選択説を偶然と必然の弁証法の例として賞揚しているのと対照的である。なおC（ⅶ）は、社会ダーウィニズムの始源とみなすこともでき注目されるが、マルクスもラサールへの手紙（一八六一）において、ダーウィン説は歴史的な階級闘争の自然科学的基礎を提供する、と主張している。またマルクスは、人種の形成において地質が大きな役割をはたしたというトレモーの説をたかく評価し、さらにニグロが高級な人種の退化型であるとするその説を支持しているようである。マルクスおよびエンゲルスのこのような表現が彼らにとって、そして彼らの時代にとって何を意味したかにかんし、私見は今のところのべがたいが、考究する必要があろう。

上記のほか、『自然弁証法』の断片のなかにはすぐれた指摘がみられる。自168において、自然選択は過剰繁殖の圧力によるマルサス的選択と、変化した環境の圧力による非マルサス的選択に分別された。前者のケースにおいて最弱者の生存の可能性を示し、後者のばあいも適応個体がかならずしも全体として進歩するとはいえない、という意見を述べている。

6　ミーチン派とルイセンコ派

デボーリン派がティミリャゼフ派にたいし勝利をおさめるとまもなく、こんどはデボーリン派が、「メンシェヴィキ化しつつある観念論者」という名称のもとにミーチン派の攻撃目標にすえられる。ただしミーチン派は、ティミリャゼフ派にたいし好意をいだいていたわけではない。ミーチン派は「二つの戦線」でたたかっていたのである。

デボーリン派にたいするミーチン派の批判点としては、（i）理論の党派性の欠如、（ii）理論の実践性の欠如、（iii）哲学のレーニン的段階の否認、（iv）ヘーゲル的観念論の傾向、などがあげられている(8)。これらの批判点は、おそらく共通の問題意識から発する。それはスターリンのイニシアティヴによるソ連経済の重化学工業化、農業の集団化の動きに関連し、政策的な、ときには政略的な見地の派生物であった。スターリンは、彼の政策・政略の勝利のために、ソ連における人間生活の全分野を一元的に統制し支配することに力をそそいだ。その過程で反対派はつぎつぎに排除され、粛清されてゆく。

理論の実践性の要求は乱用され、学問の自己完結性は無視された。デボーリン派のヘーゲル的傾向にたいするミーチン派の批判は、この文脈においても考えるべきだろう。とくに進化論・生物学の問題については、農業との関連が重視された。かくて生物学の学問としての自律的発展よりは、当面の政策的要求に辻褄のあう理論の粗造を誘発した。それは具体的にはルイセンコの理論として実現し、ミーチンはルイセンコ学説を支持し、さいごには、スターリンみずからこれへの賛意をあきらかにする。

スターリンを頂点とした共産党指導部による人間生活の一元的統制は、当然学問の党派性の要求につながる。しかもこの統制と党派性の要求は、たんに直接政策的な必要から発したとはかぎらず、反対派排除の手段としても利用された。哲学のレーニン的段階の強調もまた、多くはレーニン賞揚にアクセントがあったのではなく、レーニンを錦の御旗とするスターリンの立場強化にアクセントが存在した。スターリンは『レーニン主義の基礎』(一九二四)・『レーニン主義の諸問題』(一九二六)において、レーニン主義を、帝国主義とプロレタリア革命の段階におけるマルクス主義、と規定し、これをマルクス主義のロシアへの適用とみなすジノヴィエフ、カメネフなどをはげしく糾弾した。哲学におけるレーニン的段階の強調は、このようなレーニン主義の規定とみあうものであり、スターリンの意向の反映であったろう。そしてスターリンは、一九三〇年末にはミーチン派支持の発言を公然とおこなう。以後、自然科学論関係の論文をスターリンの文章からの引用で飾る悪習がはじまった。拙論において参照した一九三〇年前後の文献で、スターリンが引用されているのは、コマロフの論文(一九三三?)(7)のみである。

さて生物学にかんするミーチン派の見解については不明の点が多いが、ルイセンコ派とむすんだ事実からみて、表1のように推定できる。進化論関係では、結果としてディミリャゼフ派の意見と一致する点が多いけれども、これは「否定の否定」がもたらしたものではない。「ブルジョア科学」にたいする猛烈な反撥、建前としては理論の党派性、実際には民族主義的傾向、そして自説こそが実践的であるという信念のあらわれだろう。フロイト学説の否認とパブロフ理論の受容は、この間の事情をあらわす。一面、還元論批判においてはデボーリン派の方向を踏襲しており、生命にかんするエンゲルスの規定からタンパク質をはずして、たんに物質交代の型としたルイセンコ(8)の定義は、かくて可能になったのだろう。またルイセンコ(8)は、自然界には過剰の繁殖という現象が通則として存在しない、と断定し、この点でもエンゲルスから離れている。

あとひとつデボーリン批判以後めだつのは、ダーウィンの進化論が漸進的・非革命的だとする批判的論調である(ヴァレスカン、一九三二(6)など)。これもエンゲルスにはみられないダーウィン批判点であった。ルイセンコ(8)が主張する種間変異は、この立場の延長線上に位置づけられるだろう。変化における漸次性の中断、飛躍の強調はエンゲルスには稀薄であり、レーニンの『カール・マルクス』(一九一五)・『哲学ノート』(一九二九、三〇)、スターリンの『無政府主義か社会主義か』(一九〇六、七)・『弁証法的唯物論と史的唯物論』(一九三八)にいちじるしい。ダーウィンの進化論の漸進性批判も、レーニン-スターリンの思想絶対化の傾向に負うところ大きく、なかでもミーチン派に利したのは『哲学ノート』の出版であったのではなかったか。ちなみに『哲学ノート』にはデボーリンの著書にたいする批判的覚えがきがふくまれており、この点にかんするかぎり『哲学ノート』出版がミーチン派に利したというより、ミーチン派に利するためにそれが公表された、と言うべきかも知れない。

7 結論

(i) 弁証法的唯物論・自然弁証法と称する哲学の実体は、マルクス・エンゲルス・レーニン・スターリンの哲学の総体と一応みなすことができよう。彼らの諸著作のあいだには部分的な見解のちがい、強調点のちがいがみられるが、一面ある種の一貫した傾向が存在する。それは表1におけるデボーリン派とミーチン派との共通事項としてあらわれている。生物学にかんしては、還元論批判、生物体とその環境との相互関連の強調等がそれである。エンゲルスの『自然弁証法』、レーニンの『哲学ノート』公刊以前においては、弁証法的唯物論・自然弁証法の実体は稀薄であり、自然科学にたいする哲学的拘束はよわく、逆に自然科学の成果にもとづきみずからその実体を創造しようという自然科学者の知的活動がかなり保証されていた。

(ii)　マルクス・エンゲルス・レーニン・スターリンの諸著作のあいだの個々の矛盾は、一九三〇年ごろから実権をにぎったスターリンを頂点とする共産党の政策・政略にそって収拾された。『反デューリング論』『自然弁証法』等におけるエンゲルスの見解の改変は、スターリン哲学の成立という形式をとった。そしてこの過程において、自然科学の成果にもとづく自然観の形成はいっそう困難となった。

(iii)　弁証法的唯物論・自然弁証法にはもともと認識論の側面が弱かった。それゆえこの方面における発展が望ましかったのに、無意識の心理学、ゲシュタルト心理学をはじめ西欧における心理学の成果を拒否したことは、認識論を発展させるエネルギーを涸渇させるのに役だった。一方、存在の理論としての弁証法的唯物論・自然弁証法についてはどうか。この分野においてはエンゲルスの個々の所説が改変されたり無視されたりすることがあり、その改変・無視にみあった生物学の理論が採用された。しかし残念ながら、それは自然科学の研究成果が能動的にエンゲルス説を訂正したのではなかった。むしろより一般的な論争における力関係の影響をうけ、そしてついには、(ii)で述べたような政策・政略の支配のもとに、弁証法的唯物論・自然弁証法ともども生物学の理論までが改変されたのであった。

8　おわりに

本稿は、第六回生物学史夏の学校（一九八三）における報告用にあわただしく作成し、事後いくらか補正してできあがったものである。ご意見をたまわった生物学史研究会のかたがたに感謝したい。事情により手持ち以外の文献を利用することができなかったし、だいいちソ連の原資料をしらべていない。書いた動機についても内的必然性が微弱である。夏の学校を機会に、この方面の問題も視野に入れ、自分の考えをもっておくのも悪くないと思った生物学史家のメモと理解していただきたい。

文献と註

本稿に引用しなかったが、参照したものをふくむ。

(1) ソヴェート科学研究会編『マルクス主義の旗の下に』1、プロレタリア科学研究所（一九三〇）。
(2) 共産主義アカデミー（永田広志訳）『マルクス主義哲学の現段階』白揚社（一九三二、原著は一九二九）。
(4) ゴルンシュタイン（早川二郎・大野勤訳）『自然科学概論』（原題『エンゲルスの自然弁証法』）、白揚社（一九三五、原著は一九三二）。
(5) 唯物論研究会訳『岐路に立つ自然科学』大畑書店（一九三四、原著は一九三一）。
(6) 松本滋訳『ダーウィン主義とマルクス主義』橘書店（一九三四、原著は一九三二）。
(7) ソ同盟科学アカデミー編（石井友幸訳）『唯物論的自然科学入門』白揚社（一九三六、原著は一九三三?）。
(8) ルイセンコ（大竹博吉訳）『農業生物学』ナウカ（一九五三、原著は第四版一九四九）。
(9) 大竹幸吉・石井友幸監訳『ソヴェト生物学論争』ナウカ（一九五四、原著は一九四九）。
(10) 古在由重編『ソヴェト哲学の発展』青木書店・文庫（一九五二）。
(11) 山崎正一編『講座現代の哲学Ⅳ　マルクス主義』有斐閣（一九五八）。

日本の分子遺伝学前史

はじめに

分子遺伝学はいくつかの源流が合したところに誕生した。遺伝生化学、微生物学、核酸の化学・生化学およびX線回折の研究、酸素化学などをその源流としてあげることができる。一方、日本の分子遺伝学はその他の多くの学問とおなじく自生的に誕生したものではなかった。それにしても上記諸源流のいちぶに対応する研究業績が、第二次世界大戦終了前の日本に存在しなかったわけではない。これらの業績にかんする系統的な歴史はまだ明らかにされていないので、それに糸口をつけようというのが本稿の意図である。後続を期待したい。なお本稿においては、対象をとりあえず遺伝生化学と核酸の研究に限定したい。しかも前者とくに吉川秀男の業績については石館のくわしい研究(1)がすでに発表されている。これと重複する部分があるが、拙論においては研究対象を吉川に集中せず、昆虫色素の遺伝研究の流れを概観することに重点をおく(2)。

外山亀太郎（一九〇六）は、カイコの諸形質においてメンデルの法則が成立することを示した有名な論文(3)で、化性はこの法則に支配されない、と指摘した。そののち外山（一九一〇）(4)は、漿液膜色（以後卵色と記す）も化性と似た遺伝様式をとり、多くのばあい母親の形質をうけつぐことを明らかにした。この論文は、母性遺伝がけっきょくはメンデル遺伝に帰せられることを証明した重要な報告である(5)。カイコ蛾の複眼色（以後眼色と記す）が卵色と密接に関係することも、外山はおなじ論文で述べている。そののち、どちらかというと眼色よりは卵色の遺伝について研究が進んだが、卵色の遺伝様式がきわめて複雑であるため、ながいあいだ明快な定説がえられなかった。

日本における遺伝生化学の成立という事件を基準にしてふりかえると、一九二〇年代に二つの大きな成果があげられた。一つは梅谷与七郎（一九二五）(6)による卵巣移植法の開発である。梅谷は、化性の遺伝様式を解明するため卵巣を除去したカイコに、化性が異なる個体の卵巣を移植した。宿主は発蛾し産卵に成功したが、その結果、移植卵巣の卵からえられるカイコの化性は、宿主によって絶対的に支配されることがわかった。なお梅谷は、化性のほか、蚕体の斑紋、脚色、マユ色、卵黄色についても宿主の影響をしらべているが、卵色、眼色については報告していない。

あと一つの成果は、宇田一（一九二八）(7)により眼色の遺伝様式が解明されたことである。宇田は、卵色の遺伝はたいへん複雑であるが眼色と不離の関係にある事実を考慮し、卵色の研究は眼色の追究をつうじて成功するであろうと見とおした。この見とおしはきわめて賢明であったといえよう。なぜなら、眼色においては卵色とちがって母性遺伝の現象は見られず、また発生の一定の時期に発現する遺伝子の効果と、母体条件の効果との干渉も見られない。

つぎに欧米における遺伝生化学の誕生をめぐるいきさつにふれておこう。ドイツのカスパリら（一九三三以降）(8)、アメリカのビードルとフランスのエフリュッシ（一九三五以降）(9)による昆虫の眼原基・生殖腺の移植実験が遺伝生化学の発端になった。そこでカスパリ、ビードルおよびエフリュッシの研究の動機について具体的に検討したい。まずドイツではキューン（一九三二）(10)がすでに赤眼遺伝子が精巣の色および幼生の体色に影響をあたえることを示していた。カスパリの論文の表題は「コナマダラメイガにおける多面発現遺伝子の作用について」であり、彼はキューンが示した多面発現の機構を、精巣の移植という発生学的方法によって追究したのであった。ビードルとエフリュッシのばあいもほぼ同様である。彼らの研究目標は、他の昆虫ではすでに成功していた移植法を、遺伝学における伝統的材料のショウジョウバエに適用し、移植卵巣の機能化の成否とその原因を検討することにあった。そして彼らは、みずからが開発した移植法が、発生学、遺伝学および発生遺伝学に貢献するだろうと期待した。ひとくちで言えば、カスパリ、ビードル、エフリュッシのばあい、遺伝子の発現機構を発生学的手法によって解明しようという意図にもとづき、研究を開始したと結論することができよう(11)。

以上紹介した欧米における諸研究にきびすを接し、日本においても吉川（一九三七）の研究(12)がはじまる。彼のばあいも卵巣の移植が研究の端緒になった。吉川によれば、赤眼の幼虫に黒眼（正常眼色）の幼虫の卵巣を移植しても、宿主の眼色、およびそれから生まれる卵の色には変化がない。しかし白眼の幼虫に黒眼または赤眼の幼虫の卵巣を移植すると、眼色・卵色ともに着色する。なお色調は、移植卵巣の発達のていどによりさまざまに変わる。これらの事実から吉川は、白眼・白卵にたいして優性の着色性因子Wが、卵巣（およびおそらくは他の器官）から体液中に浸出すること、また赤眼・赤卵にたいし優性にはたらく因子Rは、卵細胞内においてのみ作用することを推定した。

吉川が以上のような研究を着手しそれを進行させるのにきっかけを与えたのは、カスパリ、ビードル、エフリュッシらの業績であった。これは吉川自身の認めるところである(13)。しかし彼我においては、研究の背景、動機、流れの方向が異なる。

吉川の業績が、日本におけるカイコ遺伝学の伝統からごく自然に誕生しえたことは、いくつかの事実から推測することができる。第一にカイコの卵巣移植法は、さきに述べたとおり梅谷によりつとに開発されていた。ただし吉川の方法では、梅谷の方法と異なり宿主の卵巣は除去しない。第二に、この方面での吉川の最初の論文の主題は眼色と卵色の関係であり、それはカイコ遺伝学の伝統的なテーマであった。そして第三に、吉川の研究とおなじ線上をゆく業績が、彼の報告とほぼ同時にあいついで出されたことからも、この種の研究における土着性の要素が理解できる(14)。

川口栄作と金順鳳（一九三七・三八）(15)も、吉川と独立に黒眼カイコの卵巣を白眼カイコに移植すると、宿主の眼は着色し、その色が正常眼色に近接する度合は、移植卵巣の数および卵巣内の成熟卵数によって左右されることを見いだした。また一例であるが、マルピーギ管の移植によっても、おなじ効果がえられることを明らかにした。なお川口（一九三八）(16)は、彼らの実験が、ショウジョウバエ

（ビードルとエフリュッシ）およびコナマダラメイガ（カスパリら）の組織移植実験に刺激された、と記している。

梅谷は一九二六年にすでに、卵色の遺伝様式を解明すべく卵巣移植の実験をこころみたが、白卵系の材料が十分にはえられず、思うような成果をあげえないまま研究をうちきった。その後カスパリら、およびビードルとエフリュッシの研究を知り、これに刺激されてカイコで実験をはじめようとした矢先に、吉川にさきをこされたのであった(17)。けれども梅谷は、ただちにみずからも研究にとりかかり、一九三八年その成果を発表した(18)。梅谷は吉川および川口・金とおなじく、卵巣を宿主に追加移植をして、吉川、川口らとほぼ同様の結果をえた。梅谷はまた、卵巣を切除した黒卵系カイコに白卵系カイコの卵巣を移植し、完全な黒卵をえたのであった。この結果は、移植卵巣の卵が、宿主の卵巣以外の器官から分泌される浸透性物質の影響をうけることを示唆する。

さらに諸星静次郎（一九三八）(19)は移植法によって、田島弥太郎（一九三九）(20)は二精子メロゴニー個体の卵色モザイクを使って、やはり浸透性着色物質の存在を確認している。

以上のような諸業績の同時出現は、一方では、日本のカイコ遺伝学の伝統において、それを生みおとすだけの潜在力が蓄積しおえており、なんらかのきっかけが与えられれば、その潜在力が表面にむかって爆発する条件がそなわっていたことを示すのだろう。梅谷の初期のこころみ（一九二六）が示唆するように、うまくゆけば国外からの刺激なしに、しかもいっそう早く、吉川らがなしえたのと同様の仕事が日本で出現しえたであろう。しかし現実には、吉川の業績をはじめとする諸研究は、吉川、川口および梅谷が証言しているとおり、カスパリら、ビードルとエフリュッシの論文の流入ののちに企画され、実行されたのである。梅谷のばあいも、一九二六年の段階でこの研究の重要性を十分認識していたならば、彼はそれに固執して離れなかったであろう。とくに卵巣移植にもとづくカイコの眼色・卵色の遺伝研究が遺伝生化学的な方向へ発展するには、国外からの刺激が必要だったのかもしれない。そのうえ吉川の業績をはじめとする日本における研究は、カスパリら、ビードル、エフリュッシとべつの道にむかうことになった。すなわち、カスパリ、ビードル、エフリュッシなどのねらいがあくまで遺伝子の作用機構の解明であったのにたいし、吉川の立場は生理遺伝学であった。そして欧米における遺伝生化学は、研究材料を昆虫からカビ、さらには細菌へと転換し、分子遺伝学に流入して行くが、日本の生理遺伝学にはそのような将来は約束されていなかった(21)。

カイコの眼色・卵色の研究の流れには属さず、おなじカイコを用いてこれに劣らぬ独創的な成果をあげた研究者に松村季美がいる(22)。彼はカイコにおけるアミラーゼの有無がメンデル遺伝にしたがうこと（一九二九）(23)、および消化液アミラーゼの遺伝子と体液アミラーゼの遺伝子が強く連鎖していること（一九三四a）(24)を明らかにした。彼によれば、カイコの生理作用の研究は酵素活性の研究に依存すること大であるが、他方カイコの発生と遺伝の研究においても酵素の研究はゆるがせにできない(25)。松村はアミラーゼ研究の動機について以上のように述べている。しかし彼はそののち、発生と遺伝の機構の解明の方向には進まず、虫質・マユ質とアミラーゼ活性との関連（一九三四a、三五）(26)および温度・湿度・日照・桑葉支給など飼育条件とアミラーゼ活性との関連（一九二九、三四）(27)の追究、つまり彼のいうカイコの生理作用、とくに養蚕学上の問題の研究に主力をそそぐことになった。

第二次世界大戦後に松村（一九四八、五〇）[28]は、諸品種におけるアミラーゼ遺伝子の分布の調査結果を発表した。また吉川の研究室の黒田行昭（一九五二、五四）[29]は、中腸組織においてすでにアミラーゼ活性の品種差が存在することをつきとめた。つまりアミラーゼ合成じたいが遺伝子支配をうける可能性を示唆した。けれどもそののちはこの系統の研究は進展しないままに終わってしまう。

吉川の業績のような遺伝生化学的接近の結果は、中間代謝産物と遺伝子との対応を示すことはできても、遺伝子が生体内の反応を支配する機構を明らかにするのには役立たない[30]。これに成功するには酵素活性の遺伝学的な研究を酵素蛋白質合成機構の解明に結びつけなければならない。この点で、いきなり酵素活性に目をつけた松村の業績は注目にあたいする。そして上記黒田の仕事には、酵素合成の問題にねらいを定め一歩ふみだそうという意図がみとめられる。しかしこの方向で成功を収めるには等質の材料を多量に必要とする。それゆえ松村にはじまるカイコ・アミラーゼ研究の伝統は、モノー（一九五一以降）などが大腸菌を材料としておこなった反応速度論的研究[31]に匹敵する成果をみちびきだしえなかった。松村らの研究は、発生遺伝学的方向に進路を切りひらく選択肢をもっていた。松村（一九三四a）[32]は唾腺アミラーゼの活性を測定している。また彼は、アミラーゼ活性の品種間変異（一九二九以降）[33]および発生にともなう変化（一九三四a、三六）[34]を調査している。もし松村がショウジョウバエまたはユスリカをも材料にとりこみ、そのアミラーゼ活性の遺伝的変異、発生にともなう変化と巨大染色体の形態の関連に目をむけていたならば、ベールマン（一九五二）に先立って遺伝子活性部位の研究[35]に貢献しえたかもしれない。しかし事実はそうでなかった。

松村自身は蚕業試験場に所属しており、応用的研究から離れがたく、とくに材料としてはカイコに固執せざるをえない事情があっただろう。そしてより一般的には、遺伝機構の追究に的をしぼるよりは生理学的な関心を優先するという、色素遺伝における吉川らと共通の思考様式があったのではないか。しかもこの系統の研究が、日本ではけっして低調とはいえなかった酵素化学の研究者、細胞遺伝学の研究者に注目・継承されなかった点では、当時の研究制度上の問題が指摘されるべきかもしれない。

核酸の研究(36)

核酸の構造　核酸の構造にかんする日本人の業績としては、高橋等(一九三二)(37)の環状テトラヌクレオチド説が広く知られている。ダヴィドスン(一九五〇)(38)の有名な教科書においてもテトラヌクレオチド構造の有力な二説のうちの一つとして、レヴェンとシムズ(一九二六)(39)の鎖状説とともに、高橋の説が紹介されている。なおテトラヌクレオチド説とは、四種類のヌクレオチドが各一個ずつ結合して核酸が構成されているとする説で、一九四〇年代までは有力であった。

さて環状説を提唱した高橋の根拠をしらべてみよう。彼は、核酸にたいする三種類のフォスファターゼの効果を明らかにし、これによって彼に先行する五個の説を検討している。ここではそのうちフォイルゲン(一九一八)(40)、Aと記す)、レヴェン(一九二一(41)、Bと記す)、ジョーンズとパーキンス(一九二三(42)、Cと記す)についてのみ例示しておこう。

Aでは、リン酸どうしの脱水結合が一個、モノエステル型のリン酸残基が二個、ジエステル型が二個存在する。Bでは、モノエステル型リン酸残基が一個、ジエステル型が三個である。Cにおいては、モノエステル型、ジエステル型それぞれ二分子ずつのリン酸残基が存在する。

高橋の実験結果によれば、フォスフォモノエステラーゼを単独に核酸に作用させても、脱リン酸効果は見られない。したがってBおよびCのモデルは否認されざるをえない。つぎにモノエステラーゼとピロフォスファターゼを混用しても、やはり効果がない。それゆえAのモデルも成立しない。一方、モノエステラーゼをフォスフォジエステラーゼと混用すると、核酸は完全に脱リン酸される。この事実は、四個のヌクレオチドのリン酸のすべてが、ジエステルの形で存在することを意味するだろう。そこから高橋は、Dのような構造式を提出したのであった。

つづいて牧野堅（一九三五、三六）(43)は、高橋と独立に(44)、やはり環状構造説を提出した。まず彼(45)は、つぎの方法で既往の諸説を俎上にのせる。核酸がモノヌクレオチドに分解されるとき、それまで糖とリン酸をつないでいたエステル結合が自由になる。したがって核酸の脱重合にともなう酸度の上昇をしらべれば、ヌクレオチドをむすぶエステル結合の数がわかる。牧野はその数が四個であることを実験的に示した。

モノヌクレオチドをむすぶエステル結合の数は、モデルによって異なる。その数は上記のAとCで二個、Bで三個、Dで四個のはずである。それゆえテトラヌクレオチドの構造としてはD、すなわち環状構造が採用されなければならない。

ひきつづき発表された論文(46)で、牧野は、Bでは核酸は五塩基性になるが、じつは四塩基性である、という実験結果をつけくわえた。彼はさらに第三の論文(47)で環状説を支持する間接的な根拠をいくつかあげているが、詳細な紹介ははぶく。ただし牧野が「全部のモノヌクレオチドを同一の条件に置くということは、式の均勢上からも当を得たことと思う」と指摘し、レヴェンのモデル（B）において、片方の末端のヌクレオチドのリン酸だけが二個の遊離OH基をもち、この点で非対称的であることに難色を示しているのには興味をそそられる。つまり美的観点からみてレヴェンの説は納得できないというのであろう。

環状構造説は、テトラヌクレオチド説の枠内ではたしかに合理的でエレガントな学説であり、そのかぎりにおいて他のいずれのモデルよりもすぐれていた。にもかかわらず、高橋・牧野説はけっきょく歴史的にはレヴェンの説に匹敵できなかった。その事情にふれるまえに、核酸の塩基組成にかんする明石修三（一九三八、三九）(48)の研究について紹介しておこう。

明石は、腸チフス菌における塩基Nとヌクレオチド P を定量的に分析し、プリンNが全塩基Nの六〇・二パーセント、プリンヌクレオチドPが全ヌクレオチドの五三・九パーセントであることを示した。方法はケルダール法、プレーグル－リープ法であった。明石は、この結果が核酸にプリンヌクレオチドとピリミジンヌクレオチドが等量ふくまれることを意味し、テトラヌクレオチド説がもとめる値に一致する、と説いている。

プリンヌクレオチドとピリミジンヌクレオチドの等量の存在は、古くシュトイデル（一九〇六）(49)により主張されていた事実であって、明石の発見ではない。けれどもこの研究は、一九三〇年代の終わりにおいてもテトラヌクレオチド説が依然として強固であったことを示す資料として注目されよう。

しかし一九四〇年前後からハンマシュテン、アストベリなどが、流動複屈折の測定、超遠心、X線

A)

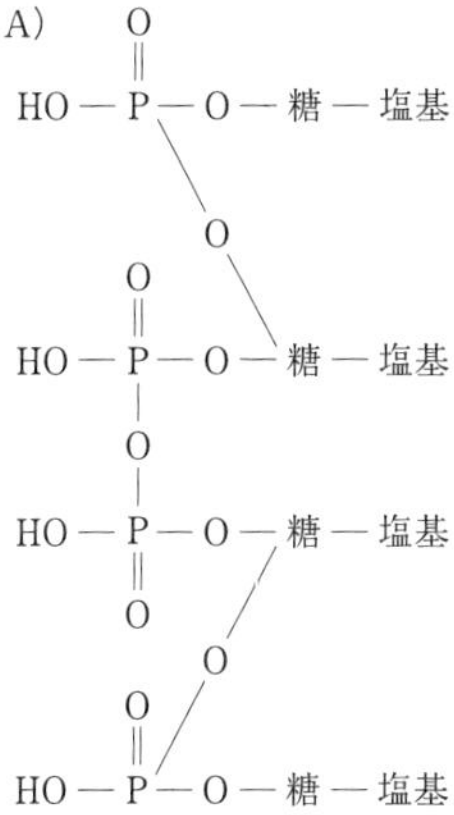

B)

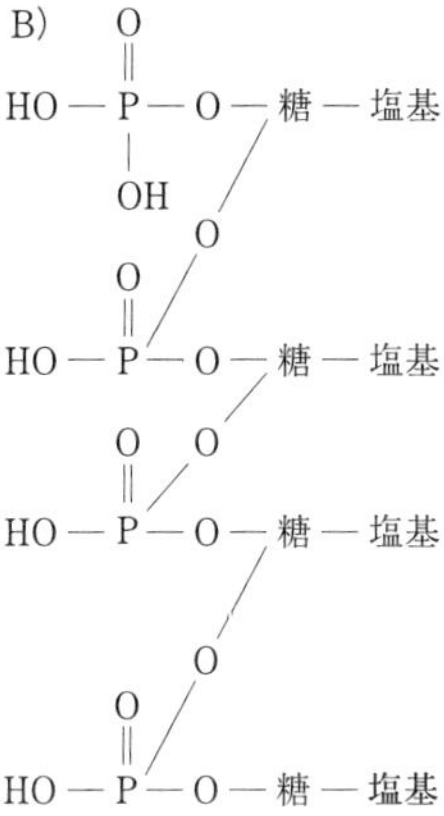

C)

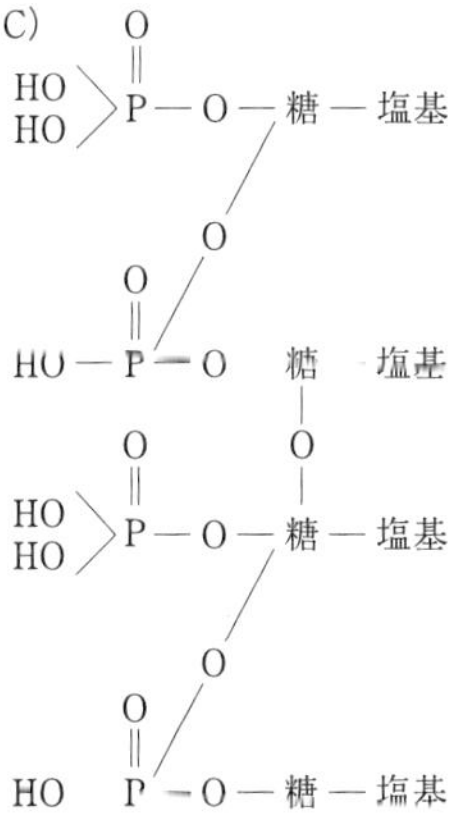

D)

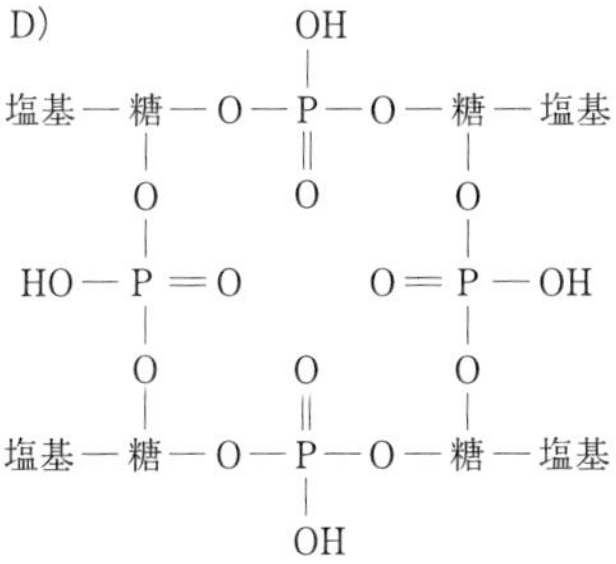

回折等の方法によって核酸の分子量を明らかにし、シャルガフがペーパークロマトグラフィを利用して塩基組成の精密な値を示すにいたり、テトラヌクレオチド説は崩壊しはじめる(50)。なるほど、核酸の構造としてテトラヌクレオチドの重合状態を想定すれば、分子量の大きさを一応説明できるだろう。けれどもこの立場からは、核酸における情報内蔵指示機能の発想はでてこない。いいかえれば、それは分子遺伝学の成立には直接には結びつかない。そのことは環状テトラヌクレオチド説においてとくに明瞭であった。レヴェンなどの鎖状開放型テトラヌクレオチド説はこの点で有利であり、これを多数直列に結合し、塩基を不規則に配列するよう改変することにより、イギリス学派によるＤＮＡ構造決定（一九五三）へと流れこむことができた。そしていうまでもなく、核酸がきわめて数多くのヌクレオチドの重合体であるならば、高橋と牧野が実験的に提示した条件をよくみたす。

戦後の日本においては、高橋・牧野らの伝統が完全に切れたところから、核酸の研究が再開された。物理化学出身の渡辺格を中心とする研究がそれである(51)が、この件についてはは本稿ではふれない。

核酸の生物学的機能　核酸またはその構成成分の生物学的効果については、まず宇賀田為吉（一九二八）の業績(52)が注目される。彼は柿内三郎の示唆にもとづき、ゾウリムシの分裂促進に核酸が効果を示し、その構成要素のうちウリジンが有効であることを見いだした。

宇賀田の研究は、ひとつには類似の業績のなかで世界的にもっとも早期のものである点で重要である。しかしそれよりも、核酸が核物質であり、接合のさいの核交換や内混の現象から推定して、この物質が細胞分裂にさいし重要な役割をはたしているはずだ、という問題意識(53)にもとづきこの研究をはじめたことは、いっそう評価されるべきであろう。ただし核酸の機能の理解が、現在の達成からみていくらか的はずれであったことは問わない。それを強く問うとすれば、歴史的な視点を欠くことになろう。ともかくも、微生物の分裂・成長と核酸構成要素にかんする代表的な成果であるリチャードスン（一九三八）(54)の仕事にしても、ウラシルが嫌気的条件においてブドウ状球菌の成長に必要な栄養素だ、という見解をみちびきだしたにすぎなかった。

日本でも清水多栄（一九四〇）(55)は、フレクスナー系癌腫移植で癌を発生したラットには正常ラットより肝臓ウラシル量が多いこと、またウリジル酸あるいはウラシルを注射されたラットでは癌腫移植にともなう発癌率、発生した腫瘍の成長がいちじるしいことを報告している。しかしこのばあいも、ウラシルは癌組織の「発育素」とみなされ、それは核酸の分解によって生じるのだろう、と考えられている。なおこの系統の業績としては、ほかにニワトリ胚を材料とした広田慶一と滋野修治（一九四二）の仕事(56)がある。

いずれにせよ、すぐれた着眼にもとづく宇賀田の業績は日本の生物学史のなかで孤立しており、これを継承発展させる仕事は出現しないままであった。

宇賀田の研究を例外として、核酸そのものの生物学的役割を日本で最初に研究したのは、政山竜徳およびその一門であった。鵜上三郎（一九五一）(57)は、政山らの業績が同種の実験のなかで世界的に先陣の役を演じたものとして高く評価している。しかしじっさいには、カーウドリ（一九二八）(58)は政山らよりも一〇年も前に、腫瘍が繊維芽細胞よりもDNAを多くふくむと指摘しているし、また成長ないし蛋白質合成と核酸との関連一般については、一九三九年にすでにカスペルソーンとシュルツ(59)の報告がでている。そしてカスペルソーンとシュルツ(60)はその前年一九三八年に、DNA合成と遺伝子複製の関連を示唆した。

それにしても政山グループのばあい、癌化にともなうDNA量変化の最初の報告(61)が一九四〇年、RNA量変化にかんする第一報(62)が一九四二年であるから、カスペルソーンらに大いに遅れたともいえない。そこでまず、上記の研究以前に政山グループがとりくんでいたテーマを検討し、それとの関連で、核酸にかんする彼らの研究がはじまった経緯をみておこう。

政山グループの癌についての研究は、一九三八―四三年のあいだに集中的に発表された。材料の多くは、ジメチルアミノアゾベンゾール（DMAB）投与によってえられたラット肝臓癌組織であるが、一部にはヒトの子宮癌組織も用いられている。これらの研究は、およそ六個の群に分類されよう。着手された順にあげると、（i）肝臓癌組織におけるアルギナーゼ、ヒスチダーゼ、アミノ酸オキシダーゼ、フォスファターゼおよびカタラーゼ等の酵素活性の研究（一九三八―四三）、（ii）アスコルビン酸、システィン、グルタチオンのような生体内酸化還元因子の研究（一九三八―三九）、（iii）コカルボキシラーゼ、FAD等補酵素の定量的研究（一九三九―四三）、（iv）核酸量にかんする研究（一九四〇―四三）、（v）アントラニル酸の肝臓癌抑制作用の研究（一九四〇―四一）、（vi）癌化肝臓蛋白質におけるチロシンおよびトリプトファン含有量にかんする研究（一九四三）(63)。

i群の研究(64)においては、癌組織でアルギナーゼ、アミノ酸オキシダーゼ、カタラーゼの活性が減退する等の事実が明らかにされた。なかでもフックス（一九二一）(65)により癌組織におけるその存在が主張されていたアルギナーゼ活性に焦点があてられた。そしてアルギナーゼが、システィン、還元型アスコルビン酸、還元型グルタチオンにより付活される事実（エーデルバッハー、一九三三）(66)が、政山らをii群の研究にみちびく。

政山らはii群の研究(67)では、組織の癌化にともない遊離システィンが増加し、肉眼的な変化があらわれない初期においては還元型グルタチオンと還元型アスコルビン酸が多いことを見いだしている。iii群の補酵素量の測定(68)も、やはり外国における成果をうけてなされた。オイラーとアドラー（一九三四）(69)は、移植癌組織においてリボフラビンの量が少量であることを示しており、政山らはDMAB投与ラットの肝臓癌でこの事実を追証した。癌化にともなうチアミン量の増減についても諸説あり、政山グループは、結合型のチアミンつまりコカルボキシラーゼが癌組織では減少するとした。

iv群はあとまわしにし、v・vi群の研究がi—iii群と内的にかかわりあっていることを指摘しておきたい。アントラニル酸はトリプトファンからキヌレニンをへて形成される代謝産物であり、アミノ酸酸化酵素およびこれを補助するリボフラビンの働きは、トリプトファンの立体帰化作用に関連している(70)。

さてiv群の核酸量にかんする政山らの研究の大要はつぎのとおりであった。

(a)　DMAB投与によって生じたラット肝臓癌組織および藤縄系肉腫におけるDNA量は、正常肝臓にくらべて増量している(71)。

(b)　DMAB投与によって生じたラット肝臓癌組織、藤縄系肉腫および子宮癌腫においては、RNA量も増加する(72)。

(c)　ダイズの芽およびニワトリ胚においてもRNA量が多い(73)。

以上の結果にもとづき政山らは、RNAが細胞の増殖・発育および蛋白質合成に役だっている、と主張した(74)。さきにふれたように、この見解そのものはカスペルソーンらによりすでに述べられているのであり、しかも政山らはカーウドリの仕事もカスペルソーン一派の業績もおそらく知っていた。したがって政山らが核酸研究をはじめた動機においてすでに、国外からの刺激が決定的な役割をはたした可能性が強い。

しかし政山グループの関心をカスペルソーン学派とわかつ点も見おとすことはできない。核酸の研究に入るまえのⅰ—ⅲ群の研究で、政山グループの関心は、生物体とくに癌における物質交代のパターンに主としてむけられていた。癌組織にみられるリボフラビンの減少は、生体酸化あるいは解糖作用の機構に関連するだろうと主張され(75)、なかでもFDAを補酵素とするd-アミノ酸酸化酵素の活性との関係が追究された(76)。コカルボキシラーゼの減少も、癌組織の解糖作用との関連で検討されており(77)、有癌ラットの血液におけるピルビン酸、乳酸の定量もなされている(78)。

以上はいずれも、一九三〇年代の後半に大いに発展した解糖作用とTCA回路を中心とする中間代謝研究のレベルに属する。ではこのような関心と核酸量変動の研究は、どのように接続しているだろうか。政山グループの論文をしらべると、癌組織における核酸の存在を、上記の中間代謝との関連でとらえようとした形跡がはっきりと読みとられる。ⅰ—ⅲ群に属する研究と核酸にかんするⅳ群の研究の接続の内容は、政山らの論文に示されているかぎりでは、つぎのようである。

第一に、ⅰ群の研究で政山らは、窒素気中でブドウ糖を与えられた癌組織において、尿素量が減少することを見いだした。彼らは、癌組織内の解糖作用によって生じたC_3物質と尿素が結合し、核酸の有機塩基が生じるのであろう、と推定している(79)。また政山グループは、FADが癌組織で減少する事実を、RNAの増量とむすびつけて考察している(80)。さきに述べたとおり、彼らが癌組織・ダイズ芽・ニワトリ胚における核酸量の増大を蛋白質合成と関連させたのは事実であるが、この主張は政山グループの業績の最後期（一九四三）になってはじめてあらわれる(81)。これはおそらく、彼らの研究の内部からあらわれた論理ではなく、カスペルソーンなど外部の刺激の影響を示す論理であったろう。

かくて政山グループの核酸研究においても、すでに述べたカイコの眼色・卵色およびアミラーゼの遺伝研究のばあいとおなじく、遺伝の物質的機構にむかってまっすぐ進んでゆく方向性がもともと弱かったと考えられる。そして残念なことに、戦争の激化とともに政山学派の研究は頓挫し、政山自身も空襲で命をうばわれてしまった。

おわりに

終戦前の日本において、分子遺伝学の源流とみなしうる分野で相当の業績があげられていたが、これらは戦後における分子遺伝学の発展にほとんど寄与しえなかった。その原因はどこにあったのだろうか。本稿では対象としてとりあげなかった微生物学や酵素化学についても十分調査したうえでなければ、正当な答えをひきだすことはできない。それにしても、日本の生物学者と欧米の生物学者の思考と感じかたのパターンの相違がここでなんらかの役割を演じた可能性がある。また微生物とくにファージのような単純な系での遺伝研究が、終戦前の日本においてなされなかった点にも注意する必要があろう。さらに一つつけ加えるならば、高分子を対象とするX線回折の研究が出現しなかったことも問題になろう。

註

（1）石館三枝子（一九八〇）『科学史研究』**一九**、一二九―一三九ページ。

（2）したがって本稿の「遺伝生化学」の項は、石館（一九八〇）上掲（1）の導入部分（一二九―一三〇ページ）の敷衍の意味をもつ。

（3）Toyama. K. (1906) : *Bull. Agr. Coll. Tokyo Imp. Univ.* **7**, 259–393, Toyama, K. (1906): *Biol. Centralblatt* **26**, 321–334.

（4）外山亀太郎（一九一〇）『蚕業新報』（二〇六）七―一三ページ。

（5）Morgan, T. H. (1917) : *Amer. Nat.* **51**, 513–544 は、この点で外山の仕事をたかく評価している。

（6）梅谷与七郎（一九二五）『遺雑』**三**、一五五―一八二ページ。

（7）宇田一（一九二八）『三重高等農林学校学術報告』**一**、一―三〇ページ。

（8）Caspari, E. (1933) : *Arch. E-W. Mech.* **130**, 352–381 など。

（9）Beadle, G. W. & B. Ephrussi (1935) : *Proc. Nat. Acad. Sci.* **21**, 642–646. Ephrussi, B. & G. W. Beadle (1935) : *Bull. Biol.* **69**, 492–502, Ephrussi, B. & G. W. Beadle (1935) : *C. R. Acad. Sci.* **201**, 98 など。

（10）Kühn, A. (1932) : *Naturwiss.* **20**, 974–977.

（11）そのほかカスパリも、ビードルとエフリュッシも、スターテヴァント（一九二〇）およびドブジャンスキー（一九三二）の雌雄モザイク・ショウジョウバエにかんする研究の影響を受けていると思われるが、本筋からはずれるので、その詳細は省略する。
(12) 吉川秀男（一九三七）『動雑』**四九**、三四八―三五三ページ。
(13) 吉川（一九四〇）『動雑』**五二**、一九一―一九九ページ、吉川（一九八八）上代晧之編『近代の生化学』化学同人、一九一―二〇五ページ、とくに一九三ページ。
(14) 石館（一九八〇）上掲（1）一三〇ページ。
(15) 川口栄作・金順鳳（一九三七）『札幌農林学会報』（一四〇）三三六―三三七ページ、川口・金（一九三八）『植物及動物』**六**、一〇一九―一〇二九ページ。
(16) 川口（一九三八）『植物及動物』**六**、一一七一―一一八二ページ、とくに一一七四ページ。
(17) 梅谷与七郎（一九五一）『形質と環境』岩波書店、九七―九八ページ、および梅谷（一九三八）『遺雑』**一四**、二七八―二八二ページ、とくに二七八ページ。
(18) 梅谷（一九三八）上掲（17）。
(19) 諸星静次郎（一九三八）『遺雑』**一四**、二〇四―二一〇ページ。
(20) 田島弥太郎（一九三九）『遺雑』**一五**、三二二―三二四ページ。
(21) これらの点については石館（一九八〇）上掲（1）一三六―一三八ページにくわしく論じられている。
(22) 吉川（一九六八）上掲（13）一九四ページは、松村の業績を世界における分子遺伝学の嚆矢としてたかく評価している。なお本稿において松村にかんする記述は、石館氏との討論に負うところが大きく、したがって氏のオリジナリティに帰すべき部分をふくむことを付記しておく。
(23) 松村季美（一九二九）『遺雑』**四**、一六二―一六六ページ。
(24) 松村（一九三四a）『長野県蚕業試験場報告』（二八）一―一二四ページ、とくに三〇―三七ページ。
(25) 松村（一九二九）上掲（23）一六二ページ。

(26) 松村(一九三四a)上掲(24)四四―五五ページ、松村(一九三五)『長野県蚕業試験場報告』(三一)一―四〇ページ、とくに二三―三三ページ。
(27) 松村(一九二九)上掲(23)一六二ページ、松村(一九三四a)上掲(24)九八―一一六ページ、松村(一九三四b)『日本蚕糸学雑誌』**五**、六一―六三ページ。
(28) 松村(一九四八)『遺雑』**二三**、二八―二九ページ、松村(一九五〇)『遺雑』**二五**、二五六ページ。
(29) 黒田行昭(一九五二)『遺雑』**二七**、二二九ページ、黒田(一九五四)『遺雑』**二九**、八―一二ページ。
(30) 石館(一九七四)『生物学史研究』(二六)一―一一ページ、とくに四ページ、石館(一九七七)『科学史研究』**一六**、二五―三三ページ、とくに二八―二九ページ。
(31) 石館(一九七七)『科学史研究』**一六**、八六―九三ページは、この種の研究の分子遺伝学史的な位置づけについて詳細に検討している。
(32) 松村(一九三四a)上掲(24)八七―八八ページ。
(33) 松村(一九二九)上掲(23)、松村(一九三四a)上掲(24)、松村(一九四八)上掲(28)、松村(一九五〇)上掲(28)。
(34) 松村(一九三四a)上掲(24)七七―九四ページ、松村(一九三六)『長野県蚕業試験場報告』(三四)一―二〇ページ。
(35) この種の研究の評価については、中村禎里(一九七三)『生物学の歴史』河出書房新社、三二二ページを参照。
(36) 本稿の「核酸の研究」の部分は、一九八一年五月一六日、日本科学史学会生物学史分科会で報告した内容を論文化したものである。
(37) Takahashi, H. (1932) : *Jour. Biochem.* **16**, 463-481.

(38) Davidson, J. N. (1950) : *The Biochemistry of the Nucleic Acids*, Methuen, pp. 24–25.
(39) Levene, P. A. and Simms (1926) : *Jour. Biol. Chem.* **70**, 327–341.
(40) Feulgen, R. (1918) : *Zeitschr. physiol. Chem.* **101**, 296–309.
(41) Levene, P. A. (1921) : *Jour. Biol. Chem.* **48**, 119–125.
(42) Jones, W. and M. E. Perkins (1923) : *Jour. Biol. Chem.* **55**, 557–565.
(43) Makino, K. (1935a) : *Zeitschr. physiol. Chem.* **232**, 229–235, Makino, K. (1935 b) : *op. cit.* **236**, 201–207, 牧野堅（一九三六）『日生化会報』一一、四四―六八ページ。
(44) 牧野（一九三六）上掲（43）四四ページ。
(45) Makino, K. (1935a) 上掲（43）。
(46) Makino, K. (1935b) 上掲（43）。
(47) 牧野（一九三六）上掲（43）、とくに五一ページ。
(48) Akashi, S. (1938) : *Jour. Biochem.* **28**, 355–370, Akashi, S. (1939) : *op. cit.* **29**, 21–29.
(49) Steudel, H. (1906) : *Zeitschr. physiol. Chem.* **49**, 406–409.
(50) その事情については、中村（一九七三）上掲（35）三〇五―三〇六ページ、Portugal, F. H. and J. S. Cohen (1977) : *A Century of LNA*, M. I. T. Press, pp. 87–89, 201–202〔ポーチュガル／コーエン（杉野義信・奈保子訳、一九八〇）『DNAの一世紀』岩波書店、I 一四〇―一四三ページ、II 二一―二三ページ〕。石館（一九八三）中村編『二〇世紀自然科学史・生物学』下、三省堂、一二五―一二六ページ、一四六―一四七ページなどを参照。
(51) 渡辺格（一九七八）『生命のらせん階段』文藝春秋、とくに四一―七八ページあたりにくわしい。
(52) Ugata, T. (1926a) : *Jour. Biochem.* **6**, 417–446, Ugata (1926b) : *op. cit.* **6**, 451–463.

(53) この点についてはUgata(1926a) 上掲（52）p. 418, Ugata(1926b) 上掲（52）p. 451のほか、柿内三郎（一九四〇）『日生化会誌』**一五**、一〇五ページを参照されたい。
(54) Richardson, G. M. (1936) : *Biochem. Jour.* **30**, 2184–2190.
(55) 清水多栄（一九四〇）『日生化会誌』**一五**、九六―一〇四ページ。
(56) 広田慶一・滋野修治（一九四二）『大阪医雑』**四一**、五九九―五六〇ページ。
(57) 鵜上三郎（一九五一）江上不二夫編『核酸及び核蛋白質』下、共立出版、三一四―三五四ページ、とくに三二六ページ、三三三ページ。
(58) Cowdry, E. V. (1928) : *Science* **68**, 138–140.
(59) Caspersson, T. and J. Schultz (1939) : *Nature* **143**, 602–603.
(60) Caspersson, T. and J. Schultz (1938) : *Nature* **142**, 294–295.
(61) 政山竜徳・横山恒子（一九四〇a）『癌』**三四**、一七四―一七五ページ、政山他（一九四〇）『大阪医雑』**三九**、一八三三―一八三七ページ。
(62) 政山他（一九四二a）『癌』**三六**、二三三ページ、政山他（一九四二b）『日生化会誌』**一七**、一四二―一四三ページ。
(63) そのほか癌組織におけるコレステリン量の研究（一九三八―四〇）があるが、本稿の文脈に関係ないので省略する。
(64) 政山（一九三八a）『日生化会報』**一三**、九―一一ページ、政山（一九三八b）同誌**一三**、二〇三ページ、政山・壹岐秀胤他（一九三八）『癌』**三二**、三〇三―三〇五ページ、政山・横山他（一九三八a）『大阪医雑』**三七**、一〇三三―一〇三八ページ、岡本吉美他（一九三八）同誌**三七**、一〇五五―一〇五九ページ、政山・首藤正行（一九四〇）『癌』**三四**、一七六―一七八ページ、政山・須田正巳（一九四一）同誌**三五**、三三五—三三六ページ、政山・須田他（一九四一）『日生化会報』**一六**、一八九—一九〇ページ、政山・関悌四郎他（一九四一）『大阪医雑』**四〇**、四一六—四二〇ページ、柳沢育大（一九四二）『癌』**三六**、二三四ページ、横山（一九四二a）『大阪医雑』**四一**、二二三—二二八ページ、政山・須田（一九四二）同誌**四一**、六一四—六一五ページ、柳沢・富永捗（一九四二）同誌**四一**、七八五—七八六ページ、中埜就広（一九四三c）同誌**四二**、一六八〇—一六八四ページ。

(65) Fuchs, B.(1921): *Zeitschr. physiol. Chem.* **114**, 101–107.

(66) Edelbacher, S.(1933): *Schweiz. Med. Woch.* (37)II, 16. ただし筆者は未見。岡本他（一九三八）上掲(64)による。

(67) 政山（一九三八a）上掲(64)、政山・壹岐他（一九三八）上掲(64)、政山・横山他（一九三八b）『大阪医雑』**三七**、一〇三九—一〇四三ページ、岡本他（一九三八）上掲(64)、壹岐（一九三九a）『癌』**三三**、二一六ページ、壹岐（一九三九b）『大阪医雑』**三八**、一〇七五—一〇八〇ページ。

(68) 政山・横山（一九三九a）『癌』**三三**、二一四—二一六ページ、政山・横山（一九三九b）『大阪医雑』**三八**、一〇六五—一〇六七ページ、横山（一九三九）同誌**三八**、一〇六九—一〇七四ページ、政山（一九四〇）『日生化会報』**一五**、一四一—一四三ページ、政山・横山（一九四〇b）『癌』**三四**、一七八—一七九ページ、政山・横山（一九四〇a）『癌』**三五**、三三四—三三五ページ、政山・須田（一九四一）上掲(64)、政山・須田他（一九四一）上掲(64)、政山・須田（一九四二）上掲(64)、須田（一九四二）『癌』**三六**、二三一—二三二ページ、須田・中埜（一九四二）『日生化会報』**一七**、一四一—一四二ページ、横山（一九四二b）『大阪医雑』**四一**、五四三—五四九ページ、横山（一九四二c）同誌**四一**、六一〇—六一三ページ、須田・中埜（一九四三）同誌**四二**、一六五四—一六五七ページ。

(69) Euler, H. v., and E. Adler (1934): *Zeitschr. physiol. Chem.* **223**, 105–112.

(70) 政山・横山（一九四〇c）『大阪医雑』**三九**、一八二七―一八三一ページ、政山・須田（一九四二）上掲(64)、中埜（一九四三a）同誌**四二**、一三三七―一三四〇ページ。
(71) 政山・横山（一九四〇a）上掲(61)、政山他（一九四〇）上掲(61)、政山他（一九四二a）上掲(62)、横山・中埜（一九四二）『大阪医雑』**四一**、四九九―五〇三ページ。
(72) 政山他（一九四二a）上掲(62)、政山他（一九四二b）上掲(62)、政山・富永（一九四三）『癌』**三七**、二八八―二八九ページ、富永（一九四三a）『大阪医雑』**四二**、六七二―六七四ページ、富永（一九四三b）同誌**四二**、七六七―七六八ページ、柳沢他（一九四三）同誌**四二**、七六一―七六六ページ、柳沢・富永（一九四三）同誌**四二**、七六九―七七一ページ。
(73) 政山他（一九四二b）上掲(62)、政山（一九四三）『大阪医雑』**四二**、二〇九一―二〇九二ページ、政山・富永（一九四三）上掲(72)。
(74) 政山他（一九四二b）上掲(62)、政山・富永（一九四三）上掲(72)。
(75) 政山・横山（一九三九b）上掲(68)、須田（一九四二）上掲(68)。
(76) 政山・須田（一九四一）上掲(64)、政山・須田他（一九四一）上掲(64)、政山・須田（一九四二）上掲(64)。
(77) 政山・横山（一九三九a）上掲(68)、横山（一九三九）上掲(68)。
(78) 中埜（一九四三b）『大阪医雑』**四二**、一三四一―一三四二ページ。
(79) 政山（一九三八a）上掲(64)、岡本他（一九三八）上掲(64)。
(80) 政山・富永（一九四三）上掲(72)。
(81) 政山・富永（一九四三）上掲(72)。

血清療法の先着権

はじめに

私はかつて世間で科学史家とみなされていた。自己評価は、科学史のセミ・プロであった(一九七二)(1)。いまは専攻不定。主として歴史民俗学のアマである。この一〇年あまりのあいだ、科学史の仕事にわりふる時間はしだいに少なくなってきた。このため、そのときどきに興味をもって少しは調べたが、完成しないまま放置した科学史のテーマがいくつか残った。今後、研究をおこなうのにどうにか耐え得る思考力を維持できる年数は、五―一〇年であろう。その期間に研究可能なテーマは、まず二個だと推定される。二個のテーマをいずれも科学史にふりあてるとしても、途中でほうりだしたテーマのすべてを完成させることは、とてもできない。歴史民俗学に関心をもちつづけるとしたら、なおさらそう言えよう。そこで感心したことではないが、未完成のままのテーマの完成をあきらめてしめくくり、ノートの形で発表したいと思う。本稿は、そのうちの一つである。

ベーリングと北里の先着権

血清療法がベーリングと北里柴三郎によって創始されたことは、いうまでもない。それは彼らの共著論文「動物におけるジフテリア免疫および破傷風免疫の成立について」(Ueber das Zustandekommen der Diphtherie-Immunität und der Tetanus-Immunität bei Thieren, 1890)(2)において発表された。ベーリングのみが一九〇一年の第一回ノーベル賞を受賞したが、受賞の根拠である上記の論文が二人の共著である事実からみて、ベーリングと北里の共同受賞が常識的な処置であったと思われる。ノーベル賞受賞という社会的な現象にもとづいて科学的業績の評価がなされることが多い(3)が、このような転倒的な見方を私はノーベル賞史観とよぶ。ノーベル賞にかぎらず賞一般の社会的意味については、本稿のさいごにふれることにして先に進もう。なお北里の論文集は、日本で発行されている(4)。

ベーリングの先着権については、すでに何人かの日本人研究者によって疑問が提出されている。宮島幹之助と高野六郎(一九三二)(5)はつぎのように主張した。北里が破傷風で免疫の成立を発見したので、コッホはベーリングにジフテリアについても北里の方法を適用するように指示し、ベーリングはこれにしたがった。宮島らは北里の弟子であるから、彼らの主張は北里その人からの伝聞によるものであろう。

つぎに川喜田愛郎(一九四九、一九七七)(6)(7)は、通例ベーリングと北里の歴史的貢献とされるこの業績の評価について疑問が多い、と述べ、以下の根拠をあげている。

(1)　共著論文に記載されているのは、もっぱら破傷風にかんする実験であり、ジフテリアについてのデータは示されていない。従来から破傷風菌は北里の、ジフテリア菌はベーリングの研究材料であった。

(2)　そののちベーリングが単独で発表した論文「動物におけるジフテリア免疫の成立にかんする研究」(Untersuchungen über das Zustandekommen der Diphtherie-Immunität bei Thieren, 1890)(8)は、動物のジフテリア免疫の方法を主題にしているのみで、抗毒素の問題にはふれていない。

(3)　このベーリング単独論文は、北里との共著論文の調子とちがっており、不得要領である。

私自身も、ベーリング・北里共著論文、北里単独論文「破傷風毒素にかんする実験的研究」(Experimentelle Untersuchungen über das Tetanusgift, 1891)(9)、およびベーリング単独論文をしらべる機会をえて、私見の結論だけはすでに発表した(中村禎里、一九七八)(10)。本稿の論旨にかかわるので、これをいくらかくりかえしておく。

まず一八九〇年までの北里とベーリングの研究テーマの流れを比較する。コッホのもとで研究をはじめた当初、北里は酸性培地・アルカリ性培地におけるチフス菌やコレラ菌の状態の研究などをテーマとして与えられていた(11)が、やがて破傷風菌の純粋培養の研究が彼にゆだねられる。北里(一八八九)(12)は、この菌が嫌気性であることに気づき、水素ガスのなかで破傷風菌の純粋培養に成功した。なお北里はこの論文で、破傷風菌が毒素を産出するのではないか、と推定している。そしてその確定は、北里とヴァイルの共著論文(一八九〇)(13)で公表された。破傷風毒素の存在は、それ以前に他の研究者によって示唆されていたが、北里は純粋培養という洗練された技術にもとづき、この示唆をうらづけたのである。

一方、一八八九年にコッホのもとに移ってくる以前のベーリングのテーマは、化学薬剤による殺菌療法の追究であった(14)。北里とベーリングの研究の流れを比べると、北里のばあい、破傷風菌の純粋培養→細菌毒素の確認→血清療法の創案、と研究の着想が自然に流れていることが理解できる。しかしベーリングのばあい、化学療法から血清療法への移行は、発想のうえからいっても技術的にみても不連続である(15)。

つぎに川喜田があげた論拠(1)にかかわる件であるが、私は注目すべき事実に気がついた。北里が単独論文で免疫血清の効果について述べた個所(16)は、ベーリング・北里共著論文の実験報告の部分(17)とほとんど一字一句おなじである。したがって共著論文のこの部分は北里によって執筆された、と推定できる。しかもこの部分だけで、血清における抗毒素の存在、および免疫血清の予防・治療効果の証明は完結したかたちになっている。その他の部分の執筆者はおそらくベーリングだと思われる(後述)が、そこでは上記の結果を免疫学一般のなかで位置づける抽象的議論がなされているにすぎない。

川喜田の論拠(1)と重ねあわせると、つぎのことが言えよう。共著論文においては、破傷風にかんする実験しか記載されていない。そしてこの記載の執筆者は、確実に北里である。

共著論文と北里単独論文の比較

本稿を書くおもな動機は、じつは証拠をあげて前記の事実を示すことにあった。そこでベーリング・北里共著論文と北里単独論文の該当個所を並記しよう。共著論文（上段）には松本稔訳[18]を採用した。ただし動物名はカタカナになおし、漢字の一部をひらがなに変えた。かなづかいも現代風に変更している。単独論文（下段）のうち共著論文と共通の部分についても松本訳を使い、後者と異なる部分には私訳を用いた。なお共著論文の傍線は単独論文には存在しない語句を、単独論文の傍線は共著論文には存在しない語句を示す。両論文のあいだで、冠詞・指示代名詞・助動詞などの微妙な相違がみられるときには、その相違を日本語においてはあらわしえなかったばあいがある。

共著論文

かかるウサギの頸動脈から採血した。

凝固しないうちに液状の血液の〇・二ccおよび〇・五ccをそれぞれマウスの腹腔内に注射した。この二匹のマウスに、二匹の対照とともに、二四時間後に強力の破傷風菌を注射した。かくて対照動物は二〇時間後にはすでに破傷風にかかり、三六時間

北里単独論文

ウサギの頸動脈から採血した。

凝固しないうちに液状の血液の〇・二ccおよび〇・五ccをそれぞれマウスの腹腔内に注射した。この二匹のマウスに、二匹の対照とともに、二四時間後に強力の破傷風菌を注射した。かくて対照動物は二〇時間後にはすでに破傷風にかかり、三六時間

後に死亡したほどの強さであった。しかるに前処理をした二匹のマウスはひきつづき健康をたもった。

ついで上述の血液の大量を多量の血清を分離するまで放置した。

この血清〇・二ccずつを六匹のマウスの腹腔内に注射した。二四時間後に菌を接種したが、動物は六匹とも健康をたもった。対照マウスは四八時間以内に破傷風で死亡した。

動物をまず感染せしめたのち、血清を腹腔内に注射し、血清を用いて治療的効果を得ることもできる。

われわれはさらに血清の顕著な毒素破壊作用を示すに適する実験をおこなった。

ろ過して無菌にした破傷風菌一〇日培養液は、マウスを四―六日後に確実に殺すに〇・〇〇〇五cc、二日以内では〇・〇〇一ccで充分であった。

さてわれわれは破傷風免疫ウサギ血清五ccをこの培養液一ccと混合し、二四時間血清を培養液中にふくまれる破傷風毒素に作用させた。この混合液から〇・二ccずつを四匹のマウスに注射した。したがってそれぞれ培養液〇・〇三三cc、すなわち

後に死亡したほどの強さであった。しかるに前処理をした二匹のマウスはひきつづき健康をたもった。

ついで上述の血液の大量を多量の血清を分離するまで放置した。

この血清〇・二ccずつを六匹のマウスの腹腔内に注射した。二四時間後に菌を接種したが、動物は六匹とも健康をたもった。対照マウスは四八時間以内に破傷風で死亡した。

動物をまず感染せしめ、発病したばあいは、血清を腹腔内に注射し、血清を用いて治療的効果を得ることもできる。

さらに血清の顕著な毒素破壊作用を示すに適する実験をおこなった。

ろ過して無菌にした破傷風菌一〇日ブイヨン培養液は、マウスを四ないし六日後に確実に殺すに〇・〇〇〇五cc、二日以内では〇・〇〇一ccで充分であった。

さて破傷風免疫ウサギ血清五ccをこのろ過液一ccと混合し、二四時間放置した。この混合液から〇・二ccずつを四匹のマウスに注射した。したが

マウスにたいする致死量の三〇〇倍以上の量を注射されたわけである。四匹とも健康であった。しかるに対照マウスは培養液〇・〇〇〇一ｃｃで三六時間後に死んだ。

いままで列挙した実験例における、腹腔内に血清を注射されたマウス、および破傷風毒素と血清の混合液を注射されたマウスはすべて、いままでにわかったところでは、持続的に免疫性である。あとで毒力ある破傷風菌をくりかえし接種したが、罹患の痕跡すらも示さずに耐えた。

多数の実験においてマウスにもウサギにも、一般にいままで検査された動物には破傷風に免疫性のものは一つも発見されなかったし、また非常にながいあいだ当衛生研究室において続けて行われた、いままで知られている方法の一つで動物を破傷風にたいし免疫しようとする実験は全然徒労に終わっていたのであるから、これらの事実はとくに注目にあたいするものである。

それゆえにわれわれは、ただちに、そしてなんの困難もともなわずして、たしかに有効な、動物にま

ってそれぞれろ過液〇・〇三三ｃｃ、すなわちマウスにたいする致死量の三〇〇倍以上の量を注射されたわけである。四匹とも健康であった。しかるに対照マウスはろ過液〇・〇〇〇一ｃｃで三六時間後に死んだ。

いままで列挙した実験例における、腹腔内に血清を注射されたマウス、および破傷風毒素と血清の混合液を注射されたマウスはすべて、一定期間免疫性である。あとで毒力ある破傷風菌をくりかえし接種したが、罹患の痕跡すらも示さずに耐えた。

上記のように、これらすべての実験はくりかえされ、つねに同一の結果をもたらした。

マウスにおける免疫の持続期間は四〇日ないし五〇日にたっし、五〇日をこえると防御力はしだいに失われる。したがって免疫を保持するには、免疫されたウサギの血清で、そののちくりかえしマウスを処理しなければならない。

免疫されたウサギの血液または血清は、体外において冷たく暗い部屋で保存すると、他の動物を破傷風から防御する力を最高一週間持続する。そののち

ったく無害の免疫方法を発見せしめた免疫成立にかんする上述の解釈は、きわめて広汎な因果関係の要求をもまた満足せしめると結論してよいであろう。

もちろん、あらゆるばあい、免疫性のないウサギの血液および血清をもって対照実験をもおこなった。これらの血液および血清は治療的にも、また破傷風毒素への影響の点でもまったく作用のないことがわかっている。

実験の結果によれば同様のことがウシ・子ウシ・ウマ・ヒツジの血清にもあてはまる。

この力はしだいに失われ、他の動物に破傷風への抵抗力をもたせることは、もはやできない。

上述の多数の実験においてマウスにもウサギにも、破傷風に免疫性のものは一つも発見されなかったし、また本章の冒頭でそれぞれ示したように、ながいあいだ続けて行われた、いままで知られている方法の一つで動物を破傷風にたいし免疫しようとする実験は全然徒労に終わっていたのであるから、これらの事実はとくに注目にあたいするものである。

もちろん、あらゆるばあい、免疫性のないウサギの血液および血清をもって対照実験をもおこなった。これらの血液および血清は治療的にも、また破傷風毒素への影響の点でもまったく作用のないことがわかっている。他の場所で言及したとおり、同様のことがウシ・子ウシ・ウマ・ヒツジの血清にもあてはまる。

事実は以上のようであった。それではこれによって、北里とベーリングの先着権問題について、最終的な結論をくだすことができるかというと、さらに解決すべき課題がのこっている。

塩化ヨウ素の効果（1）北里の立場

共著論文のベーリング担当とおもわれる部分（上記北里執筆部分のまえ）(19)で

われわれの一人（ベーリング）は、ジフテリアにたいして免疫のマウスおよびモルモットの研究で……〔免疫にかんして既成の学説と異なる〕他の解釈の原理をもとめねばならないこととなった。さまざまな徒労ののちに、ジフテリアにたいして免疫した動物の血液の有するジフテリア毒素を破壊する作用にジフテリアにたいする不感受性の原因をもとむべき目当てがついたのである。しかしわれわれはジフテリアのばあいにえた経験を破傷風に適用して、はじめて、われわれの認めうるかぎりにおいて、間然とするところのない結果をえた（松本訳による。〔　〕内は中村の補足）。

これを読むと、北里が破傷風について免疫の実験をおこなうまえに、ベーリングはジフテリア菌にたいする抗毒素の存在を検討していたことになる。ベーリングは、彼の単独論文のおわりのほう(20)でも

ジフテリア免疫の成立にかんする研究にさいし私がこのような経験をしたあとで、北里氏と私は共同で、同一のことを破傷風に応用した。……破傷風においては、その免疫をえた動物の血液の毒素破壊作

用が免疫成立の充分な原因である、という確実な証拠を提出することに成功した。

ここで「このような経験」とはなにをさすか、かならずしも明らかではないが、その点については、のちに検討する。いずれにせよ、うえに引用した二つの論文におけるベーリングの主張が事実にそくしたものであるならば、つぎの結論がみちびきだされるであろう。すなわち、抗毒素による血清療法のアイデアをえたのはベーリングである。しかしジフテリアではその確実な根拠を示すことができず、実験的証明は破傷風菌についてなされた。それゆえ、血清療法のアイデアの先着権はベーリングに、その証明の先着権はベーリングと北里に帰せられるべきである。

けれども先着権にかんして、北里がベーリングの主張に矛盾する言い分を語っていたことは、既出の宮島と高野の見解から推定できる。そしておなじことは、北里の単独論文においても示唆されている(21)。そこで北里は

ベーリング氏は塩化ヨウ素をもちい、実験動物にジフテリアにたいする免疫を獲得させることにしばしば成功した。そこで私は、動物が破傷風にかかりにくくなるように、この方法を試用した。

と記している。そして北里は、塩化ヨウ素による免疫はあまり有効でない、という結果をえた。

さらに北里は、ブリーガーおよびヴァッサーマンとの共著論文(一八九二)においても、動物にブイヨン培地を注入したのち塩化ヨウ素溶液を注射して免疫を獲得させる方法は、ベーリングによって

先行された、と述べている(22)。

北里の認識においては、塩化ヨウ素による免疫の研究においてのみ、ベーリングが彼より先行したにすぎない。塩化ヨウ素が免疫成立の直接の作因になることもあるが、それほど効果的な方法ではない。そして塩化ヨウ素免疫法は、血清中の抗毒素による免疫とは無関係だ、というのが北里の見解である。したがって北里の立場にたつと、塩化ヨウ素法とは比較にならぬほど有効な血清療法の先着権（アイデアをふくむ）は、とうぜん彼に帰すべきであった。

塩化ヨウ素の効果（2）ベーリングの立場

ところでベーリングのほうは、塩化ヨウ素法をどのように評価していたのであろうか。この点を検討するために、ベーリングの単独論文の内容(23)をしらべよう。

まず彼は、それまでにつぎの五種類のジフテリア免疫法が知られている、と指摘する。

（1）滅菌した培地を動物に注射する。

（2）ジフテリアの培地に塩化ヨウ素を加えて放置したのち、この培地を動物に注射する。

（3）動物生体内のジフテリア菌が産出した物質代謝産物を、べつの動物に注入する。

（4）動物をまずジフテリア菌に感染させたのち、治療をおこなって免疫を獲得させる。ジフテリア治療剤としては、塩化ヨウ素がすぐれている。

（5）過酸化水素を動物に注射する。

以上のうち（1）—（4）において免疫状態を成立させるのは、ジフテリア菌が生産する物質代謝産物だ、とベーリングは主張している。したがって上記（4）の方法で用いられた塩化ヨウ素は、免疫を成立させる作因ではなく、ジフテリア菌に感染した動物を生存させるための手段だ、というのがこの時期におけるベーリングの見解だった、と一応思われる。

ようするに北里が破傷風について血清療法の実験をおこなうまえに、ベーリングが、ジフテリア免疫成立における塩化ヨウ素の作用をどのように解釈していたかが問題なのである。単独論文においてベーリングが採用した解釈が、事後の彼の作為である可能性はすてられない。この件については、共著論文以前のベーリングの論文をさかのぼって調査すれば、おのずから事実があきらかになるであろう。けれども今の私には、それをおこなう余裕がない。本稿を格式にあう論文とせず、ノートとして投稿するゆえんである。

ただしベーリングの単独論文だけをみても、これをさらに精細に吟味すると、彼に不利な疑問点がいくつか露呈される。第一に、ベーリングによれば、上記（5）の過酸化水素による免疫法は、ジフテリア菌代謝産物とは関係がない。いいかえると、ジフテリア菌毒素にたいする抗毒素血清療法とは関係がない。つまりこの段階においても彼は、殺菌作用をもつ薬剤が、直接に免疫効果を発揮しえると信じている。そう信じえるためには、ジフテリア培地を過酸化水素で処理して死菌ワクチンを製造する実験（ベーリングがあげた一番目の方法）をあらかじめ試みるべきであるのに、そうはしていない。この時期におよんでなおベーリングは、化学薬剤による直接免疫の思考パタンから離れられなかったのではないか。

第二に、塩化ヨウ素が直接の免疫効果をもたないとする立場にたてば、上記（1）（2）を区別する必要はないはずである。にもかかわらず、（2）を（1）とべつに記したのは、ベーリングの頭のなかで、塩化ヨウ素の直接免疫効果論が明晰には清算されていなかったことを示唆するのではないか。

第一・二点の私の推測がただしいとすれば、それより前、ベーリングが塩化ヨウ素をジフテリアの研究に使用した動機は、北里が述べているように、やはり直接に免疫を成立させることにあったのではないだろうか。そしてベーリングは、事後に北里の研究にヒントをえて、塩化ヨウ素の作用機作について、かつてのみずからの解釈を変更したのではないか。

一方、北里とベーリングの言い分から判断すると、北里が破傷風の治療・免疫に関心をむけるきっかけをつくったのは、ベーリングの化学薬剤によるジフテリア治療・免疫の試みだった可能性が、かなり大きい。そこで、もっともありそうな経過を図式化すると、つぎのようになる。

北　里	ベーリング
（破傷風菌）	（ジフテリア菌）
純粋培養	化学療法の研究
↓	↓
毒素の確認 ←	塩化ヨウ素による治療・免疫
↓	
血清による治療・免疫 ——→	毒素の確認と血清による治療・免疫

話を少しもとにもどすと、ベーリングは単独論文で、彼がジフテリア免疫の実験をおこない、「このような経験をしたあとで、北里氏と私は共同で、同一のことを破傷風に応用した」と述べていた。そして「このような経験」がなにをさすのかは、明瞭でなかった。もっとも広く解釈すると、ベーリングの単独論文に記載されたすべての実験が「このような経験」にふくまれてしまう。その内容はつぎのとおりである。

（1）　五種類の免疫方法が存在する。

（2）　ジフテリア菌の無細胞性物質つまり毒素も、病原性を示す。

（3）　つよい毒素をくりかえし注射すると、免疫性は消失する。

以上のあとに記録されている内容(24)は、よほど熟読しないと、意味がわからない。ようするに川喜田がいうように、不得要領である。私はそれほど熟読しなかったので、誤読している可能性がある。そしてこの不得要領の部分は、「このような経験をしたあとで」と書かれた直前にある。そこではジフテリア毒素を注射された動物、ジフテリアに罹病した動物、およびジフテリア免疫をえた動物の血液の病原性にかんする実験が述べられているにすぎず、いずれも血清療法に直接の関係はない。これらと前記（2）は、北里がすでに破傷風において確認していた無細胞性毒素の問題である。（3）は、血清療法とまったく無関係。のこるのは（1）だけである。その（1）の塩化ヨウ素と過酸化水素の免疫作用の意味にかんして、ベーリングの考えが混乱していたことは、すでに述べた。

こうしてみると、血清療法をめぐるベーリングの先着権はますます疑わしくなるが、この件にかんする議論はうちきる。さいごにくどいようだが、私はベーリングの一八九〇年以前の論文を読んでいないので、本稿で述べたことの多くは仮説にすぎない。将来部分的な、あるいはほとんど全面的な誤りが指摘される可能性を無視はしないつもりである。

おわりに

本稿のテーマは、血清療法の先着権の問題であった。これは、ベーリングが第一回ノーベル医学生理学賞を独占したのが正当か否かの疑問につながっていく。しかしもとより私は、愛国の憤りと正義の怒りにかられているわけではない。賞という社会的現象を対象化し、その社会的意味をあきらかにすることが、私の最終的な目標であった。

第一回ノーベル医学生理学賞がベーリングにあたえられた社会的背景については、他の機会（中村、一九七八）(25)に述べたのでくりかえさない。しかし賞の社会的意味にかんする私見（中村、一九八〇）(26)をあえてくりかえしておく。賞とは、がんらい他者の言動をほめる私的行為である。それが制度化されたとき、「賞」が誕生する。制度としての賞の社会的機能は、少数特権的な集団による業績評価の独占である。そして制度としての賞の承認は、この特権的集団への業績評価の委任である。このような制度による業績評価を、研究者は懐疑なしに受容してはならないであろう。

さいごになったが、本稿の作成に必須の文献であるベーリング単独論文のコピーをお送りくださったかたに謝意をあらわしたい。送っていただいてから十数年たった今、そのかたがだれであるか忘れてしまった（たぶん米本昌平氏であったと思う）。お名前の失念（ばあいによっては記憶ちがい）をおわび申しあげる。

註

（1）中村禎里「一七世紀の生物学」『科学史研究』一〇一号、一—九ページ（本書Ⅰに所収）、とくに九ページ（本書七九ページ）。

（2）Behring, E. u. S. Kitasato, *Dtsch. med. Wschr.*, Vol. 16, pp. 1113–1114.

（3）ただし Bulloch, W.: *The History of Bacteriology*, Oxford U. P. (1938) においては、血清療法の先着権はベーリングと北里に帰せられている。同書 p. 261 を見よ。

（4）北里のドイツ語論文は、すべて *Collected Papers of Shibasaburo Kitasato*, Kitasato Institute and Kitasato University (1978) に収められている。註（2）の共著論文は、この論文集の pp. 134–138 に収載。なお私は、共著論文をふくめて北里の論文のすべてについて、直接にはこの論文集を利用した。

（5）宮島幹之助と高野六郎、宮島編『北里柴三郎伝』北里研究所、五〇ページ。

（6）川喜田愛郎「血清学黎明期の歴史」『基礎科学』三巻、四四一—四四七ページ、とくに四四四ページ。

（7）川喜田愛郎『近代医学の史的基盤』下、岩波書店、註一一七ページ。

（8）Behring, E.: *Dtsch. med. Wschr.*, Vol. 16, pp. 1145–1148.

（9）Kitasato, S.: *Z. Hyg.*, Vol. 10, pp. 267–305. *Collected Papers* (4), pp. 145–183.

（10）中村禎里「政治と人脈が奪った業績」『科学朝日』三八巻二号、一一四—一一七ページ。科学朝日編『ノーベル賞の光と陰』朝日新聞社（一九八七）、一二七—一三七ページに所収。

(11)　宮島と高野（5）、三七ページ。

(12)　Kitasato, S.: Ueber den Tetanusbacillus, *Z. Hyg.*, Vol. 7, pp. 225–234. *Collected Papers* (4), pp. 83–92.

(13)　Kitasato, S. u. Th. Weyl: Zur Kenntnis der Anaëroben, *Z. Hyg.*, Vol. 8, pp. 404–411, *Collected Papers* (4), pp. 126–133.

(14)　Lechevalier, H. A. and M. Solotorovsky: *Three Centuries of Microbiology*, McGraw-Hill (1965), pp. 217–218.

(15)　なお私は註（10）の文献において、一八九〇年以前のベーリングは免疫療法に関心をしめさなかった、と書いたが、これはまちがいである。ただしこのばあいでも、化学療法を免疫と結びつけようという考えが、ベーリングの念頭からはなれなかったようである。さらにいうならば、感染予防一般と免疫との概念的区別も明瞭でない。

(16)　*Collected Papers* (4), pp. 177–178.

(17)　*Collected Papers* (4), pp. 136–138.

(18)　「動物に於けるヂフテリア免疫及び破傷風免疫の成立に就いて」『血液学免疫学雑誌』一巻（一九四〇）、六三一―六三四ページ、とくに六三三―六三四ページ。

(19)　*Collected Papers* (4), p. 135.

(20)　Behring (8), p. 1148.

(21)　*Collected Papers* (4), pp. 176–177.

(22)　Brieger, L., S. Kitasato u. A. Wassermann: Ueber Immunität und Giftfestigung, *Z. Hyg.*, Vol. 12. pp. 137–182, *Collected Papers* (4), pp. 190–235.

(23) Behring (8), pp. 1145–1147.
(24) Behring (8), pp. 1147.
(25) 中村 (10)、『科学朝日』一一六―一一七ページ、『ノーベル賞の光と陰』一三三―一三六ページ。
(26) 中村禎里「制度としての賞」『図書』三七二号、三八―四三ページ。

栗本丹洲『千蟲譜』の原初型について

『千蟲譜』・『栗氏千蟲譜』・『栗氏蟲譜』などの名をもつ系統の近世蟲譜の写本が、少なくとも二五点ほど残っている。著者は栗本丹洲（一七五六—一八三四）。この書物の内容、歴史的位置づけ、評価については、小西正泰の要をえた解説(1)がある。私が見た写本はつぎのとおり。拙稿においては、写本名は主として下記アルファベットの記号で示すことにする。

（a）『栗氏千蟲譜』一〇冊（国会図書館別六四二一、曲直瀬愛旧蔵、樟宇安一(2)写本と栗本鋤雲蔵本の編写本）

（b）『千蟲譜』五冊（国会図書館特七—一六〇、伊藤篤太郎旧蔵）

（c）『千蟲譜』三冊（国会図書館特七—一五九、服部雪斎写、久志本緑漪旧蔵、伊藤圭介旧蔵）

（d）『栗氏蟲譜』三冊（国会図書館寅一一）

（e）『栗氏蟲譜』二冊（国会図書館特一—四一二、松田直人写、白井光太郎旧蔵）

（f）『千蟲図譜』三軸（東京国立博物館一〇七五二）

（g）『千蟲譜』六冊（東京国立博物館一〇二四一）
（h）『丹洲蟲譜』三冊（東京国立博物館九一七、服部雪斎蔵本と伊藤圭介蔵本の編写）
（i）『千蟲譜』三冊（国立公文書館内閣文庫一七四―四、樟宇安一写）
（j）『栗氏蟲譜』（無窮会神習文庫九五五三、井上頼圀旧蔵）
（k）『蟲類図譜』二冊（武田科学振興財団杏雨書屋貴三三二）
（l）『千蟲譜』五冊（武田科学振興財団杏雨書屋杏二三七五、晩翠軒写）

そのほか磯野直秀(7)によれば、東京大学に五点、西尾市立図書館岩瀬文庫に三点、東洋文庫に二点、杏雨書屋に一点、内閣文庫に一点、東北大学に一点、および個人蔵が一点、この系統の写本が存在する。

私が見たもののなかでも、諸本それぞれ収録図・文の数と種類はいくらか異なる。たとえば六点の写本は、河童の正面・背面・側面三点セット図を記載しているが、上記（b）・（f）・（h）・（i）はこれを欠く。また（g）は、背面・側面図をもつが正面図を収録していない。ただし私がこれを見たときは、一冊欠であった。さらに（j）は、正面図のみを掲載している。他の品目については正確には調べていないが、同様のケースがある。

『千蟲譜』系の諸写本の巻頭には、文化八（一八一一）年の小引が置かれている。それゆえ『千蟲譜』系諸写本に収められている図と文は、この年以前に書かれたと判断したくなる。ところが、収録品目がもっとも多い（a）の国会図書館曲直瀬本においては、一八一一年以後の年付けが明記された記事が少なくとも四四項あり、そのうちもっとも新しいものには天保四（一八三三）年、つまり丹洲没の前年の年記が付せられている。そのほかほとんどの写本で、一八二三年、そうでなくとも一八三〇年の記事が見られる。したがって小西(3)が指摘するように、丹洲は、一八一一年以後も、新しく採取・観察した動物の図と説明文をつぎつぎに追加していったことは間違いない。

図と説明文に重複が多いことも、この事情を考慮すれば納得しやすい。たとえば、(a)において、龍虱ゲンゴロウは巻三と巻四に、ヲコゼは巻四と巻五に、砂挼子アトビサリは巻四と巻六に、雨虎アメフラシは巻八と巻九に、別文で二回記載される。同一巻のなかで間に他の品目をおいて二回記載される例もある。巻四の地膽、巻九のスナヘソ、泥筝ウミタケがそうである。そのほか同一巻の連続したスペースにではあるが、おなじ品目が別文で二—四回とりあげられている例は多い。巻三のオキクムシは三回出てくるが、そのうち二回は、他の項目をはさまず引き続き掲載されている。

さらにほとんどおなじ説明文が二回書かれている例さえある。巻三の石蠶の説明の一部と、巻四のヤゴの説明の一部は一致。もっともこのばあいは、曲直瀬が二つ写本を編集して一本としたときのミスかも知れない。

いずれにせよかくのごとき混雑ぶりは、本草家の完結した著作らしくない。くりかえすが、一八一一年に一応まとまった書物に、つぎつぎに新しい図と文が追加されたあげく、このような状態になったのであろう。

丹洲が本草家のなかでも例外的に秩序に関心のない人物だった、という説明もいちおうは成りたつ。しかし私が調べた例(4)についていえば、古賀侗庵編の河童文献・図集『水虎考略』のオリジナルに比べると、丹洲増訂本『水虎考略』は、図の整理においてずっと秩序だっている。

それでは『千蟲譜』の原初型はどのような本だったのだろうか。それは現存しているであろうか。私は、(j)の『栗氏蟲譜』無窮会神習文庫本が原初型の跡をとどめている、と推定する。ほかの諸本に収録されている一八一二年以後の年記を持つ記事が、(j)には一つも存在しない。これが私見の根拠である。また他の諸本に見られるような同一項目の重複記載も、ほとんどない。重複記載は、私が気がついたかぎりでは、オキクムシとヲコゼのみ。このばあいもオキクムシ二項は、つづけて記載されている。両品目とも上記(a)の重複と対応する。これ以上の議論は不必要だと思うが、いくつか蛇足を付す。

まず(j)は、原本にあった年記だけを消し、その内容は保持した写本ではないか、とする疑問が生じるだろう。けれどもそのようなことはあり得ない。(j)では、ほかの諸本において一八一一年以後の年記がついた記事の全体が欠如している。つぎに(j)は、年記がついた記事を選択的に省いた抄本ではないか、という疑いぶかい意見も出てくるかも知れない。かりにそうだとすると、抄本の作成者が省略項目を決めたとき、年記のあるなしというような些細な基準をなぜ選んだか、理解に苦しむ。しかしそれはさておき、年記を付した記事を省略したという考えが当を得ていないことを示す決定的な証拠もある。すなわち、一八一一年以前の年記がつく記事ならば、(j)にも見られる。享和二(一八〇二)年の箏の花、文化六(一八〇九)年の名称不明のムシ、おなじ年のカニムグリの項目がこれに該当する。

そこで(j)の神習文庫本の概要について述べておく。収録数は、約一五〇種類。このなかには同一種もあるかも知れない。したがって上野益三(5)が東京国立博物館本(gか)について約五三〇種を数えているのに比べると、いちじるしく記載数が少ない。（j）の収録記事は、ほとんど（a）の曲直瀬本にも入っているが、馬蜩アブラゼミ・蛄蟹コクウゾウ・鱟魚カノトガニ・虎蟳イバラガニおよび石蟹ヤマガニの五項が、（j）にあって（a）にないようである。説明文は両者共通しているケースもあるが、一般に（a）のほうが詳しい。共通の部分が見られるばあいも、（a）では追加・挿入説明を加えている例が多い。一例をあげよう。

（j）の神習文庫本に

ヨコゼ　横笛と云虫の類也。青白色にして体柔也。透とほる気味あり。形状蟬に似たり。大さ胡麻子の如し。長に随て尾に白毛を生ず。背上に負がごとし。ウドの嫩茎或蘩蔞につく。白絮を出して聚り付。無花果嫩茎にも付。人の影を見ては木の後にまはる（ひらがなは原文ではカタカナ。また原文では句読点なし。多くは濁点もなし。以下の引用文もとくに断らないかぎり同様）

とある。（a）の曲直瀬本では、上記の「……負がごとし」と「ウドの嫩茎……」のあいだに、「顕微鏡にて見たる大に図する大《ママ》に写すものなり……」にはじまる約一八〇字の文が入る。さらに「……木の後にまはる」の後に約一三〇字の文が追加され、そのうえ紙をあらためて「文政丙戌春和蘭医シーボルト江戸に来る……」の約一三〇字がつづく。なおこの項目において、（j）は図を欠き、（a）は四個の図をのせる。

あと一つの例。（j）に

箏の花　享和壬戌五月十七日　下谷六軒坊に住む尼空音と号〔する〕もの、平来珍蔵する所の古箏の三の糸の下に此花を生ず。琴花と称する者の由。文智田安公の貴覧に備ふと云。顕微鏡にて照覧すれば、茎銀針の如く光り、すき透りてくずの如く、柔靭にして力を極て拽くに強くして截れがたし（〔　〕内は原文脱落）

とある。（a）にはその後に

其後ウドンゲの花さくと云事ありき。よくよく聞ば即此物を指て云へるなりと

が付く。両本の図はほとんどおなじ。

では（j）の神習文庫本は、『千蟲譜』系写本の原初型とまったく等しいと考えてよいか。「譜」という語にはもともと図説の意味はないが、「小引」のあとに置かれる丹洲の「再題自画蟲譜」（一八一一年）には

公私の暇に……虫を獲る毎に樊をもってこれを養い、手自ら真を写し、彙類付説することまた十八年。今に図説ついに巾衍に盈ち……（原文は漢文）

とある。したがって原初型においても『千蟲譜』は図説することを原則としていた、と判断するべきであろう。

ところが（j）には図が少ない。全部で八〇図あまり。図を欠く項目が半分近くになる。またほかの写本で一項目に複数の図がついているばあいは、（j）では単数にしぼられる傾向がみられる。彩色図はほとんどない。これらの事実は、おそらく原本を複写したさいの手抜き、省略によると想像される。

この結論を延長すると、（j）においては、図だけでなく説明文にも省略がある、と推定したくなる。そのような項目がまったくないとは言いきれない。けれども、それは（j）が比較的原初型に近いことにたいする反証にはならない。根拠は、はじめのほうで述べた。

ともあれ、つぎのことは言えるだろう。『千蟲譜』系諸写本の記事のうち、年記のないものが書かれた時期を判定する手だてとして、（j）の神習文庫本における記載の有無を調べることは有益である。これに掲載された記事は、一八一一年以前に成立したとみなすことができる。

話の本筋からははなれるが、（j）には、他の写本における脱落文を補う点での利用価値もある。一般に写本の文章は脱落をともないがちだから、写本の校合にさいしては、当然複数の本の内容を比較しなければならない。だからとくに（j）が正確な写本だと主張するわけではない。この写本における脱落の例は「箏の花」の項の引用において指摘した。誤字も少なくない。

（j）の神習文庫本のほうが完全な文を収めている例を示す。「独脚蜂」の項についてみると、（a）の曲直瀬本には（　）内が脱落している。

独脚蜂　紀州名草郡檜隈社中の一大樹の根皮に此蜂粘着す。……尾尖に針二分ばかり出づ。全体のみにして脚なし。唯（此木皮共に鑿取するに腹の真中より一脚出して、直ちに樹皮を貫通す。）此木皮厚さ二三分、木心にも通りたると見へて、皮の裏より見れば二分の余も脚の尖り出てあり……。

本稿は、河童写真図の系譜をさぐる研究(6)の副産物である。私は丹洲の河童図成立年の推定、できることなら確定をもとめていた。とりあえずそれが一八一一年以前であったかどうかを定めねばならない。本稿で記した作業をつうじて、少なくとも河童正面図は、一八一一年には成立していたことが解明された。背面図、側面図はどうか。（j）が背面図・側面図を欠くのは原本の反映ではなくて、図数省略というこの本の傾向の結果だ、と考えられる。すなわち原本には、正面・背面・側面の三点セット図が描かれていた、と推定する。

河童写真図研究の副産物としてではなく、『千蟲譜』系諸本の比較研究として評価すれば、本稿はまったく不完全な状態にある。つまり始と結のあいだの出入りを瞥見したにすぎない。二五点に達する多くの写本の比較については、磯野(7)の研究が成果をあげつつある。

本稿の作成にさいし貴重なご教示をたまわった磯野直秀・坂口筑母の両氏に深甚なる感謝の意を表する。

註

（1）小西正泰解説『千蟲譜』恒和出版（一九八二）巻末の解説。この小西本は、（a）をわずかに修正した影印本である。本稿における（a）の引用は、直接には小西本による。
（2）坂口氏によれば、樟宇は号、安一は名と推定される。
（3）小西（1）の解説。
（4）中村禎里「『水虎考略』略考」1、『立正大学教養部紀要』二六号（一九九三）、七三―八八ページ。中村禎里「『水虎考略』略考」2、『立正大学教養部紀要』二七号（一九九四）、二二七―二三七ページ。追補・いずれも『河童の日本史』日本エディタースクール出版部（一九九六）所収。
（5）上野益三『日本動物学史』八坂書房（一九八七）。
（6）中村（4）。
（7）磯野直秀「『千蟲譜』諸写本の比較」『参考書誌研究』四四号（一九九四）、一―二〇ページ。

設楽芝陽は実在したか

設楽芝陽は、本草学史においてはいくらか重要な人物である。前田利保・黒田斉清をはじめ、博物好きの大名・旗本が集まったサロン＝赭鞭会の実質的なリーダーとみなされている。上野益三(3)によれば、赭鞭会同人のうち旗本グループ数名は、「設楽芝陽の誘掖によって博物を好むようになり、あるいはその学が進んだのである。……芝陽、名は貞丈、通称は甚左衛門、太田大洲について本草学を受けた。」「前田利保と共に……研究に励んだ主な人々は……研芳(設楽甚左衛門)……らである」(カッコ内は原文)。

もし設楽芝陽が実在していたとすると、彼は、間接的にではあるが、幕末の政治外交史の記録に名をとどめうる人でもある。その理由はのちに記す。

たしかに設楽芝陽が実在したか否かは、ほんとうを言うとどうでもよいことである。一四〇〇石取りの旗本が、のんびりと博物にうつつをぬかしながら、幕閣首脳からそれなりに厚遇されていた可能性がある。そのような文化・文政・天保期の非民衆文化の雰囲気に、私はむしろ興味をいだく。

話をもとにもどすと、私がどうでもよい問題になぜ首を突っ込みはじめたか、そのいわれを説明しなければならない。私はこのところ、ひまがあれば河童の研究に専心している。河童の研究じたいがすでに、どうでもよいことと思うむきもあるだろう。そこで河童のために一言弁じておく。柳田国男にはじまり、折口信夫・石田英一郎のような日本における民俗学の創始者、文化人類学の初期輸入者は、いずれも河童にかんする本格的な著書・論文をのこしており、また今をときめく山口昌男・小松和彦も河童について深刻な関心を示す。それならば「おまえのすることはもうないだろう」といわれれば身も蓋もない結論になるが、私には私なりの成算はある。その手がかりは「歴史」である。

それはともかく河童にかんする近世のもっとも本格的な研究者は、栗本丹洲であった。もちろん彼にとって、河童は本草のまじめな対象である。丹洲の河童研究の内容についてはすでに紹介したことがある(13)し、近いうちに追加発表(14)もおこなうつもりである。そこで、本稿の文脈の関連する部分についてのみを述べる。

一八一〇年代後半に、昌平黌の儒者・古賀侗庵が、「河童写真図」（もちろんカメラで撮った図という意味ではない。真実の姿を写した図の意味）および河童にかんする文献・資料の収集をはじめた。そしてこの成果は、一八二〇年に『水虎考略』と称する一冊の書物として実現した。『水虎考略』は版行されなかったが、当時の物好きたちによりつぎつぎに転写された。現在少なくとも一〇点ほどの写本が残っており、これを換骨奪胎した類似の本を含めると、かなりの数に達するだろう。

『水虎考略』の写本の一系統、西尾市立図書館岩瀬文庫本・宮内庁書陵部池底文庫本ほか二点は、一八二〇年以後一八二二年以前に丹洲が侗庵の『水虎考略』を写し、さらにこれに増補改訂をおこなって成立した本である。たぶん岩瀬文庫本が、原本かまたはそれにもっとも近い本だろう。

さて『水虎考略』丹洲増訂本の増補部分(7)に、「友人芝陽奇話三題」と題する項目が掲載された。これには豊前の河童民話・噂話が三話記されており、この項目の最後は「右の三話は余懇友芝陽（松平帯刀）の話せるを其ままここに誌す。文政初年の事なり。丹洲記」（カッコ内は、原文では二行分かち書き）で終わる。ちなみに芝陽は、これらの話を駿河増善寺の住職・岳翁から聞いたらしい。

ここまで読み進んできた瞬間、私は、丹洲の懇友である芝陽は、当然かの有名な設楽芝陽だと判断した。しかし思いなおしてみれば、設楽姓一四〇〇石取りの旗本が、松平姓を名のることを許されたのだろうか、という疑問が生じる。これが、設楽芝陽の実在を疑わしくする第一の根拠である。この疑いは、今から述べる第二の根拠にからんで、私の頭のなかで次第に強化されてきた。

第二の根拠とはなにか。じつはのちに示す通り、近世の資料を今まで調べたかぎりでは、設楽芝陽という固有名詞は出現しない。では上野は、設楽芝陽の名をどこから採用したのか。上野の著書の注を参照すると、それは伊藤圭介の論文(2)に由来することがわかる。伊藤いわく。「設楽芝陽。通称甚左衛門。幕府旗下の士にして太田澄元と交わり、尤も本草の学に精通し……幕府の士にして本草を好む者の出しは、大抵此芝陽の誘道に出たり」（原文には句読点なし）。

なお太田澄元は、太田大洲と同一人。さて上野の著書にはあって伊藤の論文にない事項もある。芝陽の別名を貞丈とする点がそれである。伊藤の説明の末尾に「次子……是れ幕末の名臣と称する岩瀬肥後守にして……」というくだりがあり、上野はこの記述にもとづき、設楽貞丈の名を探りあてたのではないだろうか。岩瀬肥後守忠震は、幕末のすぐれた政治家・外交家であった。ちなみに忠震の評

表1　近世文献における設楽芝陽とも思われる人物

記号	設楽芝陽とも思われる人物	記載者	記載年	著者名 文献名	文献成立年	文献表番号
a	設楽直之助	岩崎灌園	1817	岩崎灌園 又玄堂控	1817 以後 1842 以前	10
b	設楽市左衛門	同　上	1818	同　上	同　上	10
c	松平帯刀	同　上	1818	同　上	同　上	10
d	芝陽松平帯刀	栗本丹洲	1822 ごろ	栗本丹洲 水虎考略丹洲増訂本	1823 ごろ	7
e	芝陽貞幹	同　上	1818 以後 1833 以前	栗本丹洲 千蟲譜	1811 序 その後追加多し	6
f	研芳設君	同　上	1824	設楽貞丈 蒲桃図説	1824 序	8
g	研芳園主人設楽貞丈	設楽貞丈	1824	同　上	同　上	8
h	研芳設君	桂川甫賢	1829	同　上	同　上	8
i	設楽市左衛門 設楽研芳園	前田利保	1838 以後 1859 以前	利保公御随筆 御物語集	不　明	9

伝で松岡英夫は、「実父の説楽貞丈については高禄の旗本としかわからない」と述べている(16)。

以上が現代の文献をつうじて知りえる設楽芝陽の消息である。管見に入ったかぎりでの近世の文献にその名が見いだされないことは、さきに記した。しかしそれとも思われる固有名詞はいくつか出てくる。これを表1において、ほぼ出現時期の順に並べてみよう。

表1の文献の一部については、注釈を必要とする。

a―cの又玄堂控は、岩崎灌園の入門者控え帳である(10)。本草会で講授をはじめた一八一七年および翌一八一八年の部分しか残存していない。名簿は入門順に記載され、頭には一八一七年五月末達入門、別格四人の名があげられる。この四人の最後に設楽直之助の名がある。貞丈は、灌園より一歳年長だから、たしかに別格だろう。別格者外の名簿には、入門の年月日のほか、上司の名（たとえば「加藤遠江守家来」のように）と紹介者の名（たとえば「山本元丈口入」のように）の両方または一方が記される。入門順でいえば二二番目、一八一八年一月一八日に「設楽市左衛門家来福田造次」の名があり、二八番目、同年三月二八日に「松平帯刀口入　松平紀伊守家来矢部八郎兵衛」とある。

表1の文献dについてはすでに述べた。eの『千蟲譜』(6)には、丹洲自身が一八一一年に序を書いている。しかしこの書物の任意の項目について、それが一八一一年以前に書かれたと断定すると、誤りを犯しかねない。この系統の諸本のうち収録項目がもっとも多いと思われる『栗氏千蟲譜』国会図書館曲直瀬本において、一八一一年既過の記載年が明記されている図は、少なくとも四四点。最後に描かれた図は一八三三年である。問題の貞幹の名は、「郭公の玉づさ」の図の説明として、「文政初年芝陽貞幹兼て秘蔵せしを……」というくだりに入っている。なお『千蟲譜』系諸本はきわめて数多く

表2　武鑑類にもとづく設楽貞丈関連の年譜

西暦年	名	役　職	住　所	そ の 他	武 鑑 名	文献番号
1785				出生		4
1799	直之助貞丈	小普請組	西久保八幡後我善坊谷		呈書国字分名集	4
1804	直之助	小姓組	我善坊谷		懐中道しるべ	4
1818				忠震出生		16
1819		中奥御番衆				1
1823	市左衛門	同　上			大武鑑	15
1825	同　上	同　上	我善坊谷		文政武鑑	1
1827	直之助		西久保八幡後我善坊谷		幕士録	4
1827	市左衛門		西久保八幡後		国字分名集	4
1832	同　上	中奥御番衆			袖玉武鑑	17
1833	同　上	御徒頭			柳営補任	18
1833				弾正出生		5
1836	市左衛門	同　上			袖玉武鑑	17
1838	市左衛門貞丈			死没	柳営補任	18
1844				温之助隠居		5
1859	弾正		西久保八幡後		旗本いろは分	4

流布するが、『千蟲譜』東京国立博物館巻子本など「郭公の玉づさ」を欠く本も存在する。いずれにせよ丹洲が芝陽貞幹の名を記したのは、一八三三年以前、たぶん一八二〇年代であろう。

f―hの『蒲桃図説』[8]は、彎枝法で蒲桃の開花結実をえた実験報告であり、丹洲の序と甫賢の跋がつく。

iは赭鞭会の盟主であった前田利保が、会の活動さかんであったころを語った回顧記[9]、そのなかには「其後研芳世を去り……」の言葉も出てくる。

つぎに、武鑑類に設楽貞丈と思われる人物を探して一覧すると、およそ表2のようになる。同一武鑑類に同一姓名・同一役職名が継続しているあいだは、省略した。

表1・2の記録がすべて正確であるならば、これらからいくつかの結論が帰納され

る。第一に、設楽直之助・市左衛門・貞丈・妍芳園は同一人物を指す。しかし設楽が芝陽、あるいは甚左衛門と接続する記述は一つもない。第二に、芝陽は松平帯刀の号であり、彼は貞幹の名をもつ。つまり設楽も貞丈も、いまのところは芝陽とは即断できない。正解はつぎのうちのいずれかであろう。ただし（ ）は、その名をもつ人物が実在しないことを示す。

A　設楽貞丈＝設楽芝陽＝松平芝陽＝松平帯刀
B　設楽貞丈＝設楽芝陽≠松平芝陽＝松平帯刀
C　設楽貞丈＝設楽芝陽（≠松平芝陽）≠松平帯刀
D　設楽貞丈（≠設楽芝陽）≠松平芝陽＝松平帯刀

まずDのケースを検討しよう。これが成立するならば、設楽芝陽という人物は存在しなかったことになる。では存在しなかった人物が、上野の著書のような標準的な通史になぜ登場しえたか。当然、さきに示した伊藤の論文に、誤りの根源がもとめられるだろう。伊藤が意識的に虚偽を述べるはずがない。それゆえ、彼の記憶まちがいから誤謬が発した、と判断せざるをえなくなる。伊藤は貞丈よりも二〇歳ちかく年少であるが、両人は同時代に活躍した本草家だから、相互に面識があったとみなすのが自然。しかし伊藤が貞丈について書いたときは、八〇歳ちかい。記憶まちがいがなかったとは言いきれない。現に設楽芝陽（忠震の父としているから貞丈を指す）は太田澄元と交わったと述べているが、澄元の没年に貞丈はまだ一〇歳。会ったことはあるかも知れないけれども、両人が交わったという表現は不適切。それに貞丈の通称を甚左衛門と記したのも、市左衛門も記憶まちがいではないか。ただ貞丈の最晩年に、市左衛門を甚左衛門に改名しなかったとは、断言できない。

してみると、芝陽は貞丈の号ではなく別人、おそらくは松平帯刀の号であり、貞丈と帯刀のあいだにどこか相通ずるところが認められたため、伊藤が両者を混同した、という可能性は無視できない。設楽と芝陽をつなぐ資料が管見に入っていないことも、このDの仮説に沿う。貞丈と帯刀の共通点は、容貌のような外見だったのかも知れない。『千蟲譜』によれば、芝陽の通称は貞幹であった。貞丈と貞幹は似た名前である。二人とも丹洲および灌園の交際圏内にあり、したがって本草に興味をもっていた。ここから混同が生じた可能性もある。

つぎにCのケースについて考えよう。ここでは二つの問題を解決しなければならない。第一に、『千蟲譜』において、芝陽が貞丈ではなくて貞幹とされていることをどのように解釈したらよいか。これにかんしては、とりあえずつぎの解答を提出することができよう。丈は杖、すなわち棒を意味する。幹は桿に通じ、太い棒である。貞丈はある時期から、自分の立場の重厚に至った状態を自覚し、名称を貞丈から貞幹に上昇せしめたのではないか。これはありそうな経過であろう。立場が重厚に至ったという認識の由来については、Aのケースを考えるとき、危うい仮説を披露したい。

つぎに第二の問題に行く。Cの仮説が正しければ、松平帯刀は芝陽と無関係であるはずなのに、丹洲は両者が同一人であるとした。なぜか。この疑問には、かんたんな解決法がある。芝陽が松平帯刀だと記したのは、丹洲の錯覚だったと見なせばよい。錯覚の原因は、Dの仮説を採用したばあいの伊藤の記憶まちがいとおなじとすべきだろう。しかし丹洲は、貞丈生存時に、芝陽が松平帯刀だと書いた。そのうえ丹洲は貞丈の『蒲桃図説』に序を寄せ、赭鞭会にも出席した。二人は親しい関係にあった。にもかかわらず、このような混同錯覚が生じえるだろうか。

Bは二人芝陽説である。松平帯刀の芝陽は、丹洲の「懇友」であった。貞丈も丹洲と親しい。丹洲のねんごろなる友で芝陽を名のるものが同時に二人存在した確率は、ゼロとはいわなくても、それに近いだろう。とはいえ、丹洲が「芝陽」と書いた後に注記するように「松平帯刀」と付したのは、二人芝陽のうち、そこであげた芝陽は帯刀のほうだ、と明示するためだったのかも知れない。

最後にAのケースについて考察する。ここで最大の難問は、設楽貞丈は、はたして松平姓を名のりえたか、という点にある。この件について肯定的な結論を導きだすのは、現在の私の知識の範囲では、きわめて困難だ。伊藤・前田・黒田・島津のような外様大大名が松平姓を許されていた事実は知られている。これらが松平姓を与えられたきっかけは、将軍家との婚姻関係であったらしい。譜代でもいくつかの家系に松平姓が許可されたが、いずれも幕府成立より前、家康との婚姻関係か戦功による。そのなかに設楽家は入っていない(12)。

貞丈のばあいも、彼個人ではなく、ある時期設楽家が松平姓を賜ったと考えるのがいちばん無難だろう。しかしそれを検証するのにいささかでも役立つ情報は、手もとにはない。それでは貞丈個人に松平姓が許されたのであろうか。こちらを思慮しても、たかが一四〇〇石の旗本、しかも中奥番か徒頭あたりの役職にあまんじ、奇妙な動植物を集めては目を輝かせているような人物が、徳川の親戚でもないのに松平姓を与えられたとは思えない。

今のところ思いつくのは、貞丈が何らかの理由で徳川家の親戚と認められた、という仮説である。なかなか充たされがたい条件だが、貞丈の実父が設楽ではなく、徳川の庶子だったとすればどうだろうか。外戚になるが、貞丈の母親が徳川の庶子だったばあいはどうか。それらのことが貞丈の生涯の一定の時期に認知されたとすればどうか。

さらにもっとありそうもない事情を仮定してみよう。Aのケースを事実としたとき、灌園の門人名簿により、貞丈は一八一八年一月にはまだ松平姓を名のっていなかったことがわかる。この点に着目すると、貞丈の身辺の変化が気になってくる。

貞丈の夫人は、昌平黌大学頭・林述斎の庶子である。母は前原氏であった(16)。貞丈夫人は、じつは述斎の庶子ではなく徳川の庶子であり、いったん述斎の庶子として処置されたうえで、設楽家に嫁いだと仮定したらどうだろうか。

ふたたび灌園の門人名簿を見よう。一八一八年一月一八日に設楽市左衛門の家来が入門し、その年三月二八日に松平帯刀の口入れで入門者があった。Aの仮説が正しければ、これを根拠にして、一八一八年の一月一八日と三月二八日のあいだに、貞丈は松平姓を名のりえるようになったと判断できる。一八一八年というと貞丈は満三三歳である。この年か、またはその少し前に彼が妻を娶ったとしよう。三三歳の年齢は当時の初婚にしては遅すぎるので再婚と仮定し、以下の議論を進める。忠震が生まれたのは、一八一八年一一月二一日。この年の一月にはまだ貞丈は、忠震の母と結婚していなかったかも知れない。三月にはまちがいなく結婚していた。貞丈がみずからの立場が重厚に至ったと自覚して、貞幹と改名したのだとすれば、背景にこのような事情があったのではないか。

貞丈には、忠震のほかにも少なくとも二人の男子がいた。設楽弾正は、一八三四年生まれ。実父は貞丈だが、養父は実兄の温之助である。温之助は一八四四年に隠居して、家督を弾正にゆずった(5)。かりにこのときの温之助の年齢を四〇歳とすると、彼の生年は一八〇四年。父の貞丈は一九歳。温之助が長子だとしても、貞丈は若すぎる。温之助の隠居年齢を少し下げ三五歳とすれば、このとき貞丈は二四歳。これなら不自然ではない。どちらにせよ温之助は、ずいぶん若くして隠居したと考えざるをえない。温之助の母親が一八一八年以前に死去し、貞丈があらためて娶った女性の最初の男子が忠震で、最後の男子が弾正だとすれば、一応つじつまがあう。温之助の隠居が早すぎるのも、病身でであったのかも知れないが、彼の母親より弾正の母親のほうが身分が上だったせいだと思われなくもない。

忠震は、幕末、開明派の先頭に屹立し、幕僚として要職にありながら、「徳川家よりも社稷が重し」と言いきるほどの人物だった。そして保守派にたいする歯に衣をきせぬ言論を憎悪され、さいごには、一橋慶喜擁立運動への参加を口実に、井伊直弼に永蟄居を命じられ、ほとんど憤死した(16)。その忠震が、じつは徳川家の御落胤の子であったなどという主張は、テレビの時代劇における設定としてはもってこいであろう。けれどもまともな学術雑誌に掲載する議論としては、奇妙な推理、非常識な仮説であることは重々承知。にもかかわらず、Aを認めるとすれば、このくらいの考えしか思いつかない。

それにしても、徳川の庶子を設楽に嫁すため、まずは彼女を林家に入れたという考えが正しければ、これは隠匿すべき手続きであり、彼女を娶ったものに公然と松平姓を与えることもなかっただろう。あとは、述斎が岩村藩主松平乗蘊の実子である事実が一応気になるていどだが、小藩の松平から外に養子に出たものの庶子を娶ったくらいで、松平姓を名のれるものなら、松平は無数になってしまう。ちなみに一七九九年には、松平帯刀が実在していた(4)。彼は一七七五年生まれだから貞丈より一〇歳年長。通称は信弥。しかし一八〇三年にはすでに、帯刀から美作守に改名している(15)。信弥は一八二五年までは確実に生きており、翌年に官職から退いた(1)。隠居したか死亡したか、どちらであろう。灌園の門下生名簿に松平帯刀の名が出た一八一八年、丹洲が『水虎考略』を増訂した一八二〇―二三年ごろの武鑑類には、松平帯刀と名のる人物は掲載されていない。このことは、一八二〇年前後に、信弥とは別人で、しかも公には松平帯刀を名のらないが、いちぶでは松平帯刀ともよばれていた人物の存在に余地を残す。

結論。現在のところでは、心理的には私はAの仮説に傾いている。しかし貞丈が松平と称しえた証拠も、根拠も示すことができない。識者のご教示をぜひとも得たい。この難題にくらべれば、貞丈が芝陽であったことを証明する事実が現れる可能性はたかい。白井の年表(11)には、赭鞭会の活動記録が何回か書かれている。その典拠を調べれば、なんとかなるかも知れない。この点についても、ご教示を待つ。

参考のため関連人物の生没年を掲げよう。

栗本丹洲（一七五六―一八三四）
林述斎（一七六八―一八四一）
徳川家斉（一七七三―一八四一）
松平信弥（一七七五―一八二五以後）
設楽貞丈（一七八五―一八三八）

岩崎灌園（一七八六―一八四二）
古賀侗庵（一七八八―一八四七）
黒田斉清（一七九五―一八五一）
桂川甫賢（一七九七―一八四四）
前田利保（一七九九―一八五九）
伊藤圭介（一八〇三―一九〇一）
設楽温之助（一八一八以前―一八四四以後）
岩瀬忠震（一八一八―一八六一）
設楽弾正（一八三四―一八六四以後）

文献について貴重なご教示を与えられた加藤隆、杉仁両氏に心から感謝の意を表したい。

文献

（1）石井良助監修『文政武鑑』一―五（六は未刊）、柏書房、一九八二―九二。
（2）伊藤圭介「博物学起源沿革説」続、『東京学士院会雑誌』一編四冊（一八八〇）、六一―七六ページ。
（3）上野益三（一九六〇）『日本動物学史』八坂書房（一九八七）。
（4）小川恭一編『江戸幕府旗本人名事典』一―四、原書房（一九八九）。
（5）熊井保・大賀妙子編『江戸幕臣人名事典』一―四、新人物往来社（一九八九・九〇）。

（6）栗本丹洲（一八一一序）『栗氏千蟲譜』曲直瀬本（国会図書館蔵）。小西正泰解説『千蟲譜』恒和出版（一九八二）はその影印本。

（7）古賀侗庵著・栗本丹洲増訂（一八二三か）『水虎考略』丹洲増訂本（西尾市立図書館岩瀬文庫本他）。

（8）設楽貞丈（一八二四序）『蒲桃図説』妍芳園蔵版（国会図書館蔵）筆写本（宮内庁書陵部蔵）。

（9）白井光太郎「前田利保」（一九一〇）木村陽二郎編『白井光太郎著作集』1、二五六―二五九ページ。

（10）白井光太郎「『本草図譜』の著者について」（一九一五）、白井（9）二八八―三〇一ページ。

（11）白井光太郎『増補改訂日本博物学年表』大岡山書店（一九三四）。

（12）高木昭作「松平氏」国史大辞典編集委員会編『国史大辞典』一三（一九九二）、一二八―一三二ページ。

（13）中村禎里「『水虎考略』略考」1、『立正大学教養部紀要』二六号（一九九三）、七三―八八ページ。追補・『河童の日本史』日本エディタースクール出版部（一九九六）所収。

（14）中村禎里「『水虎考略』略考」2、『立正大学教養部紀要』二七号（一九九四）、二一七―二三七ページ。追補・『河童の日本史』日本エディタースクール出版部（一九九六）所収。

（15）橋本博編『改訂増補大武鑑』上・下、名著刊行会（一九六五）。

（16）松岡英夫『岩瀬忠震』中央公論社・新書（一九八一）。

（17）渡辺一郎編『徳川幕府大名旗本役職武鑑』一―四、柏書房（一九八七）。

（18）東京大学史料編纂所編『大日本近世史料　柳営補任六』東京大学出版会（一九六五）。

あとがき

1

小泉丹の『科学的教養』（大日本出版、一九四三年）のあとがきに、この書を還暦の自祝として刊行した、という主旨の言葉が述べられている。還暦の自祝とはなかなかいいな、と思った。それは、もう三〇年も前のことである。もちろん私は、力量においても声望においても、小泉にとても匹敵し得ない。猿真似をしてもしょうがないといわれればその通りだが、人はそれぞれの立場において、自らの辿ってきた道に感慨がないわけではない。ところが、私のばあい還暦の時期には、自祝の余裕はとてもなかった。解体が予想される教養部の受け皿つくりの、教養部側の責任者として、文部省・大学・他学部との調整、および教養部内の意見の統一の仕事のために、心身とも困憊の極にあった。つぎの機会は古稀である。私が勤めていた大学では、七〇歳で定年に達する。したがって古稀の自祝はタイミングがよい。

そこで私が二〇歳代の終わりから五〇歳あたりまで、研究対象に選んでいた生物学史の論文を集めて出そうと計画した。しかし、なにかと気ぜわしくて計画の実現はのびのびになり、このたびようやくみすず書房のご好意により、計画実現のはこびになった。なお私の最初の書物『ルィセンコ論争』（一九六七年）も、みすず書房が引き受けてくださった。始終、この書肆のおかげで志を果たしたことになる。

私の単著に収められていない生物学史関係の論文・解説文のなかから収録候補を自選してみたら、四〇〇字づめ原稿用紙換算で一〇〇〇枚以上におよぶことがわかった。そこで論文形式になっていない文、ならびに共著の書物に収容ずみの論文は、原則として割愛することにきめた。ただし冒頭の論文は、I・II・III部の総まとめとして採用した。

本書に収容した論文の原タイトル・掲載誌などはつぎのとおりである。本書のタイトルと現タイトルが同一のばあいは、後者の記載は省略した。また各論文について、のちに説明をつけるときの便宜のため、ナンバーを付した。なお（5）の序文で、当論文を三部に分けて構成すると予告したが、その第一部と二部は（5）にまとめ、第三部は『科学史研究』ではなく『生物学史研究』に掲載したので、本書においては別論文（6）として扱った。

（1）近代科学の成立過程……中村禎里・里深文彦編『現代の科学・技術論』三一書房（一九七二年）五一―四九ページ

（2）一七世紀の生物学……『科学史研究』一〇一号（一九七二年）一―九ページ

（3）近代生物学の成立……『生物科学』一九巻（一九六七年）七八―八四ページ

（4）ウィリアム・ハーヴィ……ハーヴィとその業績『医学選粋』一九号（一九七九年）一一―一五ページ

（5）ハーヴィとその生理学説……William Harvey とその生理学説『科学史研究』六八号（一九六三年）一四五―一四九ページ、六九号（一九六四年）一八―二五ページ

(6) ハーヴィ　その生物学史上の地位……ウイリアム・ハーヴェー　その生物学史上の地位『生物学史研究ノート』一〇号（一九六四年）一―一三ページ
(7) ハーヴィ研究の現状……Harvey 研究の現状『生物学史研究』一六号（一九六九年）一―一四ページ
(8) フランシス・ベーコンにおける生物学思想……『生物学史研究』一四号（一九六八年）一―一五ページ
(9) デカルトのハーヴィ評価……Descartes の Harvey 評価『科学史研究』一〇三号（一九七二年）一一四―一一七ページ
(10) ロウアーの生理学……『生物学史研究』二一号（一九七二年）一―一六ページ
(11) ウィリスとロウアーの生理学説……Willis と Lower の生理学説『科学史研究』一一四号（一九七五年）五五―六六ページ
(12) 機械論的生命観の系譜と現状……『看護展望』一巻一号（一九七六年）七五―八〇ページ
(13) ソヴィエト哲学と生物学……『生物学史研究』四二号（一九八三年）一七―二二ページ
(14) 日本の分子遺伝学前史……『科学史研究』一五三号（一九八五年）一―九ページ
(15) 血清療法の先着権……『生物学史研究』五六号（一九九二年）二七―四四ページ
(16) 栗本丹洲『千蟲譜』の原初型について……『科学史研究』一九〇号（一九九四年）八五―八七ページ
(17) 設楽芝陽は実在したか……『生物学史研究』五九号（一九九五年）三三―四〇ページ

2

本書に収めた論文のうち最初期のものが発行されてから、四〇年あまりの年月が過ぎた。したがって、これらの論文が現役として通用するはずがない。多くは過去の研究の化石に過ぎない。けれども、それぞれはそれなりの歴史的・学問的な背景のもとになりたっているので、科学史の歴史の証言の意味は持つであろう。

四〇年ほどのあいだに、私の精神構造、文体、表現の癖、漢字－かなの振り分けの嗜好などはずいぶん変わった。その古い記述法は、さきの意味での歴史的所産であるとともに、稚拙さをふくめて私の精神生活の歴史的所産でもある。できるだけそのままで保存した。ただし固有名詞表記・文献表記は、本書全体として統一した。発表時の誤記・誤植および文脈が不自然で読みにくい部分は修正した。引用した文献も当時のものであるから、すでに現在では意味がないものもあるに違いない。

内容においても、執筆当時の状況を無視すると奇怪に思われそうな発言も少なくない。たとえば科学史の専門誌『科学史研究』の「展望」シリーズの一つ（2）は、一九七〇年ごろに生物学史を研究しようとしている人のために書いた。「展望」の第一回（同誌九二号、一九六九年）で故広重徹氏が述べているように、シリーズの意図は、「これから自分で科学史の研究をしてみたいと考えている人たちに、具体的な手引きをも与える」ことにあった。私の稿の「蛇足の蛇足」では、「思いたったらその晩から資料を読め」とか、よけいなお節介、さしでがましい意見を口に出しているが、それも「展望」の主旨にもとづいた発言であり、またその時期の私と科学史学界の状況のあらわれだといっておく。なお広重氏は、私にとって科学史研究における貴重な兄貴分でもあった。(3) は「生物学史連載講座」の一つであるが、その「おわりに」では、生物学者に注文をつけている。この講座シリーズを掲載した『生物科学』は、生物学者むけの総説雑誌であり、私にはこれを機会に科学史にたいする生物学者の無理解を啓蒙しようという意図があった。

以上は私の研究結果には関係ないが、研究結果にかんしても、現在では訂正されるべき部分がいくつもあるだろう。実際、本書所収の論文のあいだにも、意見の変化があった。たとえば (5) と (7) のあいだでつぎのような変更がなされた。ハーヴィのおこなった血液量概算にたいする力学の影響にかんして、見解が変わった。『一般解剖学講義』の血液循環にかんする記述年が (5) では一六一六年としたが、(7) では一六二七年ごろと改められた。

しかし個々の部分の正誤はべつとして、本書で述べた一六―一七世紀の生理学・生物学についての私の見解は、およそのところ正しいと今でも思っている。つまり生物学の近代化は、数学的方法の採用によってなりたったのではない。特定の基本理論（たとえば物理学でいえばニュートンの法則など）の定立とともに、時期を画したのでもない。また特定の自然観のみと結びついていたわけではない。生理学・生物学における分析的思考法は解剖学に起源し、実験的方法は動物の生体解剖に由来する。ここから生物学の近代化ははじまった。このような考えを撤回するつもりはない。

3

いくつかの論文について注記することをお許しいただきたい。(6)・(8)・(13)・(15)・(17) は、研究論文の域に達していない研究ノートともいうべき文である。(6)・(8)は、のちに研究を進めて本論文をつくることを前提とし、とりあえず『生物学史研究』に発表したが、研究は進展しないまま終わってしまった。もともと『生物学史研究』の前身誌名は、『生物学史研究ノート』であり、未完成の論文の掲載を歓迎する特色をもっていた。(8)を収めた一四号から『生物学史研究』と改称したが、改称後も前からの伝統を相続したので、(6)・(8)をふくめた上記諸論の掲載が可能だった。(13)は、ロシア語もできないものが書くべきテーマではなかったが、このような問題を扱った先行論文が見当たらなかったので、火つけ役にでもなればと思ってあえてつくりあげた。(15)は完成後正式の論文として投稿する予定であったが、一九九〇年代には私の関心が生物学史からはずれてしまい、研究の完成が見込まれない事態になったので、未完成のまま発表することにした。(17)の成立事情については後述する。また(12)も、論文ではない。しかし一九世紀にまで言及した特徴を考慮して、採用した。

(5)をはじめⅡのテーマにかんしては、そののち月沢美代子氏の下記の諸論文によって新地平が開かれた。月沢氏は、私の原典誤読・読み落としを指摘、または示唆されつつも、(5)などの論文を評価してくださった。

月沢美代子：心臓優位説から血液優位説への「転換説」の再検討『科学史研究』一九四号（一九九五年）一一八―一二八ページ

月沢美代子：W・ハーヴィの精気と「問題」（Ⅰ）『科学史研究』二〇四号（一九九七年）二二九―二三八ページ

月沢美代子：W・ハーヴィの精気と「問題」（Ⅱ）『科学史研究』二〇五号（一九九八年）三九―四八ペー

ジ

月沢美代子：W・ハーヴィのアナトミアと方法『日本医史学雑誌』四七巻一号（二〇〇一年）三三—八一ページ

（14）は、関心が生物学史から日本人の生命観・動物観の歴史に転じつつある時期に書かれた。その前、一九七六—七年ごろであったか、石館三枝子氏と鞠子英雄氏に立正大学の非常勤講師をお願いしていた。三人で雑談する機会が多く、あるとき日本の分子生物学史を三人共同で研究しようではないか、と話がまとまった。大まかな分担がきまったところで、まず鞠子氏が四国の大学に赴任しお会いする機会を失った。ついで石館氏もご家族とともにアメリカに行かれ、やはり縁が遠くなった。私自身も、生物学史から離れつつあった。かくて共同研究の計画は空中分解してしまう。空中分解するまえに書いておいた原稿に手を入れたのが（14）である。なお石館氏は、研究成果のいちぶを

石館三枝子：カイコの眼色に関する吉川秀男の研究について（一九三七—一九五〇）『科学史研究』一三五号（一九八〇年）一二九—一三九ページ

として発表された。優れた論著である。なお本書をまとめるにあたり（14）を校正中、誤記ではないかと思われる部分があり、しかし引用した原論文がてもとになくチェックできないので、石館氏に連絡したところ、さっそくその論文のコピーをお送りくださり、かつ高橋等の構造式の誤記をも訂正してくださった。（16）・（17）は、生物学史の研究から遠ざかったのち、河童のイメージの歴史をしらべていたとき得ら

れた副産物である。とくに（17）の論趣は、我ながらおもしろい。たとえこのような些細なテーマについても、定説に反しそうなデータが得られたとき、私のような平凡な研究者がどのような心理状態に陥るかがよく読み取れる。諸般のデータは、設楽芝陽という人物が存在しなかったことを示唆するが、本草学史の定説にそむく。そこで私は、なんとか定説を覆さないで済ませるための屁理屈を考えだし、心理的には定説に傾いている、と認めた。この論文を磯野直秀氏にお見せしたところ、資料を博捜され、やはり設楽芝陽なる人物は存在せず、しかも松平芝陽は私が候補にあげた信弥と称する幕臣ではなく、丹波亀山藩の城代をつとめた重臣であることを、つぎの論文で証明された。

磯野直秀・中村禎里：実在しなかった本草家——設楽芝陽『科学医学資料研究』二六四号（一九九六年）一—七ページ

さらに松平芝陽のご子孫にあたる松平信弘氏から連絡をいただき、芝陽の生没年そのほか重要な事実が明らかになった。芝陽は、安永四（一七七五）年に江戸で生まれ、文政七（一八二四）年に江戸で没した。なお私は、（16）において論じた『千蟲譜』（神習文庫本）の筆写者は、芝陽ではないかと推定している。この写本にはいくつかの虫の丹波方言が記載されており、その記載はより後期の増補写本では欠落する。

4

本書のほか、私が今まで発表した科学史・科学論関係の単著単行本、および単著単行本に未収録のおもな論文・解説文をつぎに掲げる。

『ルィセンコ論争』みすず書房　一九六七年（『日本のルィセンコ論争』と改題し、みすず書房より一九九七年に新版発行）
『生物学と社会』みすず書房　一九七〇年
『生物学の歴史』河出書房新社　一九七三年
『生物学を創った人びと』日本放送出版協会　一九七四年
『危機に立つ科学者』河出書房新社　一九七六年
『血液循環の発見』岩波書店・新書　一九七七年
『科学者　その方法と世界』朝日新聞社　一九七九年
『魔女と科学者　その他』海鳴社　一九八七年
『生物学を創った人々』みすず書房　二〇〇〇年（『生物学を創った人びと』の増補版）
ウイリアム・ハーヴェーの業績の特質について『科学論報』二号（一九五九年）三七―五〇ページ
「哲学の有効性」論争について『科学論報』五号（一九六一年）一四―二四ページ
「生物学の社会科学」について『科学論報』六号（一九六三年）四―一〇ページ
ウイリアム・ハーヴェー「心臓と血液の運動」における研究方法『科学論報』六号（一九六三年）三三―三七ページ
進化論の歴史　八杉龍一監修『現代生物学大系』一四　中山書店（一九六六年）三―二一ページ
自然科学における体制と反体制『思想の科学』一一六号（一九七一年）一一―一九ページ

DNA解明の裏の女性差別『科学朝日』三八巻（一九七八年）一一月号　一一五―一一八ページ（『科学朝日』編『ノーベル賞の光と陰』（増補版）朝日新聞社　一九八七年　四五―五五ページに収録）
政治と人脈が奪った業績『科学朝日』三八巻（一九七八年）一二月号　一一四―一一七ページ（『科学朝日』編『ノーベル賞の光と陰』（増補版）朝日新聞社　一九八七年　一二七―一三七ページに収録）
生命と遺伝『自然読本　遺伝と生命』河出書房新社（一九八一年）五二―六二ページ
免疫と医学（エピソード・生物科学史3）『ヘルシスト』二六号（一九八一年）四四―四七ページ
近代遺伝学の創始　中村編『二〇世紀自然科学史』六（生物学・上）三省堂（一九八二年）八三―一一二ページ
動物生体実験は許されるか（エピソード・生物科学史11）『ヘルシスト』三五号（一九八二年）三四―三九ページ
メンデルの遺伝理論　中村編『遺伝学の歩みと現代生物学』培風館（一九八六年）三―一九ページ
遺伝理論の再発見　同書　六七―八二ページ
研究の創意をめぐる葛藤の中での受賞『科学朝日』編『ノーベル賞の光と陰』（増補版）朝日新聞社　一九八七年　一三九―一四九ページ
メンデルのエレメントとは何か『生物学史研究』五三号（一九九〇年）二一―二七ページ
Pの喜劇（1―1）『生物学史研究』五四号（一九九一年）一一―一三ページ
科学者をめぐる事件ノート――テイヤール・ド・シャルダン『科学朝日』五二巻（一九九二年）三月号（『科学朝日』編『科学史の事件簿』朝日新聞社　一九九五年　二九―三八ページに収録）
Pの喜劇（1―2）『生物学史研究』五五号（一九九二年）一―七ページ

科学者を不正行為に駆り立てるもの『化学』四七巻（一九九二年）六六八―六七一ページ

科学者をめぐる事件ノート――ジョン・デスモンド・バナール『科学朝日』五二巻（一九九二年）一一月号　一〇三―一〇七ページ（『科学朝日』編『科学史の事件簿』朝日新聞社　一九九五年　一一七―一二七ページに収録）

なお本書Ⅱ・Ⅲとの関連で付記すると、『魔女と科学者　その他』には「ファブリチオとハーヴィ」と題する小論が入っている。

1・4に記した論文を会誌に掲載してくださった学会・研究会とその編集担当者のかたがた、解説文を雑誌に掲載し、あるいは著書の発行を引き受けてくださった出版社および編集者のかたがたに、心からお礼を申しあげる。

5

ここで科学史・科学論にかかわる私の経歴をかんたんに紹介しておきたい。一九四九年に始まる九州大学教養部学生時代、おなじ第一期生だった大坪康雄氏、山本清治氏、故渡辺航氏とは、学生運動への責任とともに、科学史とまではゆかないが科学論への関心を共有していた。彼らは私にとってまさに刎頸の友であり、彼らの名前に「氏」を付するのは、私の心情に背くように感じるが、形式上そうしておく。しばしば交わした議論は、私のこの方面への関心を培う最初の土壌となった。

入学そうそう渡辺氏らとともに、教養部第一分校自然科学論研究会を創始したのは、科学史・科学論への関心のあらわれであった。一九五〇年の文化祭か何かで、自然科学論研究会のだしものに、ダンネマンで調べたニュートンの記事と、ヘッセンや近藤洋逸や武谷三男の論を下手につなぎあわせて書いた記憶がかすかに残っている。思い出しても恥ずかしい。科学史の資料を調べてじぶんの考えをまとめる心境になったのは、九州大学を放学処分されて都立大学理学部に入ってからのことである。なお九州大学を処分された根拠は、単独講和条約・日米安保協定の調印に反対するスト（一九五一年）の首謀者の一人とされたためであった。

科学史・科学論への関心とは別に、学生運動の仲間たちと辛苦をともにした青春時代に、私の心性の根幹が造られた。その後の人生で出会ったさまざまな局面において、私が表明した意見・意志・行動の基底をなす思想はこのとき形成された。

一九五四年に都立大学に入ったのち、一九五五年に富田徹男氏と都立大学科学論研究会を創立した。そして科学論研究会の仲間たちとの議論のなかで、はじめて私は科学史を将来の研究テーマの選択肢の一つと考えるようになった。富田氏は、研究会の一テーマに一七世紀の科学をとりあげようと提案し、これに応じて私は暉峻義等訳の『心臓ならびに血液の運動に関する解剖学的研究』を読み、自らの見解を発表した。それは、研究会の会報『科学論報』二号（一九五九年）に、「ウイリアム・ハーヴェーの業績の特質について」と題して掲載された。いわばこの方面における私の処女作である。まだ外国語の研究書・研究論文は読んでいなかったが、私のハーヴィ論の基調は、この時期にできあがった。

『科学論報』は、富田氏と私が大学院に進んだのち、一九五八年の八月に創刊された。中心の役割を担ったのは、当時学部三年の村松珊吾氏と故栢野芳裕氏であった。ガリ版を切ったのは栢野氏である。私は「自然科学と社会科学」と題する論文らしきものを寄せた。

大学院では、当初はまともに発生学の研究者になろうと志したが、不器用で研究技術の勘が悪いことに気がついた。そのとき、前から興味を続けていた科学史を専攻したいと思いたったのは、なりゆきだったろう。一九六〇年に博士課程に入ったところで、指導教授であった故団勝磨先生の了解を得て、科学史の研究に専念することになった。そのことは本書（5）の末尾にふれている。科学史を専攻するときめた段階で、研究テーマは二つにわかれた。一つは、科学論研究会ではじめたハーヴィ論の続きである。本書のⅠ・Ⅱ・Ⅲに収められた諸論文は、ハーヴィ論とその延長上になされた研究の成果である。あと一つは、科学と社会（思想をふくむ）の関連の歴史である。この方面の最初の業績は、「日本のルィセンコ論争史・序説」『唯物論研究』一八号（一九六四年）であった。これに始まる一連の論文は、『ルィセンコ論争』（みすず書房、一九六七年）に収載された。

団先生をはじめ故岡崎嘉代氏、米田満樹氏など研究室の先輩に、研究者魂とでも名づけるべき思想・気迫を学んだことも付記しておく。

生物学史の研究に入ったのち、いずれも故人となられた八杉龍一先生、飯島衛先生、白上謙一先生には、さまざまの点で言いつくすことができない恩顧を受けた。

最初に入った研究グループは、民主主義科学者協会生物部会の生物学史研究会であった。学外ではここで始めて研究発表の機会をあたえられ、また雑誌『生物学史研究ノート』に論文を書いた。研究会の創立者、そして実質的な主催者は、故佐藤七郎氏であった。当時の主なメンバーとしては、岡部昭彦氏、筑波常治氏、長野敬氏、鈴木善次氏の名をあげなければならない。私が、佐藤氏をはじめこれらの先輩友人に負うところは、きわめて大きい。

そののち私は科学史学会に入会し、一九六二年に生物学史研究会もその分科会に組織替えした。再出発当初の研究会の常連は、鈴木氏、生井兵治氏、越川（現姓は石館）三枝子氏、それに私であった。やがて、村上幸雄氏、江上生子氏、松尾幸季氏、故石川純氏、松永俊男氏、大和（現姓は森脇）靖子氏、矢部一郎氏などがつぎつぎに加わる。一九七〇年代後半からは、一九五〇年前後に生まれたかたたちが続々入会し、彼らを中心として会は活況を呈することになった。現在では、さらに一世代後の人たちが、会の運営の中心となってくださっている。

これにさきだち一九五七年、大学四年のとき、東京都生物学科学生懇談会と称する集まりで、科学史・科学論に関心を持つ他大学の人たちに出会う。田中龍男氏、故森下周祐氏、それに今は私の配偶者となった山口（現姓は中村）輝子氏がいた。彼らは佐藤氏の研究室に出入りしていたので、彼らとともに『生物学史研究ノート』の雑務を手伝うことになる。田中氏と二人で、この雑誌を詰めた包みを抱え、本郷局に持っていって発送した記憶が残る。田中、森下両氏とはまことに気がおけない友人となり、おたがいに大学院に入った後も遠慮のない議論の仲間になった。

私の生物学史研究の締めくくりは、生物学史・科学史の後輩の人たちの支えによって可能になった。なおさきに述べたように、私は一九八〇年ごろから、日本人の動物観・生命観の歴史に関心をいだき、その後しだいに研究の重点を生物学史からそちらの方へ移していくことになった。科学史学会・生物学史研究会からも遠ざかっていった。にもかかわらず、年下の仲間のかたがたが、私をときどき呼び出していたわってくださった。

以上の記述、とくに2・3・5のなかでお名前をあげたかた、またお名前をあげないままになってしまったけれど、私の現在までの生涯においてさまざまな面で援助を賜り、または支えになってくださったかたがたに、厚くお礼を申しあげる。

最後になったが、本書の出版を引きうけてくださったみすず書房、とくに本書を担当し著者の気難しい注文を受容してくださった石神純子氏、石神氏に仲介の労をとってくださった秋吉聖樹氏、それに長きにわたるみすず書房とのおつきあいのなかで、私を支援してくださった原純夫氏に心から感謝の意を表したい。

二〇〇四年一月七日

中村禎里

著者略歴

(なかむら・ていり)

1932年，東京に生まれる．1958年，東京都立大学理学部卒業．1967年，立正大学教養部講師．その後，助教授，教授を経て，1995年から同大学仏教学部教授，2002年名誉教授となる．著書『生物学と社会』(みすず書房，1970)『生物学の歴史』(河出書房新社，1973)『狸とその世界』(朝日新聞社，1990)『日本のルィセンコ論争』(みすず書房，1997)『胞衣の生命』(海鳴社，1999)『生物学を創った人々』(みすず書房，2000)『狐の日本史』近世・近代篇（日本エディタースクール出版部，2003）ほか多数．

中村禎里
近代生物学史論集

2004年1月23日　印刷
2004年2月5日　発行

発行所 株式会社 みすず書房
〒113-0033 東京都文京区本郷5丁目32-21
電話 03-3814-0131(営業) 03-3815-9181(編集)
http://www.msz.co.jp

本文印刷所 理想社
扉・表紙・カバー印刷所 栗田印刷
製本所 鈴木製本所

ISBN 4-622-07082-0